山东省计算机审计中级培训系列教材

丛书主编 / 栾心勇　宁继红　刘兆东

Oracle 数据库应用

主　编　张　磊　董　峰
副主编　郭建磊　孙云涛　刘秋兰　屈洪雪　崔行臣
参编者　张国强　刘　柯

北京交通大学出版社
·北京·

内 容 简 介

本书从初学者角度出发，详细介绍了使用 Oracle 11g 进行数据管理的各种技术。内容包括 Oracle 数据库概述、Oracle 数据库操作、Oracle 体系结构、Oracle 管理工具、Oracle 模式对象与数据字典、SQL 语言基础、PL/SQL 程序设计、数据库安全管理、Oracle 数据备份与恢复等。所有内容均结合具体实例进行介绍，涉及的操作均给出了详细的程序代码和注释。

本书以数据库初学者为主要读者，既适用于学校教学、社会培训，也适用于 Oracle 数据库爱好者。

图书在版编目（CIP）数据

Oracle 数据库应用 / 张磊，董峰主编. -- 北京 ：北京交通大学出版社，2025. 8.
ISBN 978-7-5121-5454-4

Ⅰ. TP311.132.3

中国国家版本馆 CIP 数据核字第 2024BX2358 号

Oracle 数据库应用
Oracle SHUJUKU YINGYONG

责任编辑：张利军
出版发行：北京交通大学出版社　　电话：010-51686414　　http://www.bjtup.com.cn
地　　址：北京市海淀区高梁桥斜街 44 号　　邮编：100044
印 刷 者：北京鑫海金澳胶印有限公司
经　　销：全国新华书店
开　　本：185 mm×260 mm　　印张：14.75　　字数：368 千字
版 印 次：2025 年 8 月第 1 版　　2025 年 8 月第 1 次印刷
定　　价：49.00 元

本书如有质量问题，请向北京交通大学出版社质监组反映。对您的意见和批评，我们表示欢迎和感谢。
投诉电话：010-51686043，51686008；传真：010-62225406；E-mail：press@bjtu.edu.cn。

序 言

习近平总书记指出，新时代，审计要建设高素质专业化队伍。如何准确、完整、全面贯彻落实总书记的要求，事关审计事业当前和长远发展。

当前，信息化、大数据、区块链、人工智能等快速发展，深刻影响着经济社会的各个方面，审计事业面临着前所未有的机遇与挑战。在信息化高速发展的今天，经济社会运行的所有信息都以数据的形式存储在信息系统中，数据的作用及对数据的使用、研究都以前所未有的形势展现在我们面前。审计面临如此的挑战与机遇，如何应对与把握成为建设高素质专业化审计队伍的首要课题，也是如何贯彻落实习近平总书记重要指示的政治要求，是事关能否胜任工作职责要求的必答题。

为了解决这个问题，我们积极应对、广泛调研、横向协作，与山东省开放大学合作，破解传统计算机中级培训存在的年度培训数量少、科目难以满足需要等问题，创造性地打造了“线上与线下相融合，团队建设与个人培养相融合”的培训模式，走出了一条职业教育全面覆盖、能够解决实战需求的路子。线上教学注重于理论，学员通过登录相关网站，可以实时学习，打破了传统教学受制于地点与时间的问题；线下教学注重于实战，通过案例教学，使学员快速进入实战状态，快速掌握与审计现场相一致的分析技术与手段。值得说明的是，不论是线上的教学还是线下的教学，我们的课件全都以审计的案例进行了重塑，解决了案例教学尤其是理论教学相关案例与审计实务脱节的问题，从而使整个教学内容与过程形成一体化运作的格局。

具体实施中，我们以《山东省智慧审计三年行动计划》予以具体落实，要求全省 45 岁以下的干部在三年内必须达到计算机中级水平。具体推进中，我们按照“全员学习、分级推进、实战为本、教辅协同、梯次达标”的路径进行，不断优化课程设置，不断完善教学内容，持续改进教学、辅导的各个环节，及时精准解决学员提出的疑难问题。经过几年的努力，目前全省县区一级的审计单位达到计算机中级水平的人数均在 10 人以上，有些 30 多人的县局单位甚至超过 15 人，审计人才队伍建设实现了质的转变和量的极大突破。在这个方面，审计署对山东信息化和智慧审计高度肯定，这个成绩来之不易。如果回顾分析，近几年计算机中级培训功不可没。

计算机中级培训的教材即将付梓，谨以此做个小序以供大家参考，同时非常感谢所有参与教材编写的领导、教师和同志们！

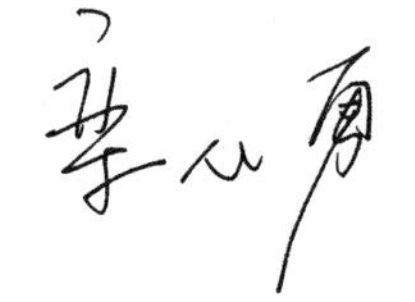

2024 年 10 月

前 言

Oracle 数据库系统是目前最流行的关系数据库管理系统，是许多企业级应用的首选数据库方案。由于其具有高安全性、高有效性、易用性、可扩展性及与许多其他服务器软件紧密关联的集成性等，故广泛应用于信息系统管理、企业数据处理、电子商务网站等领域，因此对掌握 Oracle 数据库系统应用开发和管理的人员需求很大。

随着信息化应用在政府部门及企事业单位的普及，基于大数据技术的数据分析成为审计人员的必备技能，而数据库技术是计算机审计的技术基础，为提高审计人员工作效率和信息处理能力与素养，迫切需要推广 Oracle 数据库应用的相关培训。

本书从初学者角度出发，通过通俗易懂的语言和丰富翔实的案例，详细介绍了使用 Oracle 11g 进行数据管理的各种技术。内容包括 Oracle 数据库概述、Oracle 数据库操作、Oracle 体系结构、Oracle 管理工具、Oracle 模式对象与数据字典、SQL 语言基础、PL/SQL 程序设计、数据库安全管理、Oracle 数据备份与恢复等，所有知识都结合具体实例进行介绍，涉及的操作都给出了详细的程序代码和注释，读者可以轻松领会 Oracle 管理数据库的精髓，快速提高数据库管理技能，为审计工作打下基础。

本书具有以下特色。

（1）以数据库初学者为主要读者，既适用于学校教学、社会培训，也适用于 Oracle 数据库爱好者自学。

（2）内容选取合理。精心挑选 Oracle 入门知识及应用场景最丰富的内容。

（3）实践性强。本书以项目为驱动，将理论与实践相结合，使读者可以通过具体的项目实践快速掌握 Oracle 的应用，提供解决问题的能力。

本书共包含 9 章内容。第 1 章介绍数据库基础知识，Oracle 数据库的发展和特点及安装和配置；第 2 章介绍 Oracle 数据库的创建、启动、关闭等操作；第 3 章介绍 Oracle 体系结构和工作原理；第 4 章介绍常用的 Oracle 工具，包括 OEM、SQL Plus、PL/SQL Developer；第 5 章介绍 Oracle 常用的模式对象，包括表、索引、视图，以及常用的数据字典；第 6 章主要讲述 SQL 语言基础，包括运算符与表达式、内置函数、数据查询、事务控制等；第 7 章介绍 PL/SQL 程序设计，包括 PL/SQL 基础、游标、存储过程、触发器和程序包等；第 8 章介绍 Oracle 数据库的安全控制策略，包括角色管理、权限管理、概要文件管理等；第 9

章介绍 Oracle 备份与恢复技术，包括冷备份与热备份、物理备份与恢复、逻辑备份与恢复等。

本书由张磊、董峰担任主编，由屈洪雪编写第 1 章、第 2 章、第 8 章，刘秋兰编写第 3 章、第 4 章，孙云涛编写第 5 章，董峰编写第 6 章，张国强编写第 7 章，郭建磊编写第 9 章，刘柯编写附录有关内容，崔行臣调试书中相关代码，全书由张磊策划和统稿。本书的编写得到了山东开放大学和山东省审计厅各位领导和专家的大力支持和帮助，在此一并表示衷心感谢！

本书凝聚了编者多年的教学和实践经验，但由于水平有限，疏漏之处在所难免，期待广大读者提出宝贵意见！

编　者

2024 年 5 月

目 录

第 1 章

Oracle 数据库概述

学习目标

✧ 掌握数据库相关概念及数据管理技术的发展阶段。
✧ 了解 Oracle 数据库系统的特点。
✧ 掌握 Oracle 数据库服务器的安装与卸载。

1.1 数据库基础

1.1.1 数据库相关概念

数据库技术是为满足信息资源（即大量数据）的管理需求而产生的。随着信息技术的不断发展，尤其是人类迈入网络时代后，社会信息资源爆炸式增长，对数据管理技术也不断地提出更高要求。本节将从以下 4 个方面来讲解数据库的相关知识。

1. 数据

数据是描述事物的符号记录。在计算机学科中，数据是数据库中存储的基本对象，数字、文字、图像、声音等都是数据。数据与其语义是不可分割的。例如，对于学生档案中的学生记录：

（张三，男，2000，山东，计算机系，2018）

仅通过这条记录，我们很难明白这条记录究竟代表什么含义。可见，数据的形式不能完全表达其内容，其内容跟语义密不可分。对该数据的解读，需要附加其语义：学生姓名、性别、出生年份、籍贯、所在院系、入学时间。此时，该数据，就很容易理解了：张三是个大学生，性别男，2000 年出生，山东人，2018 年考入计算机系。

2. 数据库

数据库（database，DB）是长期储存在计算机内、有组织的、可共享的大量数据的集合。数据库的特征可概括为以下 5 个方面。

（1）数据结构化。数据库中的数据是按一定的数据模型进行组织、描述和存储的，数据之间有明确的关联性。数据结构化是数据库系统与文件系统的根本区别。

（2）数据共享性。数据库支持多个应用程序同时访问数据库中的同一个数据，并提供并发控制机制，保证多个用户同时更新数据库时能得到正确的结果。

（3）冗余度小。数据库通过将数据集成为一个逻辑模式，确保每个逻辑数据项只存储一次，从而有效减少数据冗余，提高存储效率。

（4）数据独立性高。数据库的独立性指的是应用程序与物理存储结构之间的相互独立。即应用程序可以独立于底层的数据存储方式，对数据的逻辑操作不受物理存储方式的影响。这使得数据库系统能够更加灵活地处理数据的物理存储结构和逻辑存储结构。

（5）完善的数据控制。数据库管理系统可提供对数据的安全控制、完整性控制、并发控制及数据库恢复机制。

3. 数据库管理系统

数据库管理系统（database management system，DBMS）是一种用于创建、操纵和维护数据库的大型软件。常用的数据库管理系统有 Oracle、MySql、SQL Server、DB2、Sybase 等。数据库管理系统可以科学地组织和存储数据、高效地获取和维护数据，其主要功能主要包括以下 4 点。

（1）数据定义功能（DDL）：用于定义数据库中的数据结构，包括表、视图、索引、触发器等；DDL 还可以定义数据类型、约束条件和安全性规则等。

（2）数据操纵功能（DML）：用于对数据库中的数据进行操作，包括插入、更新、删除和查询等；DML 还可以用于事务控制和并发控制等。

（3）数据库的运行管理：主要用于实现多用户环境下的并发控制、事务管理、安全性检查、日志管理、性能监视与分析等。

（4）数据库的维护功能：主要是指数据库备份、数据库系统的故障恢复功能。

4. 数据库系统

数据库系统（database system），是由数据库及其管理软件组成的基础设施系统，包括数据库、硬件、软件、用户等，如图 1–1 所示。

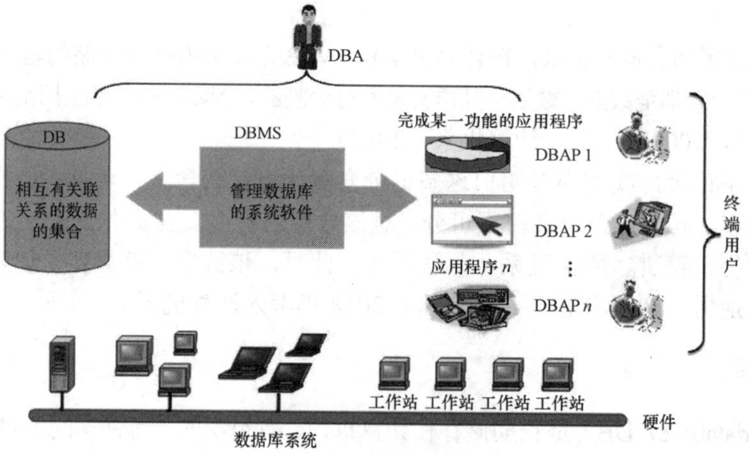

图 1–1　数据库系统

（1）数据库。长期保存在计算机存储设备上，按照某种数据模型组织起来的、可以被各种用户和应用程序共享的数据集合。

（2）硬件。构成计算机系统的各种物理设备，包括存储所需的外部设备。硬件的配置应满足整个数据库系统的需要。

（3）软件。包括操作系统、数据库管理系统、数据库应用系统开发工具及数据库应用程序（database application program，DBAP）。

（4）用户。主要指使用数据库的人，主要分为以下 4 类。

第一类为系统分析员和数据库设计人员。系统分析员负责应用系统的需求分析和规范说明，他们和终端用户及数据库管理员一起确定系统的硬件配置，并参与数据库系统的概要设计；数据库设计人员负责数据库中数据的确定、数据库各级模式的设计。

第二类为应用程序员，负责编写使用数据库的应用程序。这些应用程序可对数据进行检索、建立、删除和修改。

第三类为终端用户，他们利用系统的接口或查询语言访问数据库。

第四类为数据库管理员（data base administrator，DBA），负责数据库的总体信息控制。具体职责包括：确定数据库中的信息内容和结构，决定数据库的存储结构和存取策略，定义数据库的安全性要求和完整性约束条件，监控数据库的使用和运行，负责数据库的性能改进、数据库的重组和重构。

1.1.2 数据管理技术概述

数据管理技术经历了人工管理、文件系统、数据库系统 3 个阶段。数据管理技术是指对数据进行分类、编码、存储、检索和维护的一系列技术和方法，是数据处理的核心问题。随着计算机技术的不断发展，在应用需求的推动下，依托计算机硬件性能的提升和软件技术的进步，数据管理技术也在不断革新和发展。

1. 人工管理阶段

在计算机出现之前，人们主要依靠传统方式进行数据的记录、存储和加工，也就是利用纸张记录和利用计算工具（算盘、计算尺）计算，并主要使用人的大脑进行管理。

到了 20 世纪 50 年代中期，计算机主要用于科学计算。当时没有磁盘等直接存取设备，只有纸带、卡片、磁带等外部存储介质，也没有操作系统和管理数据的专门软件。数据处理的方式是批处理。该阶段的数据管理主要有以下 4 个特点。

（1）数据不保存。当时计算机主要用于科学计算，系统通常在执行完当前计算后即释放数据。

（2）缺少专门的数据管理软件。系统没有专用的软件对数据进行管理，每个应用程序都要包括数据的存储结构、存取方法和输入方法等。程序员在编写应用程序时，还要安排数据的物理存储，工作负荷显著增加。

（3）数据不共享。数据是面向程序的，一组数据只能对应一个程序，无法在不同程序间共享。

（4）数据不具有独立性。程序依赖于数据，如果数据的类型、格式或输入/输出方式等逻辑结构或物理结构发生变化，则必须对应用程序做出相应的修改。

2. 文件系统阶段

20 世纪 50 年代后期到 60 年代中期，随着计算机硬件和软件的发展，磁盘、磁鼓等直接存取设备开始普及。这一时期的数据处理系统采用的是把计算机中的数据组织成相互独立的被命名的数据文件，用户可按文件的名字来进行访问，并对文件中的记录进行存取的数据管理技术。

数据可以长期保存在计算机外部存储设备中，支持对数据进行反复处理，包括文件的查询、修改、插入和删除等，这种数据管理技术称为文件系统。文件系统实现了记录内容的结构化，但从整体来看，文件之间缺乏逻辑关联。由于数据面向特定的应用程序，因此数据共享性、独立性差，且冗余度大，管理和维护的代价也很大。

3. 数据库系统阶段

20 世纪 60 年代后期以来，计算机性能得到进一步提升，更重要的是出现了大容量磁盘，存储容量大大增加而成本持续下降。这为克服文件系统管理数据时的不足，满足和解决实际应用中多个用户、多个应用程序共享数据的要求提供了条件。在此基础上，能够存储和管理大量复杂信息的“数据库管理系统”应运而生。数据库系统的特点是数据不再局限于单一应用，而是面向整个组织；具有整体的结构性，共享性高，冗余度低；实现了程序与数据之间更高程度的独立性，并能对数据进行统一的管理和控制。

1.2 Oracle 数据库系统

1.2.1 Oracle 发展史

Oracle Database（简称 Oracle）系统是甲骨文公司开发的一个技术先进的大型数据库系统。该系统更新快、应用广泛，在数据库领域一直占据着领先地位。从 1977 年发布第一个版本以来，Oracle 数据库一直在不断演进和完善。

1977 年，Larry Ellison、Bob Miner 和 Ed Oates 等人共同创办“软件开发实验室”（SDL，甲骨文公司的前身）。受到 IBM 发表的“关系数据库”论文的启发，他们决定构建一个关系数据库管理事统（RDBMS），并很快发布了第 1 个版本。

1979 年，“软件开发实验室”更名为“关系软件有限公司”（RSI）。同年夏季，RSI 首次向客户发布了产品，即 Oracle 第 2 版。它是基于 SQL 标准的数据库管理系统，同时也是第一个以 SQL 语言为基础的关系数据库管理系统。

1998 年，Oracle 8i 发布，这是世界上第一个全面支持 Internet 的数据库。其极大程度上提高了系统的伸缩性、扩展性和可用性，能够更好地满足网络应用需要。

2004 年，针对网格计算的 Oracle 10g 发布。该版本的功能、稳定性、性能都达到了一个新的水平。Oracle 10g 是全球第一个基于网格计算的关系数据库管理系统。

2007 年，Oracle 11g 发布。该版本实现了信息生命周期管理等多项技术创新，进一步优化了网格计算的优势，可提供最高级别的可管理性、可用性、性能和安全性，同时将复杂性降至最低，减少了整体计算成本。

2013 年，Oracle 发布了 Oracle 12c。该版本引入了数据库容器（CDB）与可插拔数据库（PDB）的概念，在 Oracle 12c 数据库引入的多租用户环境中，允许一个数据库容器承载多个可插拔数据库。在 Oracle 12c 之前，实例与数据库是一对一或多对一关系（RAC），当进入 Oracle 12c 后，实例与数据库可以是一对多的关系。

2018 年发布的 Oracle 18c 继续秉承了 Oracle 的“Cloud first”理念，率先在云平台和工程系统上推出。Oracle 18c 作为一款自治性的数据库，可以大幅减少 DBA 的日常管理工作。

2019 年发布了 Oracle 19c，是 Oracle 12c 系列的终极版本（相当于传统的 12.2.0.3 版本），按照惯例，这个版本将会支持到 2026 年。

1.2.2　Oracle 11g 的特点

Oracle 11g 大幅度提高了系统的性能及安全性，全新的容灾数据卫士采用了更优化的压缩算法，有效降低了数据存储，并增加了对特殊数据（如医学影像）的支持。Oracle 11g 对网格技术性能进行了全面的优化和扩展，扩展后的 Oracle 服务器，能充分有效地利用分布式资源为客户提供全天候的优质服务，并且具有很强的伸缩性和安全性。

Oracle 11g 最典型的新特性有以下 4 个。

（1）引入和实现了全面自动理念，提高了 DBA 的管理效率。Oracle 11g 继续致力于简化和自动化 DBA 任务。体现该特点的新功能包括具有学习功能的 SQL 自动优化、系统全局区（SGA）和程序全局区（PGA）的内存自动调整、有助于监视和调整 Oracle 应用集群（RAC）的性能全局视图和性能比较分析功能。

（2）故障快速诊断功能。Oracle 11g 中新增的故障诊断功能使客户在发生错误后能够快速捕获问题信息，使 Oracle 技术支持团队所需的数据变得极为简单，可以加快问题的解决。

（3）容灾数据卫士能快速恢复数据。Oracle 11g 对容灾数据卫士功能的很多扩展，使得新的容灾卫士能利用全新的数据复制技术快速而准确地恢复数据，最大限度地减少停机成本。

（4）真正应用测试（RAT）有效降低了开发成本和开发中程序更新的风险。利用 Oracle 的 RAT 可轻松掌握生产环境的数据库负载情况，模拟出测试程序的真实应用环境，并在这个环境中测试程序的更新。最重要的是，所有以上过程对真实的生产环境没有任何影响。

Oracle 11g 还在多个数据库开发领域实现了性能提升，包括对自动存储管理（ASM）的功能增强、自动编译数据库中的 PL/SQL、更快的触发器等。

1.3 Oracle 数据库服务器的安装与卸载

1.3.1 Oracle 数据库服务器的安装

Oracle 11g 的安装是一项比较复杂的工作，为了便于 Oracle 11g 数据库管理系统在多种操作平台（如 Windows 平台、Linux 平台和 UNIX 平台等）上的安装，Oracle 11g 提供了一个通用的安装工具——Oracle Universal Installer（OUI），该工具是基于 Java 语言开发的图形界面安装工具，利用它可以实现在不同操作系统平台上安装 Oracle 11g 数据库。

1. 安装前准备

相对于其他数据库管理系统而言，Oracle 对系统环境要求较高。本节主要介绍 Oracle 11g 在 Windows Server 2012（64 位）的安装过程，安装前需要从以下 3 个方面进行准备。

（1）硬件环境。

① Intel i3 以上的处理器（CUP）；

② 建议 2 GB 以上的空闲内存；

③ 8 GB 以上的空闲磁盘空间。

（2）软件环境。

① 系统架构：Intel（x86）、AMD64 或 Intel EM64T（Extended Memory 64-bit Technology，64 位内存扩展技术）。

② 操作系统：Windows Server 2008 SP1 或更高版本；Windows 7 或 Windows 10。

（3）安装文件下载。

https://www.oracle.com/database/technologies/oracle-database-software-downloads.html

下载后的资源包为两个压缩文件，如图 1-2 所示。

名称	修改日期	类型	大小
win64_11gR2_database_1of2.zip	2020/1/15 20:30	360压缩 ZIP 文件	1,185,061...
win64_11gR2_database_2of2.zip	2020/1/15 20:27	360压缩 ZIP 文件	984,365 KB

图 1-2　安装文件

2. 安装步骤与方法

（1）解压文件。

将下载好的 Oracle 数据库安装资源包进行解压缩。解压缩时需要注意：将两个压缩包一起选中并右击，在弹出的快捷菜单中选择“解压到当前文件夹”，如图 1-3 所示。

该过程将会花费较长一段时间。如图 1-13 所示。

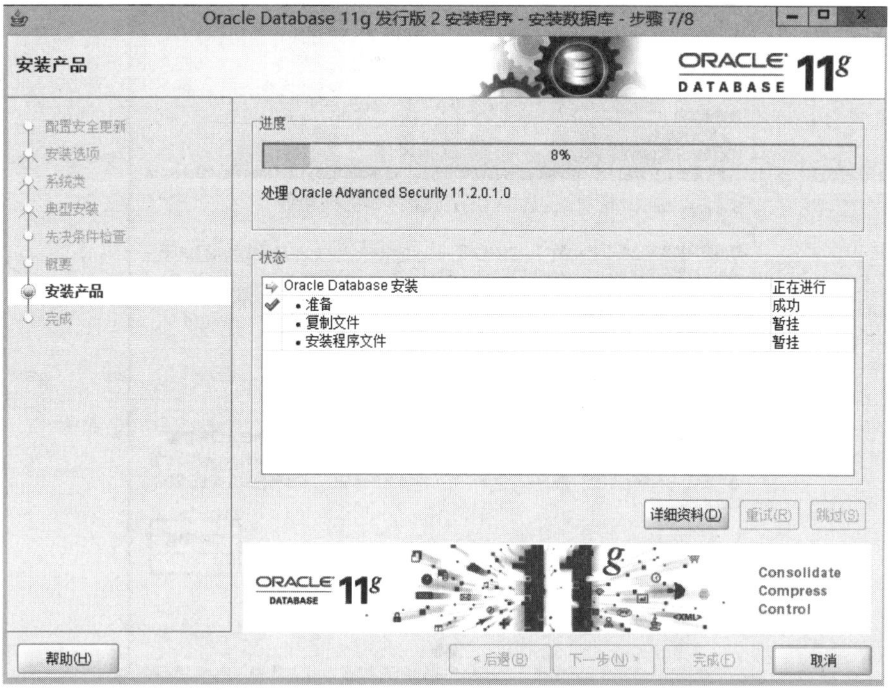

图 1-13　“安装产品”界面

（10）当“安装产品”窗口中的安装进度条达到 100%时，会自动创建一个实例数据库，该实例数据库的名称为前面步骤（6）中设置的全局数据库名。如图 1-14 所示。

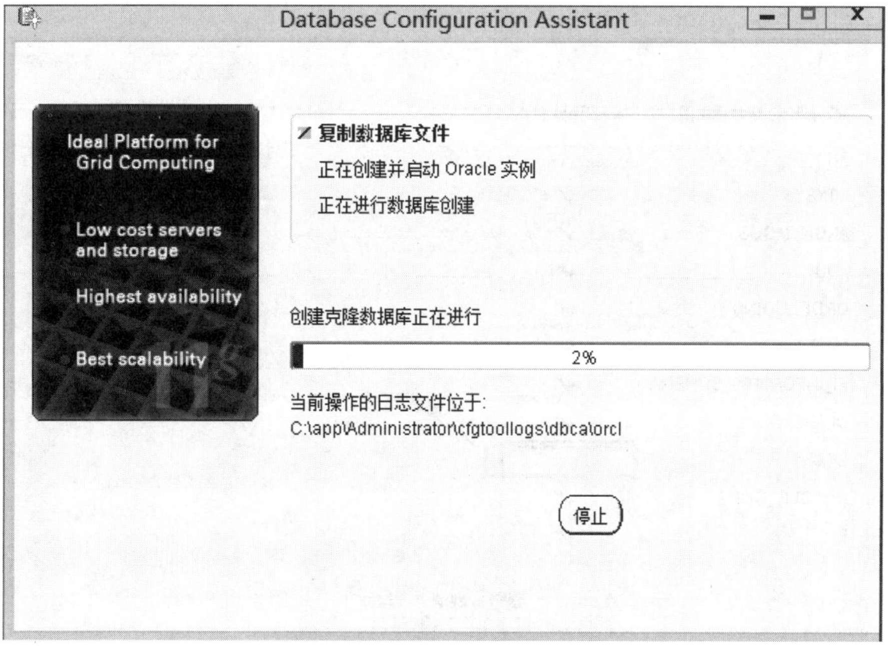

图 1-14　创建数据库实例界面

（11）默认的实例数据库创建完成后，除 SYS 和 SYSTEM 账户外，系统默认的其他账户为锁定状态，此时会弹出一个创建数据库成功信息的对话框。如图 1-15 所示。

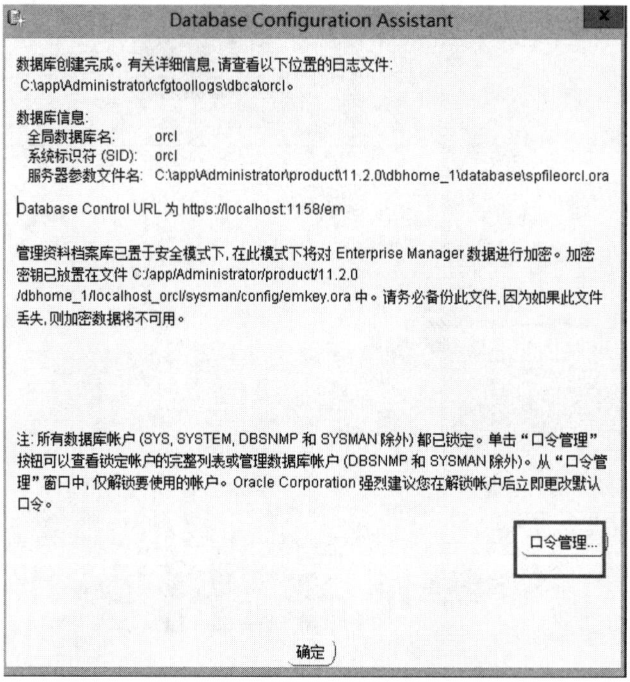

图 1-15　创建数据库成功对话框

（12）单击“口令管理”按钮，打开如图 1-16 所示的对话框，在该对话框中可以为某些常用用户解除锁定状态或者为某些用户重新设置口令。比如：SCOTT 用户的默认状态处于锁定状态，我们可以单击“√”位置，取消锁定，并设置口令。

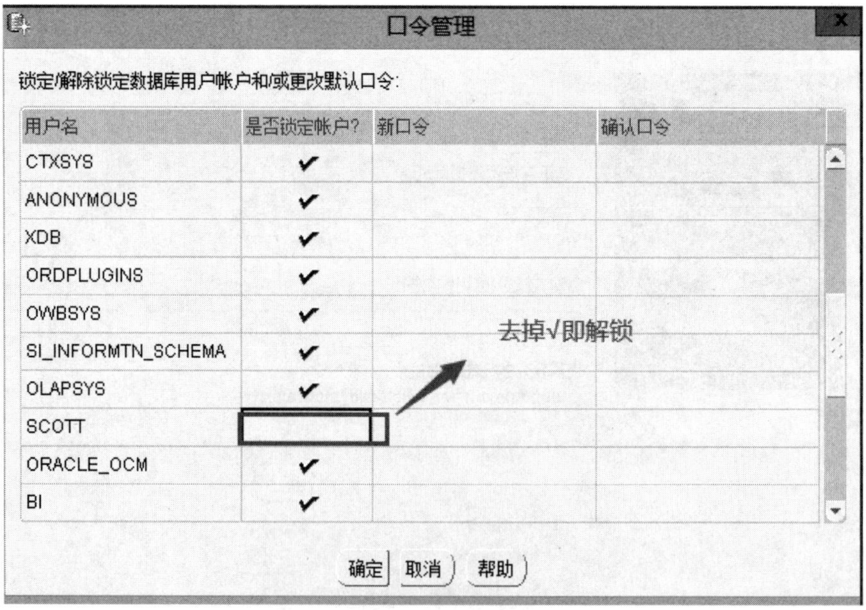

图 1-16　“口令管理”对话框

（13）在“口令管理”对话框，单击“确定”或“取消”按钮，可返回图 1-15 所示对话框。单击图 1–15 所示对话框中的“确定”按钮进入安装“完成”界面，如图 1–17 所示。该界面中会提示 Oracle 企业管理器（Oracle enterprise manager，OEM）的统一资源定位符（URL），可以将其记录下来，方便以后使用 OEM 进行数据库管理。单击“关闭”按钮完成 Oracle 11g 数据库的安装。

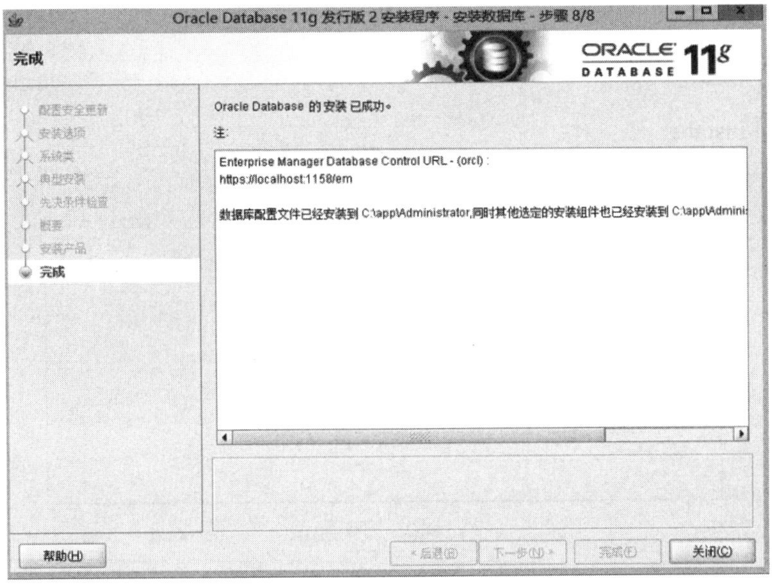

图 1–17　安装“完成”界面

3. 验证安装结果

安装完毕后，需要进行必要的检查工作，以确认数据库提供的服务。

（1）开始菜单中是否有 Oracle 相关的应用程序。

选择“开始”|“所有程序”|“Oracle–Ora–Db11g home1”菜单项，显示如图 1–18 所示内容，则说明安装完成。

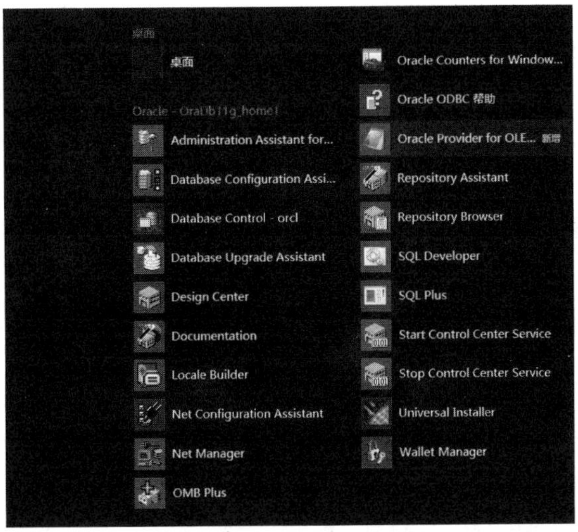

图 1–18　开始菜单界面

其中，常用工具有以下 7 种。

Database Configuration Assistant；

Database Control-orcl；

Database Upgrade Assistant；

Net Manager；

SQL Developer；

SQL Plus；

Universal Installer。

（2）安装路径下是否有相应的文件。

Oracle 数据库服务器安装完成后，安装目录下的文件结构如图 1-19 所示。

图 1-19　安装目录

其中：

product：该目录是 Oracle 11g 的主目录，主要用于存放与整个数据管理相关的软件，包括可执行文件、网络配置文件、数据库服务器端的参数文件等。

oradata：该目录主要存储数据库的控制文件、数据文件、重做日志文件。

flash_recovery_area：该目录主要用于存储并管理与备份和恢复有关的文件，包含系统中每个数据库的子目录。该目录可用于存储与恢复有关的文件，如控制文件、联机重做日志副本、归档日志、闪回日志及 Oracle 数据库恢复管理器（RMAN）备份等。

admin：该目录主要存放数据库后台进程跟踪文件、数据库创建文件、用户 SQL 语句跟踪文件等。

（3）Oracle 相关服务是否已经安装。

选择“开始”｜“管理工具”｜“服务”菜单选项，打开如图 1-20 所示窗口。其中列出了 Oracle 数据库服务器安装后所需要启动的服务。

其中：

OracleService<SID>：数据库服务。这里的 SID 是 Oracle 安装期间数据的数据库服务名称，本文指的是 orcl。该服务担负着启动数据库实例的任务，使用数据库前必须启动该服务。如果没有启动 OracleService<SID>服务，使用任何 Oracle 工具时都会出现：“ORA-12560：TNS：协议适配器错误”的错误提示信息。

Oracle<HOME_NAME>TNSListener：监听器服务。这个服务主要用于监听并接受来自客户端应用程序的连接请求，实现客户端和服务器通信。当需要用远程管理工具远程访问数据库时才需要开启此服务（无论是通过另外一台主机还是在本地通过 SQLNet 网络协议都属于远程访问）。其中<HOME_NAME>指的是安装的 Oracle Home 名称，本文用的是 11g 版本的数据库，<HOME_NAME>的值就是 OraDb11g_home1。

OracleDBConsole<SID>：Oracle 数据库控制台服务，是运行 OEM 时必须启动的服务。

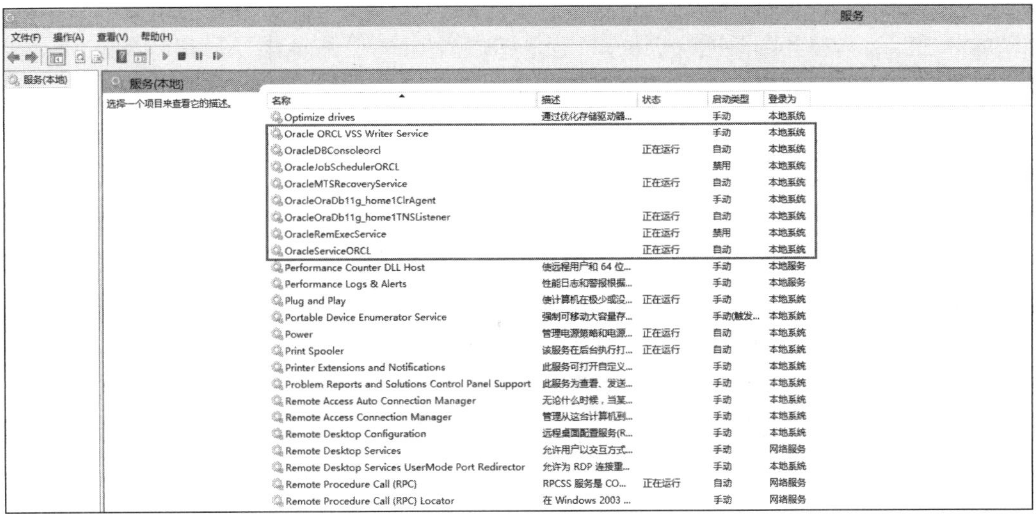

图 1-20　“服务”窗口

1.3.2　Oracle 数据库服务器的卸载

Oracle 11g 的卸载通常使用“Oracle Universal Installer”管理工具，卸载步骤如下。

（1）打开“服务”窗口（图 1-20），停止所有的 Oracle 后台服务程序。

（2）打开“开始”菜单，依次选择“所有程序”|“Oracle-Ora-Db11g_home1”|“Universal Installer”菜单项，打开“Oracle Universal Installer”窗口，如图 1-21 所示。

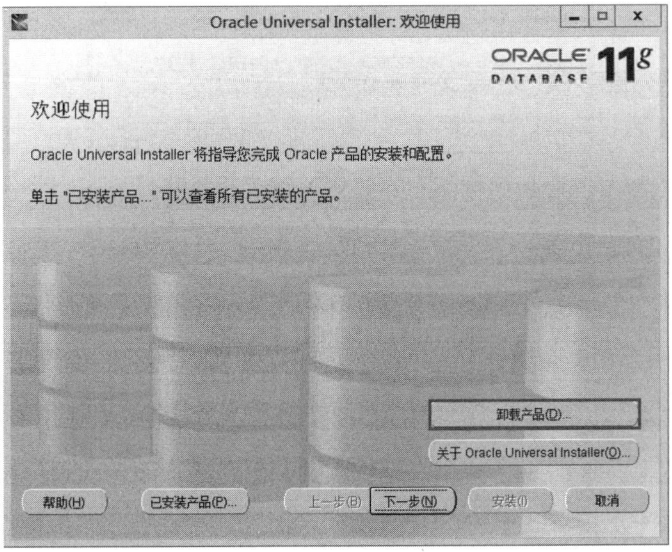

图 1-21　“Oracle Universal Installer”窗口

（3）单击“卸载产品”按钮，打开“产品清单”对话框，选中要删除的 Oracle 产品，单击“删除”按钮。如图 1-22 所示。

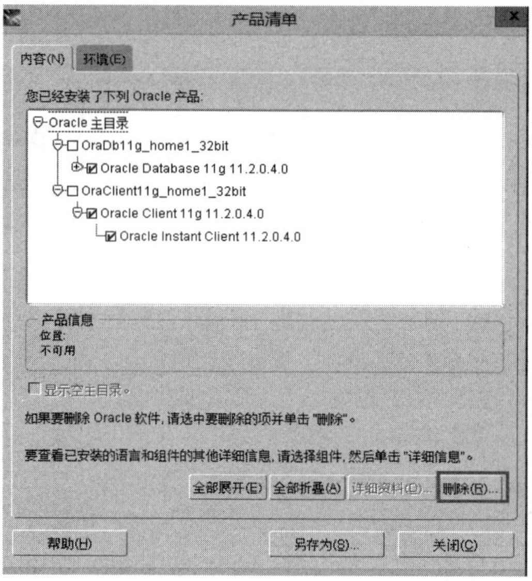

图 1-22 “产品清单”对话框

（4）单击“删除”按钮后，会弹出“确认删除”对话框，单击“是”按钮即可。

（5）删除产品后，回到“产品清单”对话框，勾选“显示主目录”，然后，勾选清单里面的主目录，单击“删除”按钮后，会打开“确认删除”对话框，单击按钮“是”开始删除主目录。

（6）接下来需要删除注册表中与 Oracle 有关的内容。右击“开始”，打开“运行”对话框，在“运行”中输入“regedit”命令，如图 1-23 所示，打开注册表窗口，如图 1-24 所示。

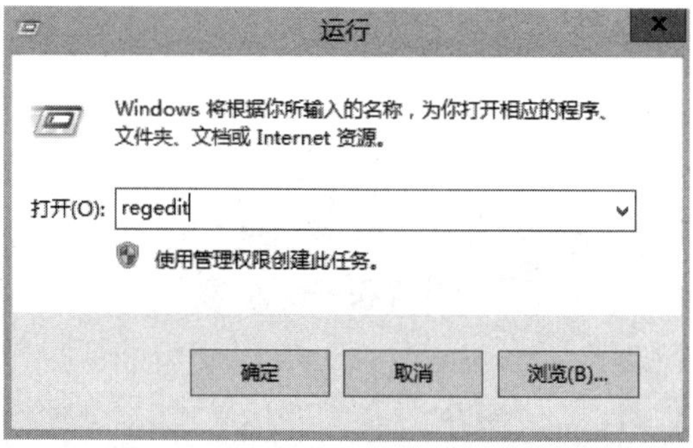

图 1-23 “运行”对话框

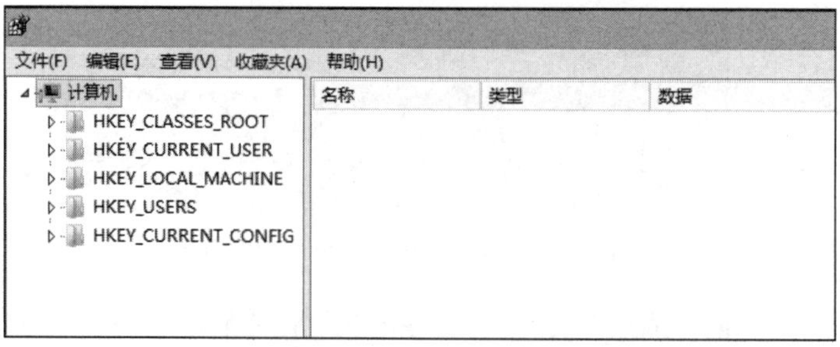

图 1-24 注册表窗口

（7）删除与 Oracle 有关的内容，具体如下：

① 找到 HKEY_LOCAL_MACHINE，删除 HKEY_LOCAL_MACHINE\SOFTWARE\Oracle 目录，如图 1-25 所示。如果 HKEY_LOCAL_MACHINE\SOFTWARE 下没有 Oracle 目录，则此步骤忽略。

图 1-25　注册表中 SOFTWARE 目录

② 删除 HKEY_LOCAL_MACHINE\SYSTEM\CurrentControlSet\Services 中所有以 Oracle 或者 OraWeb 为开头的键。

③ 删除 HKEY_LOCAL_MACHINE\SYSTEM\CurrentControlSet\Services\Eventlog\Application 中所有以 Oracle 为开头的键，如图 1-26 所示。

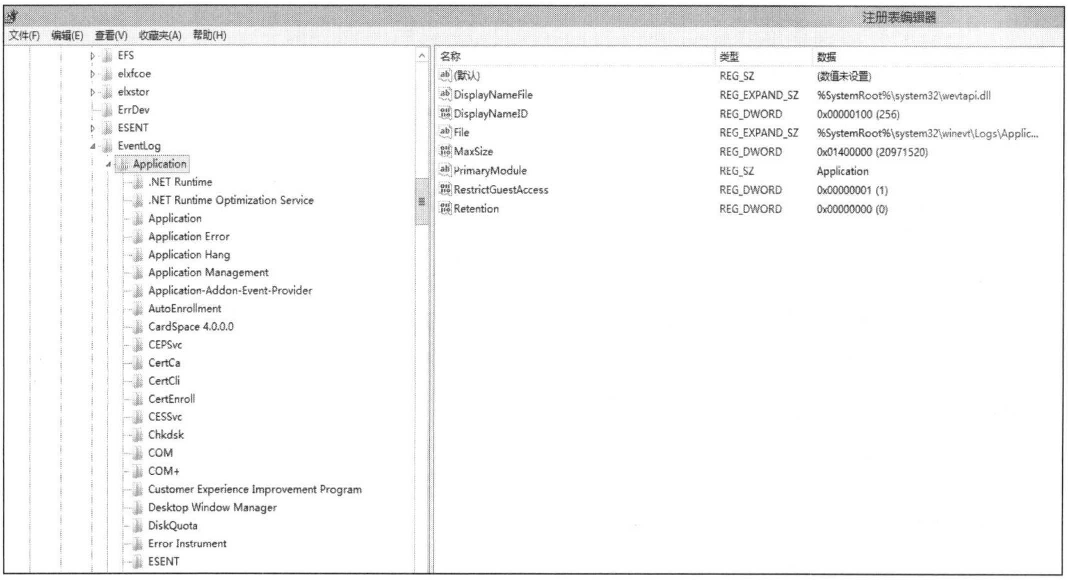

图 1-26　注册表中 Application 目录

④ 删除 HKEY_CLASSES_ROOT 目录下所有以 Ora、Oracle、Orcl 或者 EnumOra 为前缀的键，如图 1-27 所示。

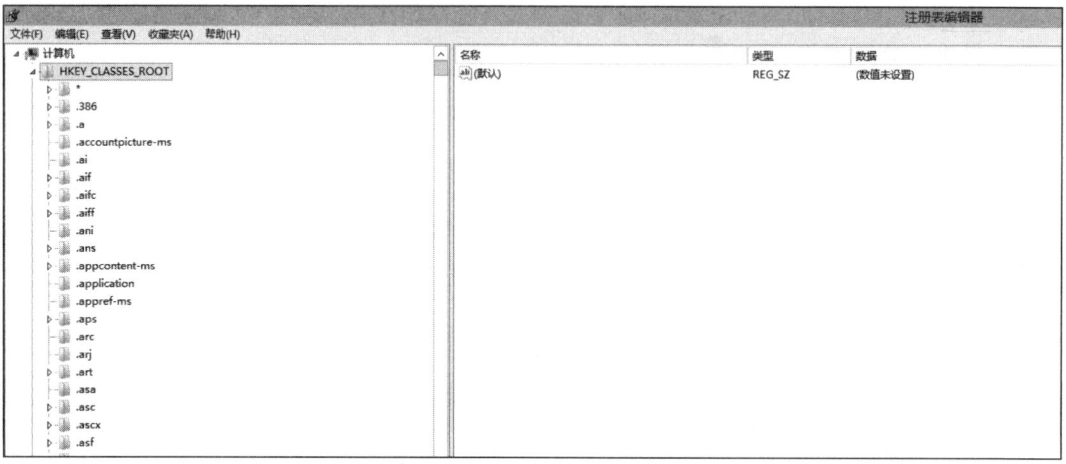

图 1-27 注册表中 HKEY_CLASSES_ROOT 目录

（8）删除环境变量中 PATH 中包含 Oracle 的值。

（9）删除“开始”程序组中所有 Oracle 的组合图标。

（10）删除所有与 Oracle 相关的文件目录。

习 题

（一）选择题

1. DBMS 是指（　　）。

   A. 数据库　　B. 数据库系统

   C. 数据库管理系统　　D. 数据库管理员

2. 数据库 DB、数据库系统 DBS 和数据库管理系统 DBMS 之间的关系是（　　）。

   A. DBS 包括 DB 和 DBMS　　B. DBMS 包括 DB 和 DBS

   C. DB 包括 DBS 和 DBMS　　D. DBS 就是 DB，也就是 DBMS

3. （　　）是数据库系统的核心，它负责数据库的配置、存取、管理和维护等工作。

   A. 操作系统　　B. 关系模型

   C. 数据库管理系统　　D. 数据库

4. 为了防止多个用户对数据库的同一数据进行非法存取操作，DBMS 必须提供（　　）。

   A. 安全性保护　　B. 完整性保护　　C. 故障恢复　　D. 并发控制

5. 下列 4 项中，不属于数据库系统特点的是（　　）。

   A. 数据共享　　B. 提高数据完整性

   C. 数据冗余度高　　D. 提高数据独立性

（二）简答题

1. 安装 Oracle 11g 时，对软件、硬件环境有何要求？
2. 查找资料，了解 Oracle 11g 有几个版本及不同版本的适用环境。

第 2 章

Oracle 数据库操作

学习目标

✧ 掌握使用 DBCA 创建数据库的步骤与方法。
✧ 掌握通过 SQL Plus 启动数据库的几种模式。
✧ 掌握通过 SQL Plus 关闭数据库的几种方式。

2.1 数据库的创建

在安装 Oracle 11g 数据库管理系统时，系统会自动创建一个默认数据库；但若在安装过程中选中“仅安装数据库软件”单选按钮，则需要手动创建数据库才能实现对 Oracle 数据库的各种操作。创建数据库主要有两种方式，一种是通过数据库配置助手（database configuration assistant，DBCA）进行创建；另一种是通过命令行方式进行创建。其中，DBCA 提供了用于创建、管理、配置和删除数据库的图形化工具，且采用向导式的操作方式，比较简单易用。

使用 DBCA 创建一个数据库 ORCLNEW 的步骤如下。

（1）在“开始”菜单中，依次选择“程序”|“Oracle−OraDb11g_home1”|“Database Configuration Assistant”菜单项，打开如图 2-1 所示窗口。

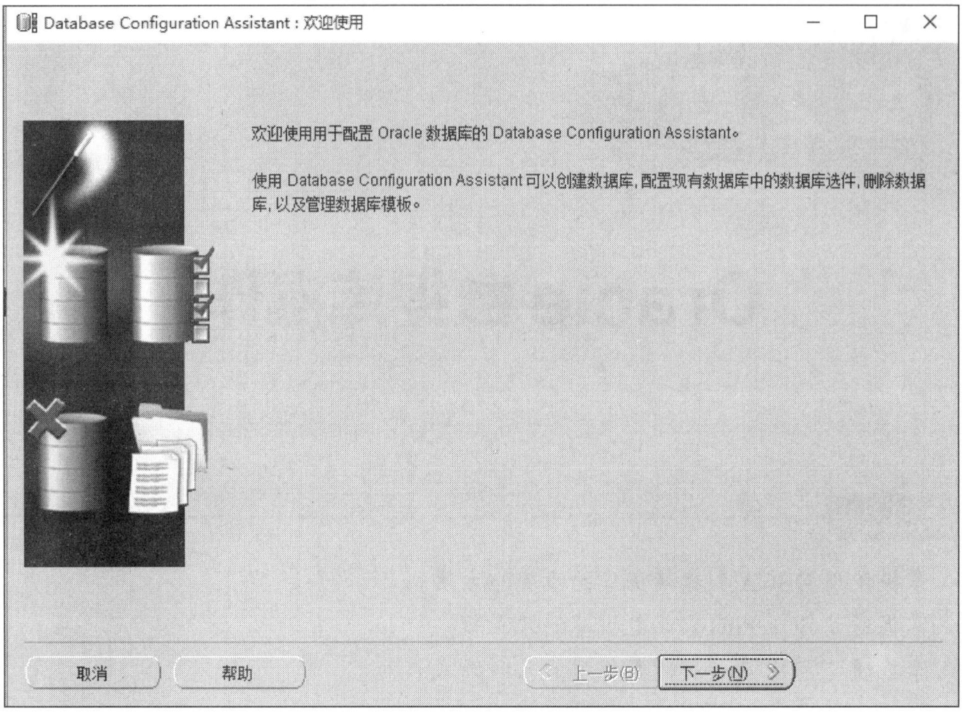

图 2-1　数据库配置助手首窗口

（2）单击“下一步”按钮，选择“创建数据库”单选按钮，如图 2-2 所示。

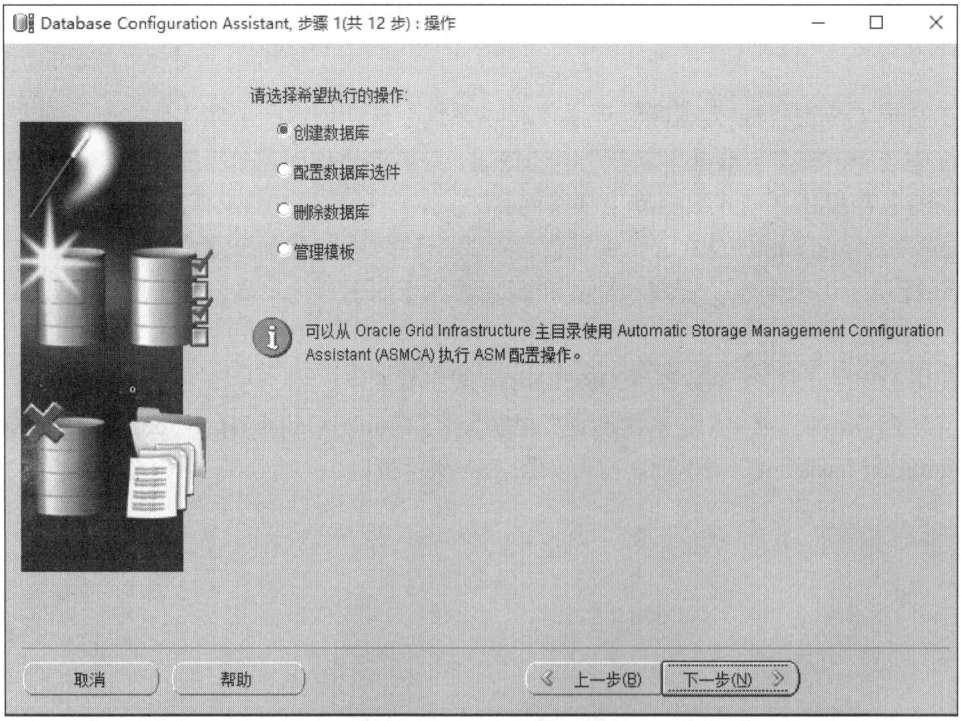

图 2-2　“操作”选择窗口

（3）单击“下一步”按钮，进入“数据库模板”选择窗口，选择“一般用途或事务处理”单选按钮，如图 2-3 所示。

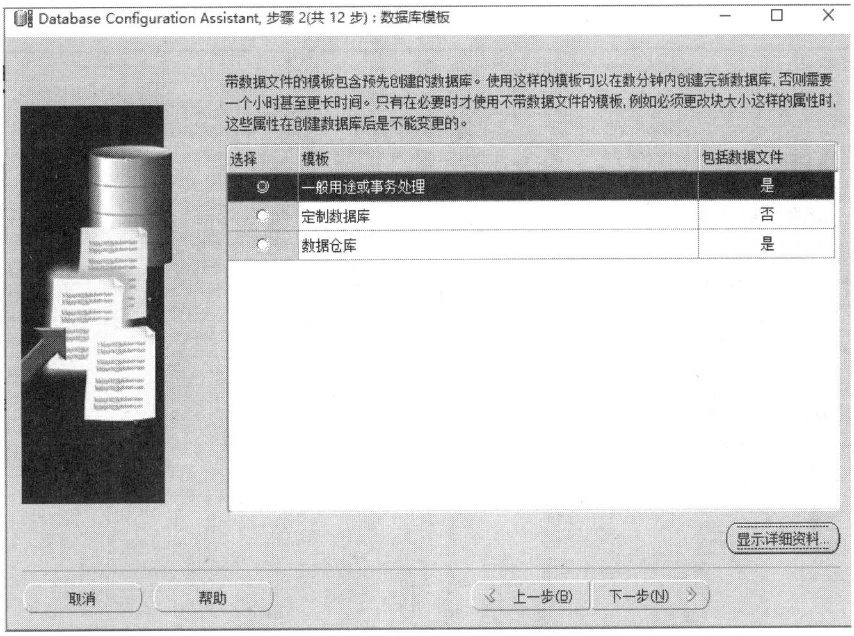

图 2-3　“数据库模板”选择窗口

（4）单击“下一步”按钮，进入“数据库标识”窗口，如图 2-4 所示。在该窗口中，在“全局数据库名”文本框中输入要创建的数据库名称。注意：如果当前数据库管理系统中已经默认安装了数据库，则本次输入的数据库名要与默认安装的数据库名称不同，防止重名。

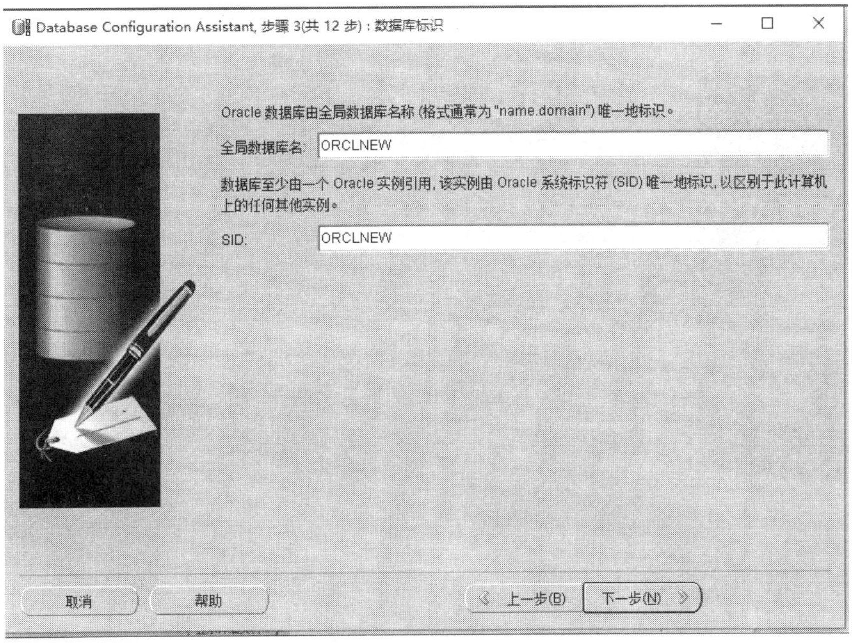

图 2-4　“数据库标识”窗口

（5）单击“下一步”按钮，进入“管理选项”窗口，如图 2–5 所示。选择默认配置“配置 Enterprise Manager”复选框即可。此时创建的数据库会自动配置 Oracle 11g 基于 Web 方式的 Database Control 管理工具。

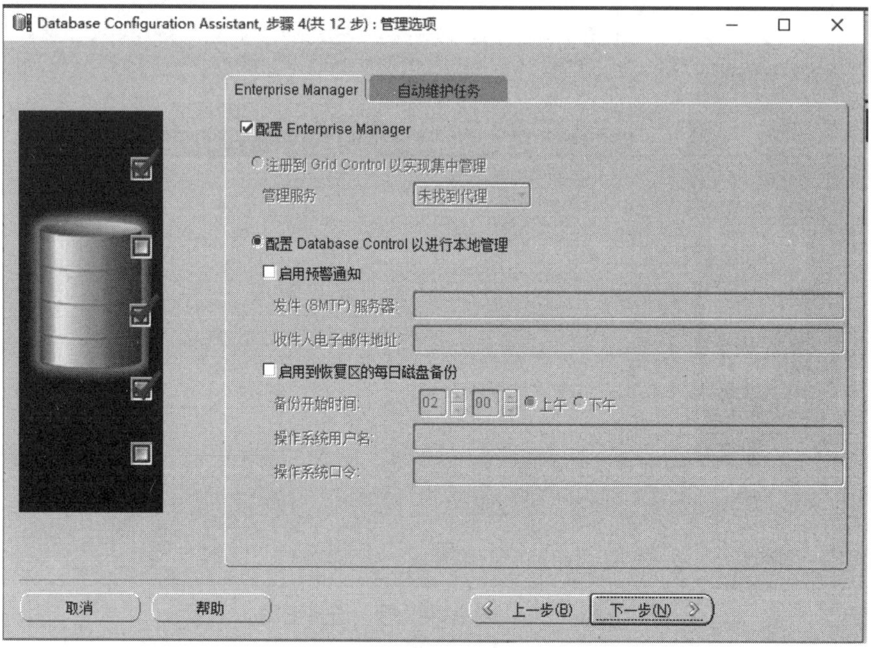

图 2–5 “管理选项”窗口

（6）单击“下一步”按钮，进入“数据库身份证明”窗口，如图 2–6 所示。在该窗口中可以为所有账户设置初始口令。

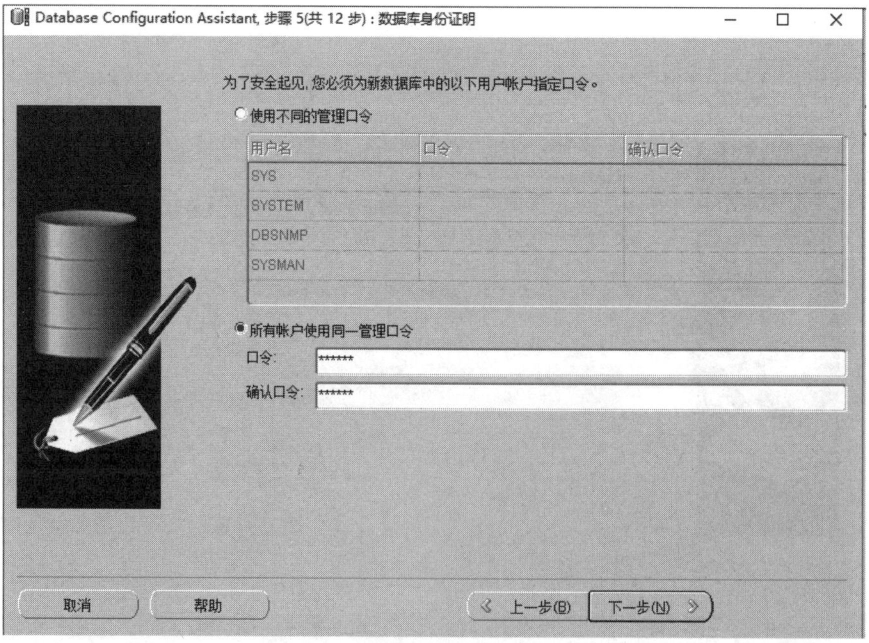

图 2–6 “数据库身份证明”窗口

（7）单击“下一步”按钮，进入“数据库文件所在位置”窗口，如图 2–7 所示。在该窗口可以选择数据库存储类型及存储位置。存储类型通常选择“文件系统”。

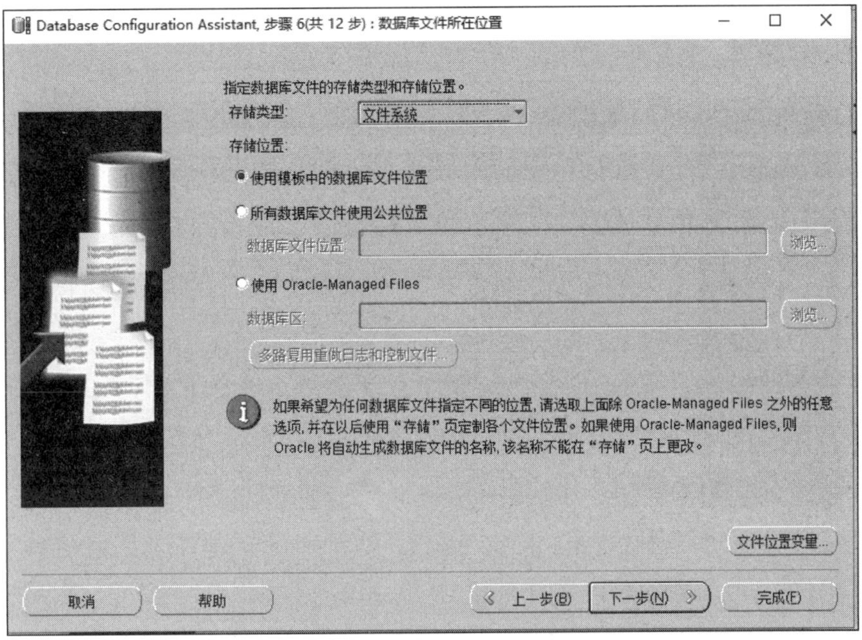

图 2–7　“数据库文件所在位置”窗口

（8）单击“下一步”按钮，进入“恢复配置”窗口，如图 2–8 所示。在该窗口下，可以指定快速恢复区及快速恢复区的大小。同时，还可以选择是否启用数据库归档模式。在此可以先使用默认设置，后续使用过程中，可以根据需要再进行修改。

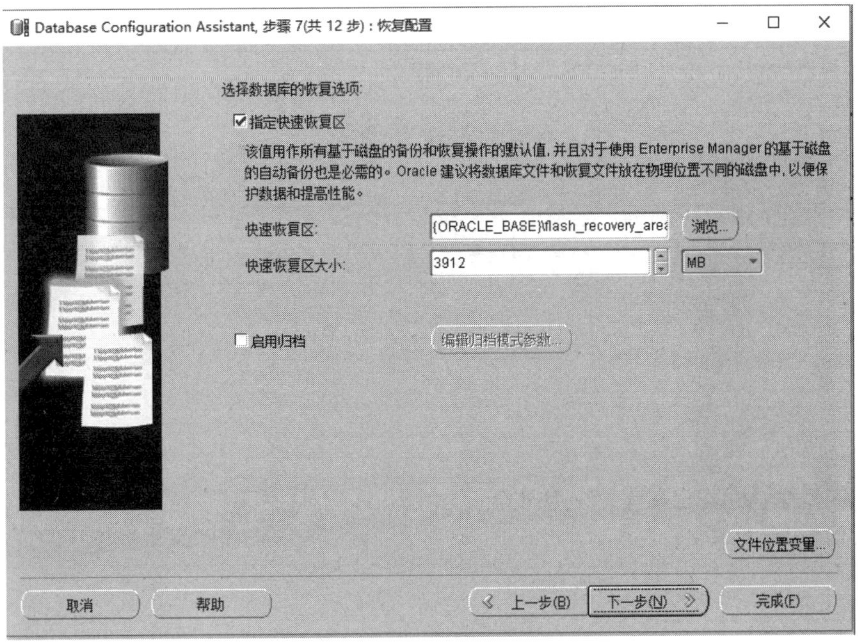

图 2–8　“恢复配置”窗口

（9）单击“下一步”按钮，进入“数据库内容”窗口，如图 2–9 所示。如果选中“示例方案”复选框，则会自动将在数据库中创建示例方案，如 SCOTT、HR 等。

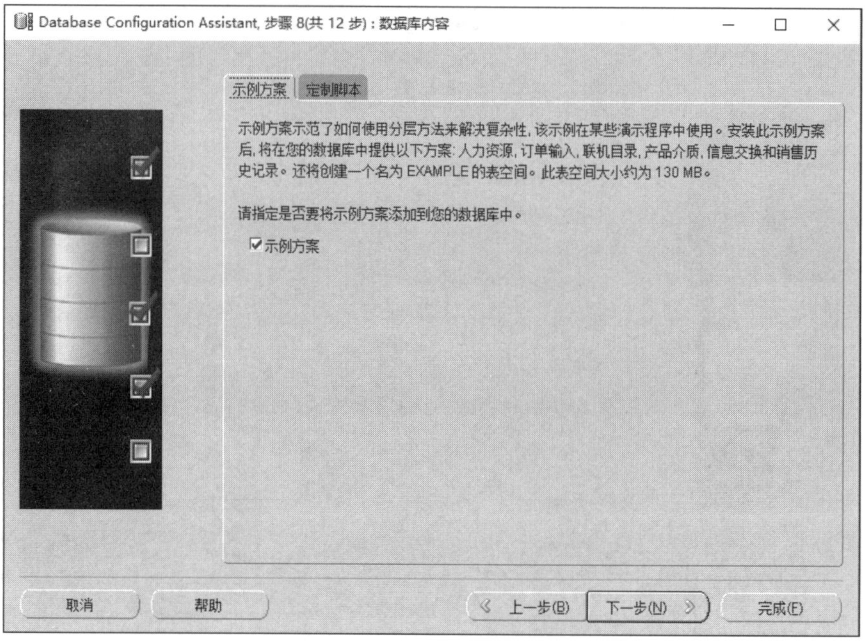

图 2–9　“数据库内容”窗口

（10）单击“下一步”按钮，进入“初始化参数”窗口，如 2–10 图所示。该界面有 4 个标签页：“内存”“调整大小”“字符集”“连接模式”。

① “内存”标签：用于设置新建数据库的数据库实例的内存区大小，根据自身情况，选择“典型”或者“定制”方式。

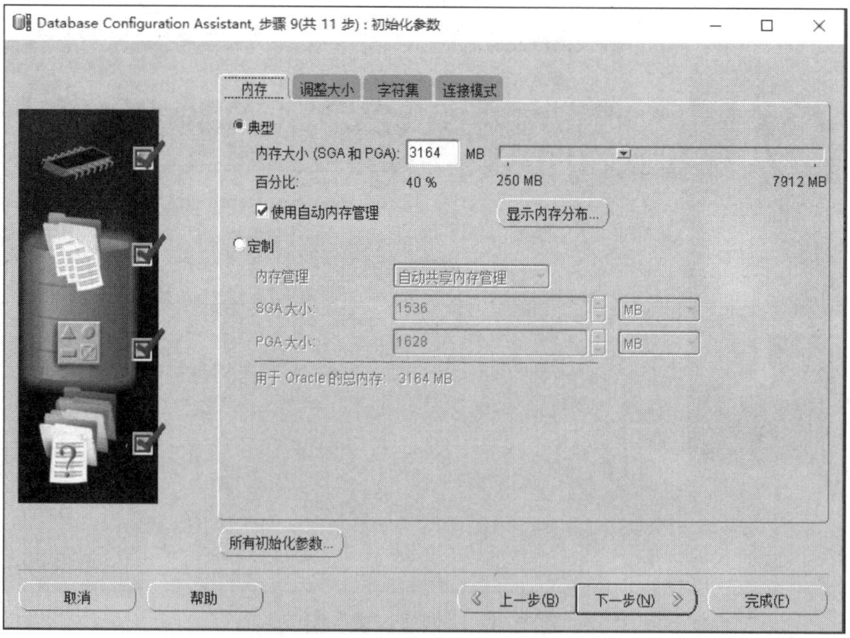

图 2–10　“初始化参数”窗口

② “调整大小”标签：用于设置数据库中数据块对应磁盘上的物理数据库空间，用于存储数据库中的数据，数据库创建后，该参数不可修改，其大小一般为操作系统块的整数倍，如图 2-11 所示。

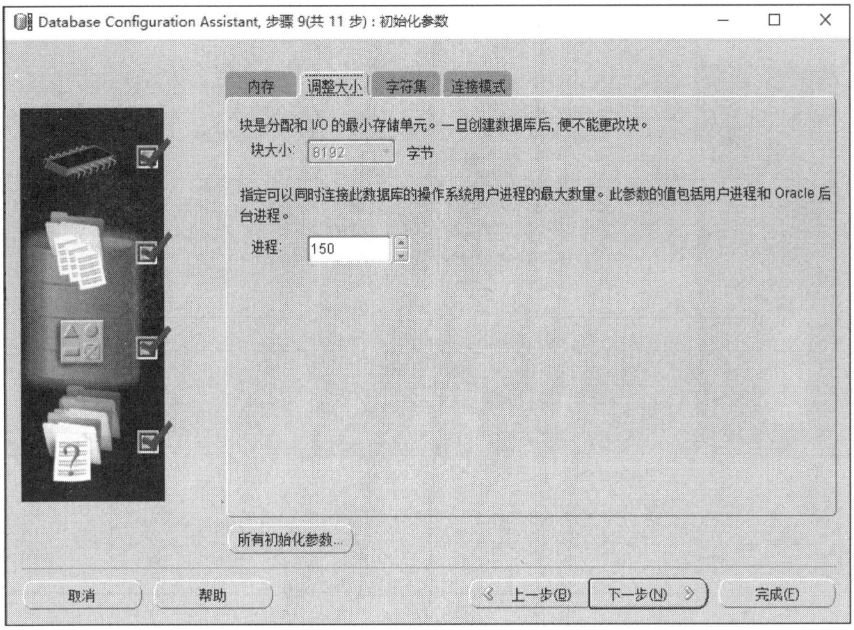

图 2-11　“调整大小”界面

③ “字符集”标签：主要用于设置 Oracle 数据库采用的字符集，一般根据 Oracle 所在操作系统选择对应字符，如图 2-12 所示。

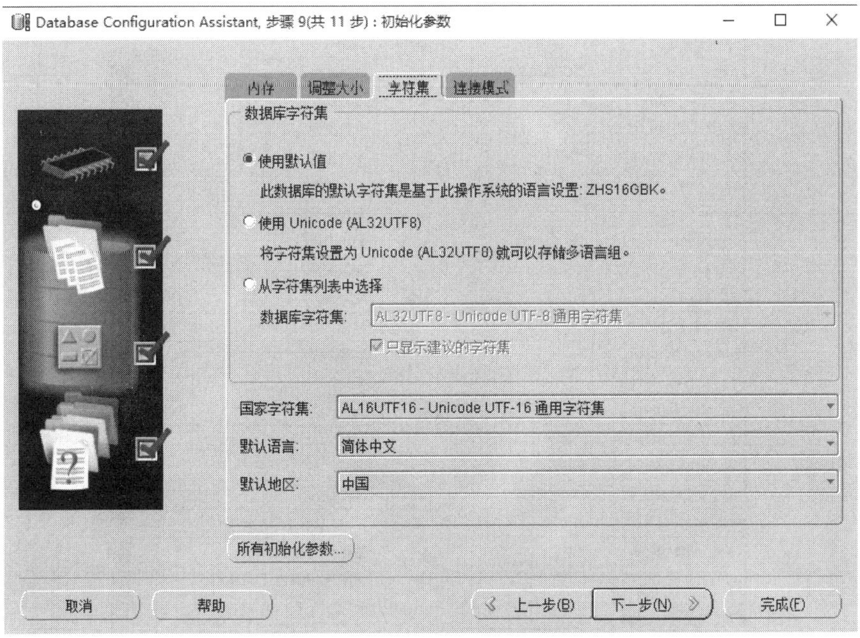

图 2-12　“字符集”界面

④“连接模式”标签：主要用于选择数据库运行的模式，一般选择默认选项“专用服务器模式”，如图 2-13 所示。

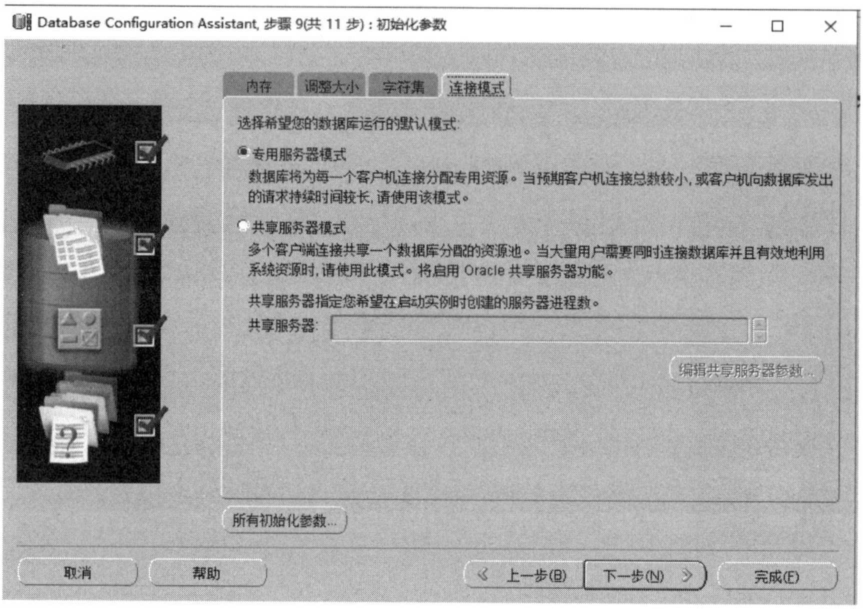

图 2-13 “连接模式”界面

设置完上述所有标签页后，可以单击“所有初始化参数”按钮查看当前数据库的参数设置情况，如图 2-14 所示。

名称	值	覆盖默认值	类别
cluster_database	FALSE		群集数据库
compatible	11.2.0.0.0	✔	其他
control_files	("{ORACLE_BA...	✔	文件配置
db_block_size	8192	✔	高速缓存和 I/O
db_create_file_dest			文件配置
db_create_online_lo...			文件配置
db_create_online_lo...			文件配置
db_domain		✔	数据库标识
db_name	ORCLNEW	✔	数据库标识
db_recovery_file_dest	{ORACLE_BAS...	✔	文件配置
db_recovery_file_de...	4102029312	✔	文件配置
db_unique_name			其他
instance_number	0		群集数据库
log_archive_dest_1			归档
log_archive_dest_2			归档
log_archive_dest_st...	enable		归档
log_archive_dest_st...	enable		归档
nls_language	SIMPLIFIED CH...	✔	NLS
nls_territory	CHINA	✔	NLS
open_cursors	300	✔	游标和库高速缓存
pga_aggregate_target	1707081728		排序，散列联接，位图索引

图 2-14 “所有初始化参数”对话框

（11）关闭“所有初始化参数”对话框后，单击“下一步”按钮，进入“数据库存储”窗口，如图 2-15 所示。

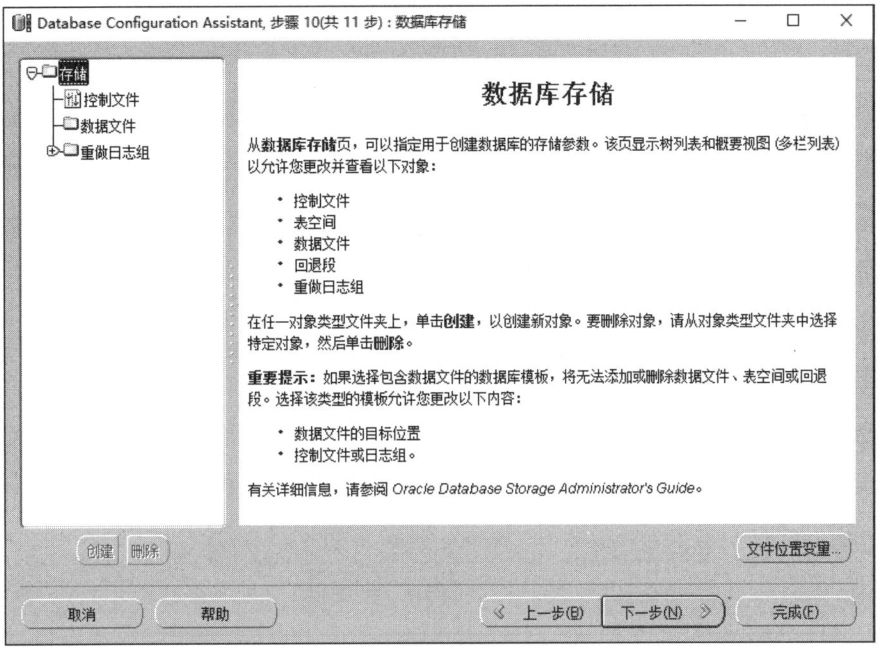

图 2-15　“数据库存储”窗口

（12）单击“下一步”按钮，进入“创建选项”窗口，勾选“创建数据库”复选框，如图 2-16 所示。

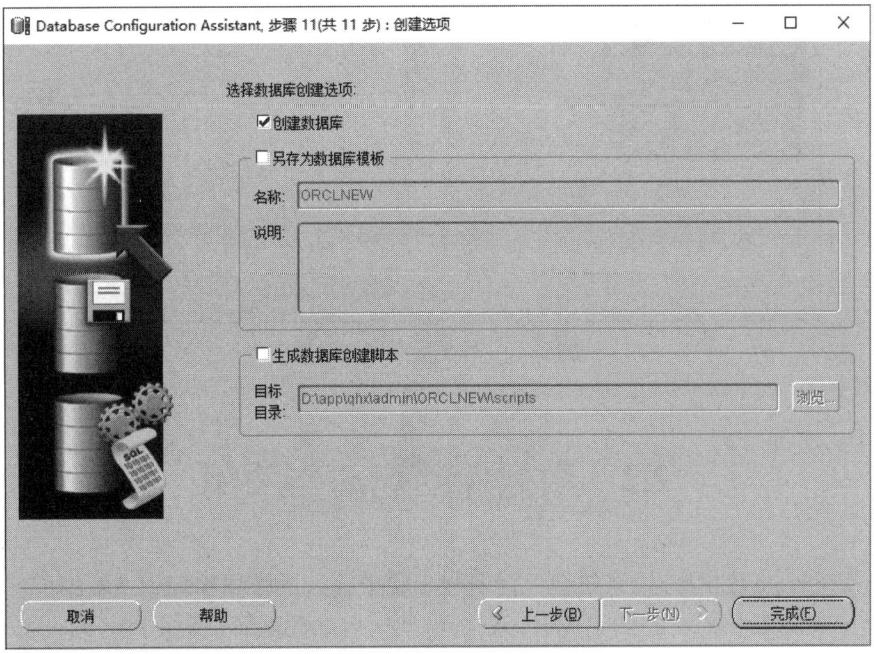

图 2-16　“创建选项”窗口

（13）单击“完成”按钮，弹出创建数据库“确认”对话框，如图 2-17 所示。单击“确定”按钮，进入数据库创建对话框，如图 2-18 所示。

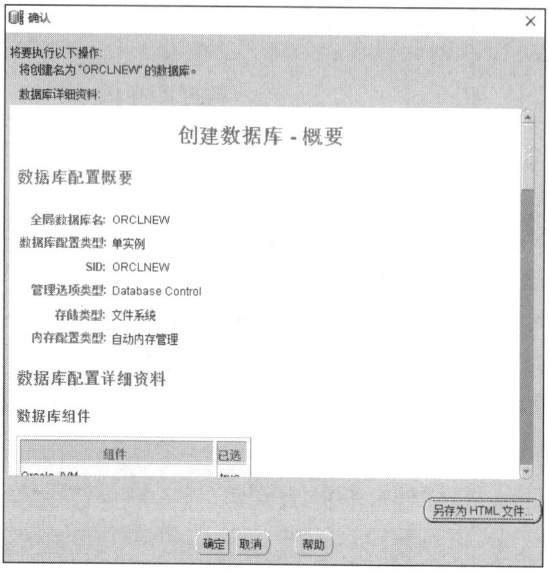

图 2-17　“确认”对话框

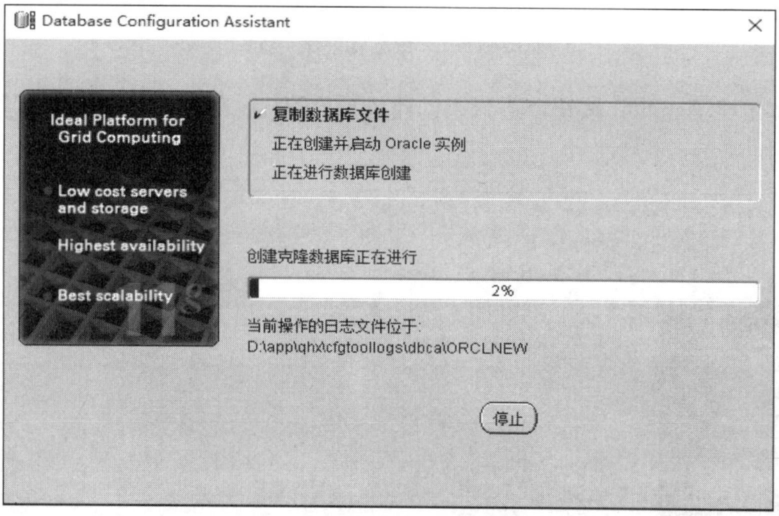

图 2-18　数据库创建对话框

2.2　数据库的启动与关闭

在安装 Oracle 数据库时，系统会根据安装步骤中输入的数据库标识及数据库实例(SID)默认安装 Oracle 数据库。安装完成后，系统会默认启动数据库，数据库开发人员可直接进行使用。但是在数据库的日常管理与维护中，数据库管理员（DBA）应该掌握启动与关闭数据库的方法，以应对数据库在日常运行时出现的各种问题，并提高数据库的执行效率。

Oracle 数据库的启动与关闭并不是简单的单一操作，而是按照阶段分步骤进行的复杂流程。下面将详细介绍数据库启动与关闭的相关操作。

2.2.1 数据库的启动过程

Oracle 数据库的启动分为 3 个阶段：启动实例、装载数据库及打开数据库。这 3 个阶段分别对应着 3 种状态：NOMOUNT、MOUNT、OPEN。数据库在每个状态下做不同的事情，同时每个状态也适用于不同的维护需求。启动和关闭数据库的用户必须拥有 DBA 权限或者以 SYSOPER 和 SYSDBA 身份连接数据库。一般常用 SYS 用户并以 SYSDBA 身份来启动和关闭数据库。

1. 启动实例

该阶段主要是启动一系列的后台进程和服务进程，并根据数据库初始化参数文件中的参数设置，创建系统全局区（SGA）、程序全局区（PGA）等内存结构，该阶段主要用于建立和维护数据库，不进行数据库装载。

2. 装载数据库

该阶段根据初始化参数文件中的参数设置，将数据库的控制文件调入内存并打开，从中获取数据库中的所有数据库文件和重做日志文件的位置、名称、状态等结构信息，为打开数据库做准备。

3. 打开数据库

该阶段根据控制文件中的信息，将数据库中所有处于联机状态的数据文件、重做日志文件调入内存中并打开。以这种方式启动的数据库允许任何有效用户连接到数据库。

注：在讲解数据库启动的命令之前，对本书的语法格式做一个统一的说明：

■ Oracle 中的关键字与用户自定义标识符不区分大小写，比如 select、SELECT、Select 作用相同，emp、EMP、Emp 都表示同一个对象。

■ 在语法格式描述中方括号[]表示是可选项。

■ 在语法描述中竖线 | 表示多个中选择其中一个。

【格式】

```
STARTUP [NOMOUNT|MOUNT|OPEN][FORCE][RESTRICT][PFILE=filename]
```

【说明】

- NOMOUNT：主要指启动实例，创建内存结构，但不装载数据库。
- MOUNT：主要指启动实例、装载数据库，但是数据库仍保持关闭状态。
- OPEN：主要指启动实例、装载数据库、打开数据库。
- FORCE：主要指强制启动数据库。
- RESTRICT：指受限模式，该模式下允许具有 RESTRICTED SESSION 系统权限的用户访问，用于以受限的会话方式启动数据库。
- PFILE：用于指定启动实例时所使用的参数文件，filename 即参数文件名。

下面将分别讲解 STARTUP 语法中常用的 4 种启动模式。

1）NOMOUNT 模式

该模式下只会创建实例，但不装载数据库，主要用于建立和维护数据库。

【例 2-1】 使用 NOMOUNT 模式启动数据库实例，代码及运行结果如图 2-19 所示。

```
SQL>STARTUP NOMOUNT
```

```
SQL*Plus: Release 11.2.0.1.0 Production on 星期三 11月 1 10:14:36 2023

Copyright (c) 1982, 2010, Oracle.  All rights reserved.

请输入用户名:  sys as sysdba
输入口令:

连接到:
Oracle Database 11g Enterprise Edition Release 11.2.0.1.0 - 64bit Production
With the Partitioning, OLAP, Data Mining and Real Application Testing options

SQL> shutdown immediate
数据库已经关闭。
已经卸载数据库。
ORACLE 例程已经关闭。
SQL> startup nomount
ORACLE 例程已经启动。

Total System Global Area  643026944 bytes
Fixed Size                  2178496 bytes
Variable Size             507511360 bytes
Database Buffers          130023424 bytes
Redo Buffers                3313664 bytes
```

图 2-19 “NOMOUNT 模式”启动数据库

在例 2-1 代码中，首先 sys 用户以 sysdba 身份登录，先使用 shutdown immediate 命令关闭数据库实例后，才能使用 startup nomount 命令启动数据库。

2）MOUNT 模式

该模式下启动实例、装载数据库，但是数据库仍处于关闭状态。主要用于 DBA 操作安装数据库，例如执行重命名数据文件，添加、删除或重命名日志文件等。

【例 2-2】 使用 MOUNT 模式启动数据库实例，代码及运行结果如图 2-20 所示。

```
SQL> shutdown immediate
数据库已经关闭。
已经卸载数据库。
ORACLE 例程已经关闭。
SQL> startup mount
ORACLE 例程已经启动。

Total System Global Area  643026944 bytes
Fixed Size                  2178496 bytes
Variable Size             507511360 bytes
Database Buffers          130023424 bytes
Redo Buffers                3313664 bytes
数据库装载完毕。
```

图 2-20 “MOUNT 模式”启动数据库

在例 2-2 代码中，先使用 shutdown immediate 命令关闭数据库实例，然后再使用 startup mount 命令启动数据库实例。

3）OPEN 模式

该模式下启动实例、装载数据库、打开数据库。在这种模式下启动的数据库，允许任何有效用户进行连接。

【例 2-3】 使用 OPEN 模式启动数据库实例，代码及运行结果如图 2-21 所示。

```
SQL> startup
ORACLE 例程已经启动。

Total System Global Area  643026944 bytes
Fixed Size                  2178496 bytes
Variable Size             507511360 bytes
Database Buffers          130023424 bytes
Redo Buffers                3313664 bytes
数据库装载完毕。
数据库已经打开。
```

图 2-21　“OPEN 模式”启动数据库

例 2-3 代码中，startup 命令后面没有任何参数，就表示以 OPEN 模式启动数据库实例。上述命令也可以写成 startup open，作用是一样的。

4）FORCE 模式

该模式主要用于在各种启动模式都无法成功启动数据库的情况下，强行启动数据库。

【例 2-4】 以 FORCE 模式启动数据库实例，代码及运行结果如图 2-22 所示。

```
SQL> startup force
ORACLE 例程已经启动。

Total System Global Area  643026944 bytes
Fixed Size                  2178496 bytes
Variable Size             507511360 bytes
Database Buffers          130023424 bytes
Redo Buffers                3313664 bytes
数据库装载完毕。
数据库已经打开。
SQL>
```

图 2-22　“FORCE 模式”启动数据库

注：采用上述几种模式启动数据库实例之前，一定先以管理员用户使用 SHUTDOWN 命令关闭数据库实例。

2.2.2　数据库的关闭过程

与数据库启动过程相同，数据库的关闭也是分阶段、分步骤进行的，分别是关闭数据库、卸载数据库、关闭实例。SHUTDOWN 命令可以使用不同的子句来控制数据库关闭的方式。

【格式】`SHUTDOWN [NORMAL|IMMEDIATE|TRANSACTIONAL|ABORT]`

【说明】

- NORMAL：表示以正常方式关闭数据库。
- IMMEDIATE：表示立即关闭数据库。
- TRANSCATIONAL：表示当前所有的活动事务被提交后，关闭数据库。
- ABORT：表示以终止方式关闭数据库。

下面将分别讲解 SHUTDOWN 语法中列举的 4 种关闭方式。

1）NORMAL 方式

该方式称为正常关闭方式，以这种方式关闭数据库时，不再允许用户建立新的连接，当前正在连接数据库的用户主动断开连接后，将立即关闭数据库。

【例 2-5】 以 NORMAL 方式关闭数据库实例，代码及运行结果如图 2-23 所示。

```
SQL> shutdown normal
数据库已经关闭。
已经卸载数据库。
ORACLE 例程已经关闭。
SQL> startup
ORACLE 例程已经启动。
```

图 2-23 “NORMAL 方式”关闭数据库

2）IMMEDIATE 方式

该方式称为立即关闭方式，以这种方式关闭数据库时，不再允许用户建立新的连接和开启新的事务，当前正在连接的用户如果有未提交的事务会自动回退，然后关闭数据库。

【例 2-6】 以 IMMEDIATE 方式关闭数据库实例，代码及运行结果如图 2-24 所示。

```
SQL> shutdown immediate
数据库已经关闭。
已经卸载数据库。
ORACLE 例程已经关闭。
```

图 2-24 “IMMEDIATE 方式”关闭数据库

3）TRANSACTIONAL 方式

该方式称为事务关闭方式，以这种方式关闭数据库时，不再允许用户建立新的连接和开启新的事务，等待所有的活动的事务被提交、所有连接的用户断开连接后，数据库才会关闭。

【例 2-7】 以 TRANSACTIONAL 方式关闭数据库实例，代码及运行结果如图 2-25 所示。

```
SQL> shutdown transactional
数据库已经关闭。
已经卸载数据库。
ORACLE 例程已经关闭。
```

图 2-25 “TRANSACTIONAL 方式”关闭数据库

4）ABORT 方式

该方式称为终止关闭方式，这种方式具有一定的强制性和破坏性，一旦发出命令，系统将立即关闭数据库实例，对连接到数据库的所有用户不作任何检查。使用这种方式关闭数据库有可能会造成数据丢失，影响数据完整性；且再次启动数据库时需要进行数据库恢复。因此，除非必要，否则尽量避免使用这种方式。

【例 2-8】 以 ABORT 方式关闭数据库实例，代码及运行结果如图 2-26 所示。

```
SQL> shutdown abort
ORACLE 例程已经关闭。
```

图 2-26 “ABORT 方式”关闭数据库

习　　题

1. 采用（　　）工具可以创建新的 Oracle 数据库。

A. Oracle Universal Installer

B. Oracle Database Configuration Assistant

C. Oracle Enterprise Management Console

D. Net Manager

2. （　　）阶段会打开控制文件。

A. 关闭数据库　　B. 启动实例

C. 装载数据库　　D. 打开数据库

3. 数据库启动过程中对应（　　）三种状态。

A. NOMOUNT　　B. MOUNT

C. OPEN　　D. STARTUP

4. （　　）模式是启动实例、装载数据库，但不打开数据库。

A. STARTUP NOMOUNT　　B. STARTUP MOUNT

C. STARTUP OPEN　　B. STARTUP

5. （　　）模式将等待用户完成他们没有提交的事务。

A. SHUTDOWN IMMEDIATE　　B. SHUTDOWN TRANSACTIONAL

C. SHUTDOWN NORMAL　　D. SHUTDOWN ABORT

6. 系统中（　　）用户有权利关闭和启动数据库。

A. HR　　B. USER

C. SYSTEM　　D. SCOTT

7. 下面（　　）服务是 Oracle 的核心服务，该服务是数据库启动的基础，只有该服务启动，数据库才能正常启动。

A. OracleServiceORCL　　B. OracleOraDb11g_home1TNSListener

C. OracleDBConsoleorcl　　D. OracleJobSchedulerORCL

8. Oracle Database（简称 Oracle）是甲骨文公司开发的一款（　　）数据库管理系统，也是目前世界上使用最广泛的数据库管理系统。

A. 关系　　B. 网状

C. 面向对象　　D. 层次

9.（　　）服务的作用是监听并接受来自客户端应用程序的连接请求。

A. OracleService<SID>　　B. Oracle<HOME_NAME>TNSListener

C. OracleDBConsole<SID>　　D. TNSListener

第 3 章

Oracle 体系结构

学习目标

- ✧ 了解 Oracle 的体系结构。
- ✧ 掌握 Oracle 数据库的物理存储结构。
- ✧ 掌握 Oracle 数据库的逻辑存储结构。

3.1 Oracle 体系结构概述

Oracle 数据库体系结构的设计旨在提供高效的数据存储和访问服务，并确保数据的一致性和完整性。Oracle 数据库的体系结构可以分为两个主要部分：数据库和数据库实例。

数据库是硬盘上的数据集合，表现为数据库服务器上的一个或多个文件。数据库的存储结构又分为物理存储结构和逻辑存储结构，这两种结构分别在操作系统层面和数据库系统内部层面描述了数据的组织与管理方式。

数据库实例是 Oracle 数据库系统的核心，由系统全局区（SGA）和后台进程组成。SGA 是所有数据库操作的共享内存区域，包括数据缓冲区、日志缓冲区、共享池等。后台进程负责管理数据库的操作，保证数据的完整性和可用性，包括 PMON（监控所有 Oracle 进程的状态）、SMON（处理系统级别的任务，如撤销表的重建、重建空闲空间表等）、DBWR（负责将缓冲区中的数据写入数据文件）、LGWR（将重做日志缓冲区中的内容写入在线重做日志文件中）、CKPT（确保内存中的数据在必要时正确地写入磁盘，并更新控制文件以反映这些更改）等。当启动 Oracle 数据库服务器时，实际上就是在服务器上创建了一个 Oracle 数据库实例。

Oracle 数据库的体系结构如图 3-1 所示。

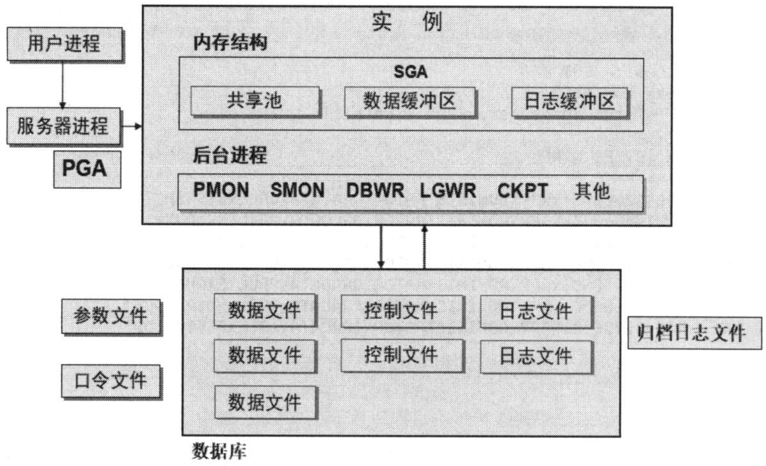

图 3-1　Oracle 数据库体系结构图

3.2　物理存储结构

Oracle 数据库在物理上是由存储在磁盘中的操作系统文件所组成的，这些文件就是 Oracle 的物理存储结构。Oracle 数据库在物理上主要由数据文件（.dbf）、控制文件（.ctl）和重做日志文件（.log）组成，如图 3-2 所示。

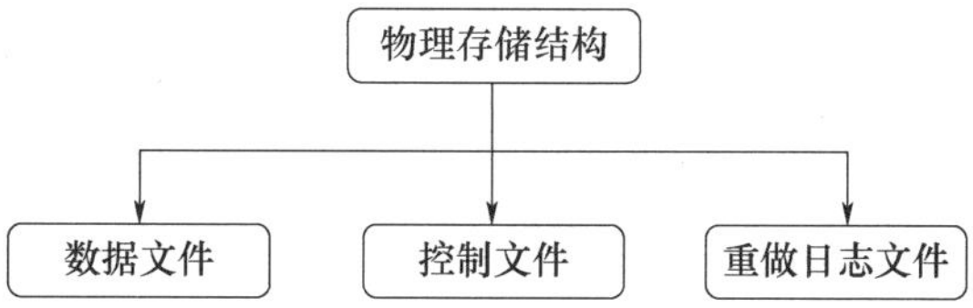

图 3-2　物理存储结构图

3.2.1　数据文件

数据文件（Data File）是 Oracle 数据库创建的持久存储中的物理文件。每个数据库都有一个或多个数据文件，包含了所有数据库数据。在 SQL Plus 中执行以下命令，可以看到所有数据文件，如图 3-3 所示。

```
SQL> SET linesize 600
SQL> COL name for a100
SQL> SELECT status,bytes,name FROM v$datafile;
```

数据文件又分为 3 种类型：系统数据文件、撤销段数据文件和用户数据文件。

（1）系统数据文件。图 3-3 中 SYSTEM01.DBF 和 SYSAUX01.DBF 是系统数据文件，用于存放系统表和数据字典，一般情况下，不建议将用户的数据存放在此。但是，用户脚本（如存储过程、函数、包等）是保存在数据字典中的。

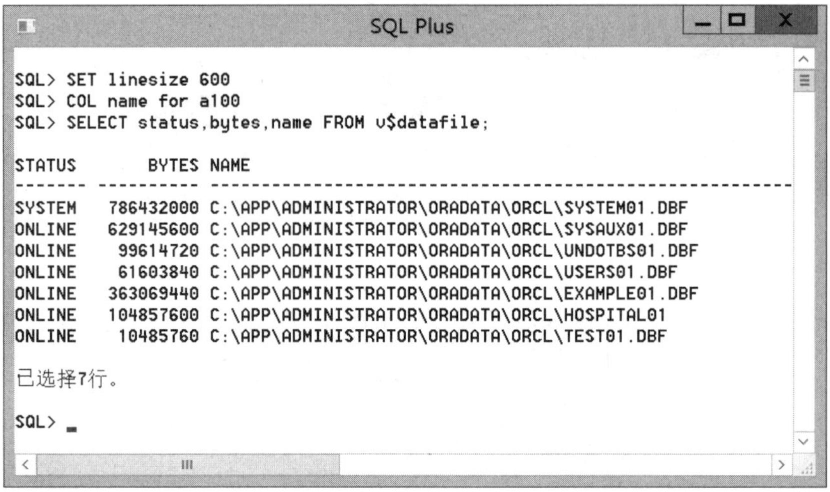

```
SQL> SET linesize 600
SQL> COL name for a100
SQL> SELECT status,bytes,name FROM v$datafile;

STATUS       BYTES NAME
------- ---------- --------------------------------------------------------
SYSTEM   786432000 C:\APP\ADMINISTRATOR\ORADATA\ORCL\SYSTEM01.DBF
ONLINE   629145600 C:\APP\ADMINISTRATOR\ORADATA\ORCL\SYSAUX01.DBF
ONLINE    99614720 C:\APP\ADMINISTRATOR\ORADATA\ORCL\UNDOTBS01.DBF
ONLINE    61603840 C:\APP\ADMINISTRATOR\ORADATA\ORCL\USERS01.DBF
ONLINE   363069440 C:\APP\ADMINISTRATOR\ORADATA\ORCL\EXAMPLE01.DBF
ONLINE   104857600 C:\APP\ADMINISTRATOR\ORADATA\ORCL\HOSPITAL01
ONLINE    10485760 C:\APP\ADMINISTRATOR\ORADATA\ORCL\TEST01.DBF

已选择7行。

SQL>
```

图 3-3　查看数据文件图

（2）撤销段数据文件。图 3-3 中 UNDOTBS01.DBF 对应撤销表空间。如果对数据库进行修改操作，那么就必须使用撤销段。撤销段用来临时存放修改前的数据。

（3）用户数据文件。图 3-3 中 USERS01.DBF 和 HOSPITAL01 等属于用户数据文件，用来存放业务系统的数据。

3.2.2　控制文件

控制文件是一个很小的二进制文件，用来描述和维护数据库的物理存储结构。其存放着数据文件和日志文件的有关信息。数据库启动时要访问控制文件，并不断更新控制文件，控制文件一旦受损，数据库将无法正常工作。

控制文件在数据库创建时生成，其扩展名为.ctl。一个控制文件只能属于一个数据库，一个数据库中至少包括两个控制文件，这两个控制文件的内容始终保持一致。鉴于控制文件的重要性，建议使用两个以上的控制文件，并且将控制文件分布在不同的磁盘上。另外，在数据库创建完成以后，应及时备份控制文件。

在 SQL Plus 中执行以下命令，可以看到所有控制文件的位置，如图 3-4 所示。

```
SQL> SELECT name FROM v$controlfile;
```

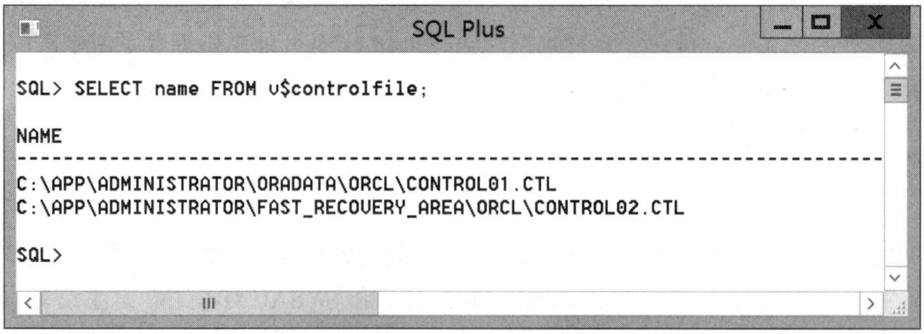

```
SQL> SELECT name FROM v$controlfile;

NAME
--------------------------------------------------------------------------------
C:\APP\ADMINISTRATOR\ORADATA\ORCL\CONTROL01.CTL
C:\APP\ADMINISTRATOR\FAST_RECOVERY_AREA\ORCL\CONTROL02.CTL

SQL>
```

图 3-4　查看控制文件图

3.2.3　重做日志文件

重做日志文件用于记录数据库所做的全部变更（如增加、修改、删除），以便在系统发生故障时，对数据库进行恢复。为了防止日志文件本身发生故障，Oracle 提供了一种多元重做日志，即系统在不同的位置上自动维护重做日志的两个或多个副本，如图 3–5 所示。每个日志文件可由多个成员组成，当日志写入日志文件时，也同时写入组内每个成员文件。从安全角度考虑，这些副本成员应保存在不同磁盘上。

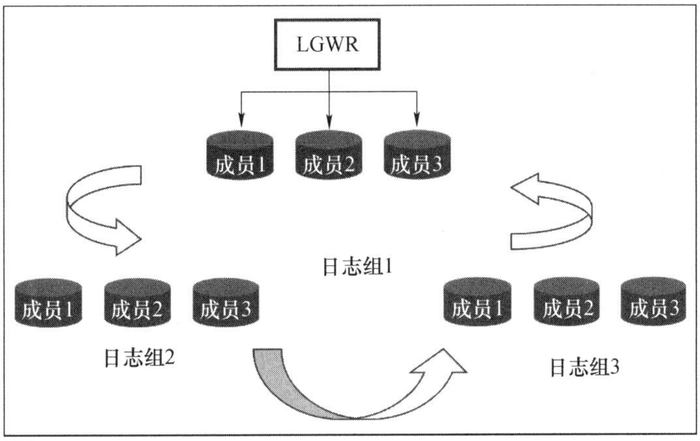

图 3–5　重做日志结构图

在 SQL Plus 中执行以下命令，可以看到所有重做日志文件的位置，如图 3–6 所示。

```
SQL> SELECT group#,type,member FROM v$logfile;
```

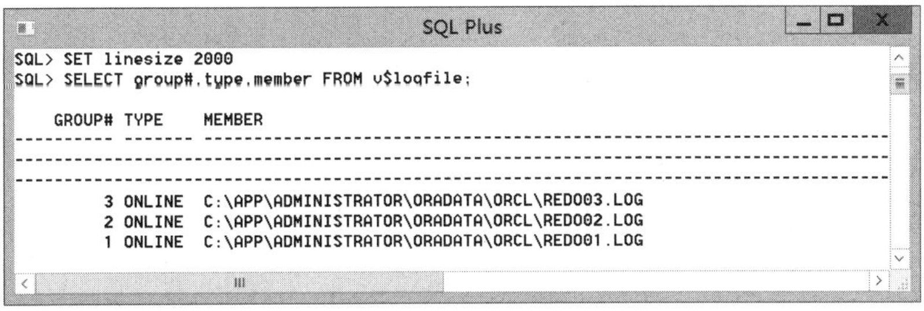

图 3–6　查看日志文件图

3.2.4　归档重做日志文件

Oracle 数据库可以将一个写满的重做日志文件复制到一个或多个指定位置而不会在循环中被覆盖，起到保护数据的作用。被保存的重做日志文件的集合称为归档重做日志文件，这个过程称为归档。

Oracle 数据库有归档模式和非归档模式两种日志模式。只有数据库处于归档模式下，系统才会对重做日志文件进行归档操作，归档操作由后台进程 ARCH 自动完成。当数据库运行在归档日志模式下时，归档重做日志文件会占用大量的硬盘空间。

1）归档模式

归档模式又称全恢复模式，将保留所有的重做日志内容。如果数据库系统工作在归档模式下，那么当第 3 个日志组写满后又回头向第 1 个日志组中写入时，第 1 个日志组以前的日志信息将全部保留备份，这样数据库可以从所有类型的失败中恢复，是最安全的数据库工作方式。

2）非归档模式

非归档模式将不保留以前的重做日志内容。这样数据库一旦出现故障，就只能根据日志文件中记载的内容进行部分恢复。

在 SQL Plus 中执行以下命令，可以看到数据库的日志模式，如图 3-7 所示。

```
SQL> ARCHIVE LOG list;
```

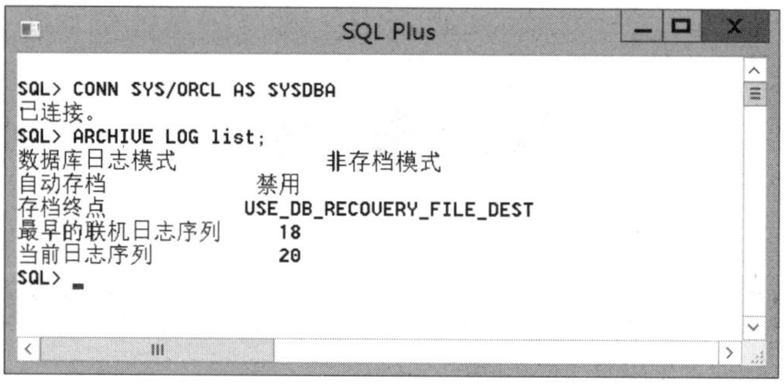

图 3-7 查看日志归档模式图

3.3 逻辑存储结构

3.3.1 逻辑存储结构

逻辑存储结构是数据库系统中用于描述数据在逻辑层面组织和管理方式的核心架构。数据库逻辑存储结构包括表空间、逻辑对象、段、区、数据块等，各层级之间具有明确的逻辑包含关系，如图 3-8 所示。

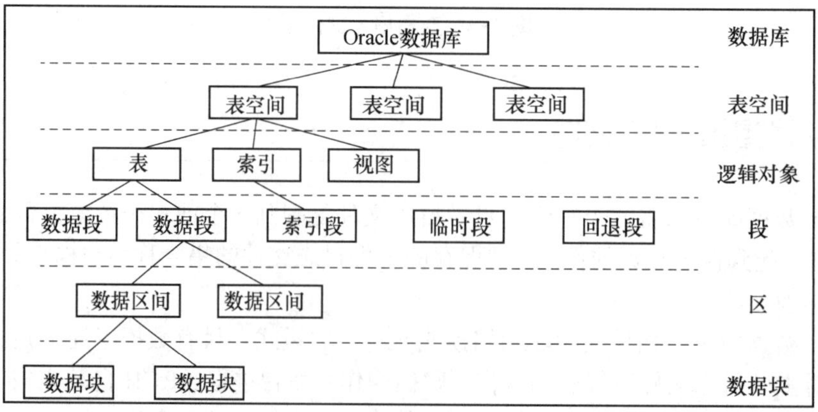

图 3-8 数据库逻辑存储结构图

逻辑存储结构和物理存储结构的对应关系如图 3–9 所示。

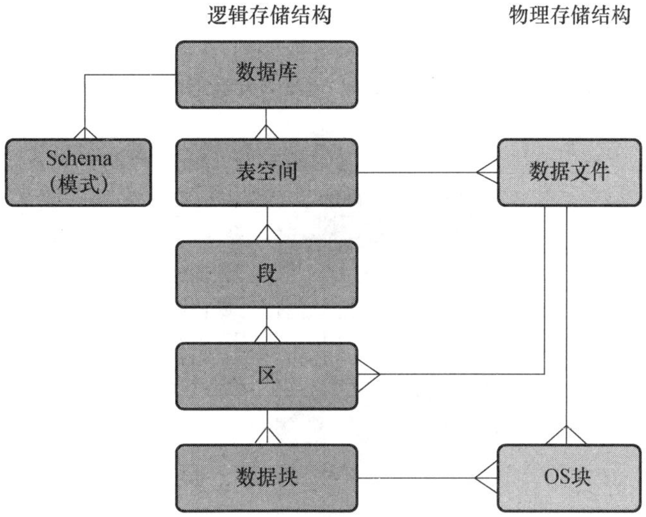

图 3–9　数据库逻辑存储结构与物理存储结构关系图

从图 3–9 中可以看到：

（1）在逻辑架构上，数据库、表空间、段、区、数据块，从上到下是一对多的关系。

（2）一个表空间包含一个或多个数据文件（物理磁盘文件）。

（3）一个 Oracle 数据块，包含一个或多个操作系统块（OS 块）。

（4）一个数据文件包含一个或多个区，一个数据文件包含一个或多个 OS 块。

另外，一个数据文件中可以包含多个数据段。一个数据段也可以分布于多个数据文件中，如图 3–10 所示。

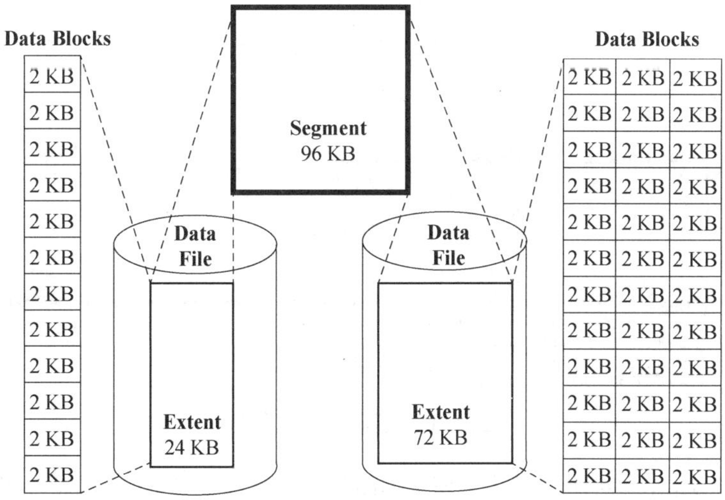

图 3–10　逻辑存储结构与数据文件关系图

1. 数据块

数据块（Data Blocks）是最小的数据组织单位与管理单位，是数据库中最小的逻辑存储单元，也是数据库输入/输出（I/O）的最小单位（读/写一个块，产生一次 I/O）。也就是说，OS 块是操作系统从磁盘读/写的最小单元，而数据块是 Oracle 系统从磁盘读/写的最小单元。

数据块大小由 DB_BLOCK_SIZE 参数决定，是 OS 块的整数倍。数据块的存储结构如图 3-11 所示。

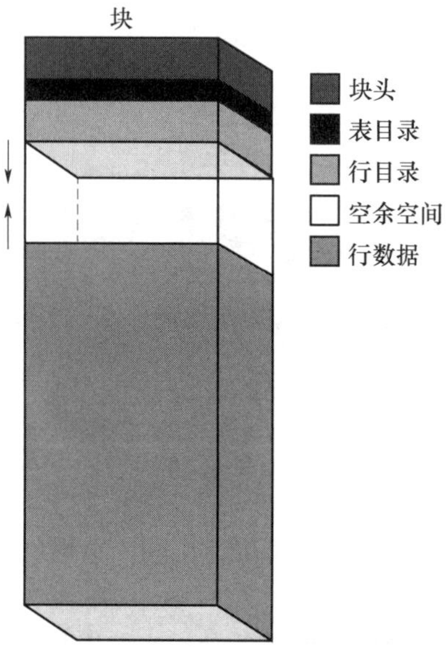

图 3-11 数据块的存储结构

2. 区

区（Extent）由一段物理上连续的数据块组成，一个区只能存在于一个数据库文件中。通过执行如下 SQL 语句，就可以看到数据库中数据区间的情况，如图 3-12 所示。

```
SELECT * FROM dba_extents
```

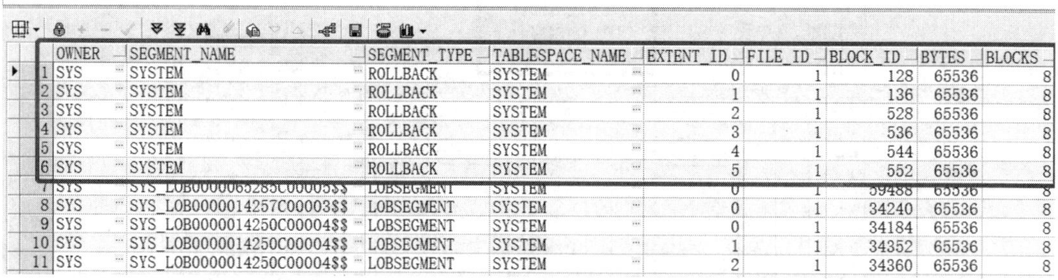

	OWNER	SEGMENT_NAME	SEGMENT_TYPE	TABLESPACE_NAME	EXTENT_ID	FILE_ID	BLOCK_ID	BYTES	BLOCKS
1	SYS	SYSTEM	ROLLBACK	SYSTEM	0	1	128	65536	8
2	SYS	SYSTEM	ROLLBACK	SYSTEM	1	1	136	65536	8
3	SYS	SYSTEM	ROLLBACK	SYSTEM	2	1	528	65536	8
4	SYS	SYSTEM	ROLLBACK	SYSTEM	3	1	536	65536	8
5	SYS	SYSTEM	ROLLBACK	SYSTEM	4	1	544	65536	8
6	SYS	SYSTEM	ROLLBACK	SYSTEM	5	1	552	65536	8
7	SYS	SYS_LOB0000065285C00005$$	LOBSEGMENT	SYSTEM	0	1	59488	65536	8
8	SYS	SYS_LOB0000014257C00003$$	LOBSEGMENT	SYSTEM	0	1	34240	65536	8
9	SYS	SYS_LOB0000014250C00004$$	LOBSEGMENT	SYSTEM	0	1	34184	65536	8
10	SYS	SYS_LOB0000014250C00004$$	LOBSEGMENT	SYSTEM	1	1	34352	65536	8
11	SYS	SYS_LOB0000014250C00004$$	LOBSEGMENT	SYSTEM	2	1	34360	65536	8

图 3-12 查看数据区间图

可以看到，通过不同的段名称（SEGMENT_NAME）、不同的模式（OWNER），乃至不同的表区间（TABLESPACE_NAME），就可以定位到区（EXTENT_ID）的信息描述。

当数据库中创建带有实际存储结构的数据库对象（如表、索引）时，Oracle 将为该对象分配若干个区，以便组成一个对应的段，为该方案对象提供初始的存储空间。

当段中已分配的区都写满时，Oracle 就会在该对象所在的表空间中为该段分配下一个新的空白区，以便容纳更多的数据。

3. 段

段（Segment）是由一个或多个连续或不连续的区组成的逻辑存储单元，用于存储特定的、具有独立存储结构的数据库对象。段可以存在于一个表空间的多个数据文件中。

段的类型包括数据段（表段）、索引段、临时段和回退段。

4. 表空间

表空间（Table space）是 Oracle 数据库中用来管理数据存储的核心逻辑结构，一个表空间由多个段组成。

表空间只和数据文件发生关系，数据文件是物理的，一个表空间可以包含多个数据文件，而一个数据文件只能隶属一个表空间。

Oracle 数据库中所有的数据（包括系统数据）全部保存在表空间中。

表空间根据存储数据类型的不同，分为系统表空间和非系统表空间。系统表空间（含辅助表空间）主要存放数据库的系统信息，如数据字典、数据库对象定义信息、数据库组件信息等。非系统表空间又分为用户表空间、撤销表空间、临时表空间等，用户表空间用于存储业务数据；撤销表空间用于自动管理数据库的回退信息；临时表空间用于管理数据库的临时信息。

3.3.2　管理表空间

1. 通过 OEM 创建和管理表空间

登录 OEM 可以对表空间进行可视化模式的管理。如图 3-13 所示，依次选择“服务器”|“表空间”即可进入表空间管理界面。

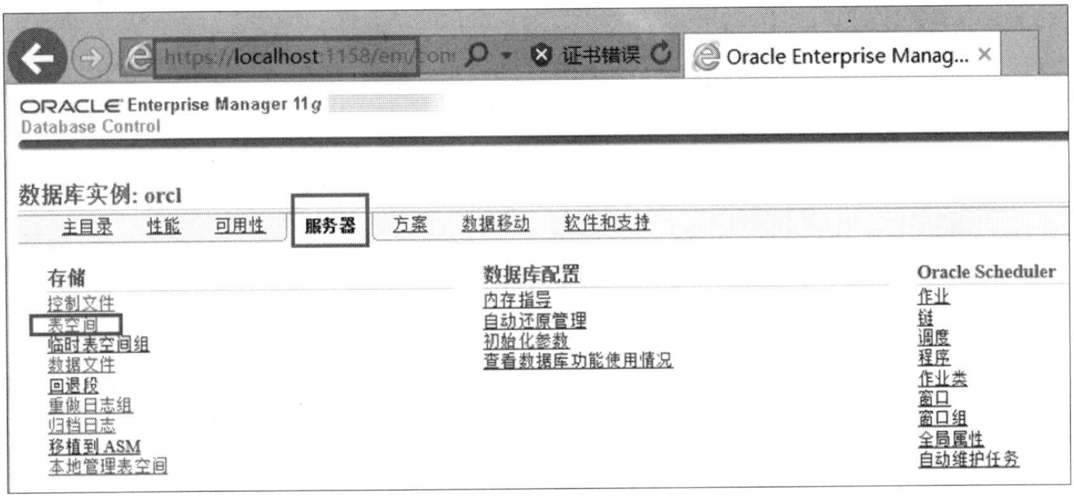

图 3-13　查看表空间图

在表空间管理界面，可“创建”“编辑”“删除”“查看”表空间，也可以为已有的表空间“添加数据文件”。如图 3-14 所示。

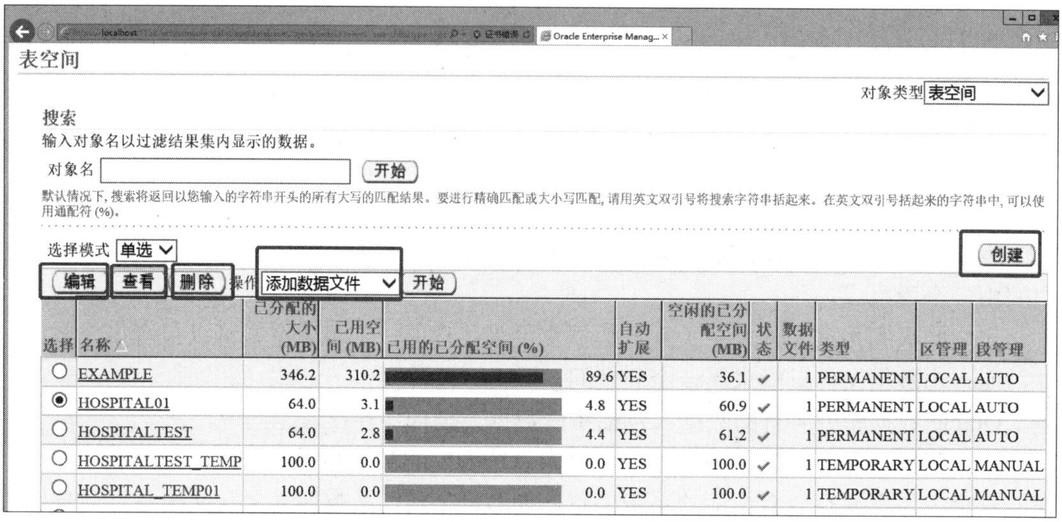

图 3-14　表空间主界面

1）创建表空间

创建表空间时，需要至少添加一个数据文件。维护的内容包括名称、区管理（本地管理、字典管理）、类型（永久、临时、还原）、状态（读写、只读、脱机），还可以显示创建的 SQL 语句，如图 3-15 所示。

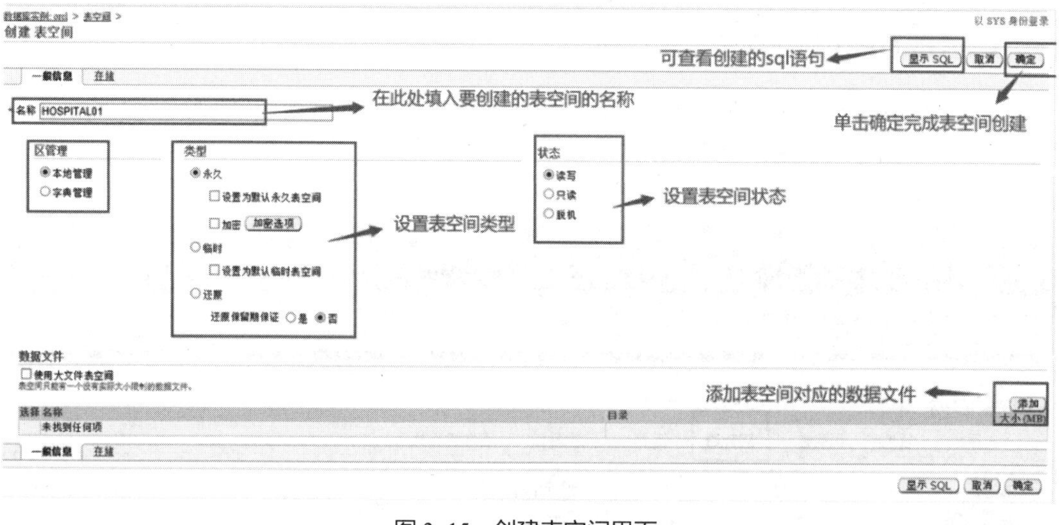

图 3-15　创建表空间界面

单击“添加”按钮，即可进入添加数据文件界面，如图 3-16 所示。在该界面，可以输入文件名、选择文件目录、指定文件大小，以及设置是否允许自动扩展和自动最大文件大小，同时单击文件目录后的小手电筒图标，可以完成对数据文件存储目录的设置。

2）编辑表空间

编辑表空间需要在图 3-14 的表空间管理界面单击“编辑”按钮，编辑表空间的操作界面和创建表空间基本一致，可以为表空间再增加或减少数据文件。

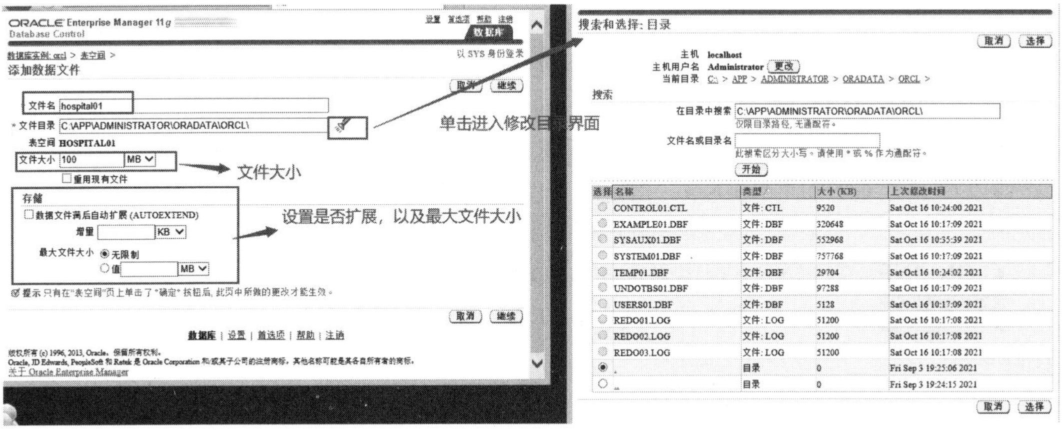

图 3–16　添加数据文件界面

3）删除表空间

在图 3–14 所示的表空间管理界面单击“删除”按钮，即可删除表空间。删除表空间后，该表空间中的所有数据库对象将都不可再使用。在 OEM 中删除某个表空间时，系统会给出“警告提示”，如图 3–17 所示。

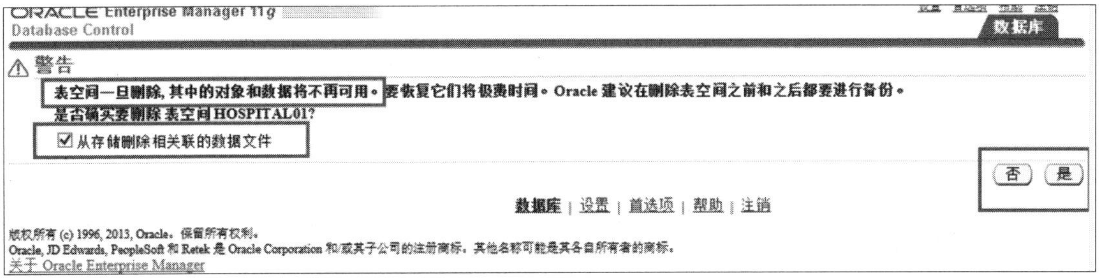

图 3–17　删除表空间警告提示界面

2. 通过 SQL 语句创建和管理表空间

1）创建表空间

【格式】

```
CREATE TABLESPACE 表空间名
DATAFILE '文件标识符'
SIZE 数据文件初始大小
[AUTOEXTEND ON NEXT n [MAXSIZE m | UNLIMITED] /OFF]
[EXTENT MANAGEMENT local/dictionary]
[LOGGING/NOLOGGING]
[ONLINE/OFFLINE];
```

【说明】

- 创建一个新的表空间需要 CREATE TABLESPACE 权限。
- 文件标识符：指定数据文件的路径和名称，一个表空间至少包含一个数据文件。
- AUTOEXTEND ON NEXT n［MAXSIZE m | UNLIMITED]/OFF：表示表空间是否

是自动扩展的；ON 为自动扩展，OFF 为不扩展；当自动扩展时，NEXT n 表示自动扩展的大小，MAXSIZE m 表示数据文件最大扩展到 m 大小；UNLIMITED 表示不限制扩展大小。

- EXTENT MANAGEMENT local/dictionary：表示表空间管理的方式；local 表示本地的管理模式，dictionary 表示数据字典管理模式；默认都是本地管理方式。
- LOGGING/NOLOGGING：指定对表空间内的数据进行的所有更改是否记录到重做日志中。
- ONLINE/OFFLINE：指定表空间是联机/脱机状态。

【例 3-1】 创建一个名为 shenji_tbsp 的表空间，并指定数据文件的位置、大小和文件名等信息。

```
CREATE TABLESPACE shenji_tbsp
DATAFILE 'C:\app\Administrator\oradata\orcl\shenji01.dbf'
SIZE 512M
AUTOEXTEND ON NEXT 64M MAXSIZE 2048M
EXTENT MANAGEMENT LOCAL;
```

创建临时表空间的语法与创建用户表空间稍有不同，需要使用 TEMPORARY 关键字。

【格式】

```
CREATE TEMPORARY TABLESPACE 临时表空间名
TEMPFILE '文件标识符'
SIZE 文件初始大小
[AUTOEXTEND ON NEXT n MAXSIZE m /OFF]
[EXTENT MANAGEMENT local/dictionary]
```

【例 3-2】 创建一个名为 shenji_tbsp 的表空间，并指定数据文件的位置、大小和文件名等信息。

```
CREATE TEMPORARY TABLESPACE shenji_tbsp
TEMPFILE 'C:\app\Administrator\oradata\orcl\shenji01_temp01.dbf'
SIZE 256M
AUTOEXTEND ON NEXT  32M MAXSIZE 1024M;
```

2）编辑表空间

编辑表空间需要 ALTER TABLESPACE 权限，通常涉及增加或减少表空间的大小。

【格式】

```
ALTER TABLESPACE 表空间名
ADD DATAFILE '文件标识符'
SIZE 文件初始大小
[AUTOEXTEND ON NEXT n MAXSIZE m /OF]
[EXTENT MANAGEMENT local/dictionary]
[LOGGING/NOLOGGING]
[ONLINE/OFFLINE];
```

【例 3-3】 编辑表空间 shenji_tbsp，增加该表空间的数据文件。

```
ALTER TABLESPACE shenji_tbsp
ADD DATAFILE 'C:\app\shenjids02.dbf'
```

```
SIZE 256M
AUTOEXTEND ON NEXT 128M
EXTENT MANAGEMENT local;
```

3）删除表空间

删除表空间需要 DROP TABLESPACE 权限，删除表空间后，该表空间所有数据库对象将都不可以用。

【格式】

```
DROP TABLESPACE 表空间名 INCLUDING CONTENTS [AND DATAFILES] CASCADE CONSTRAINTS;
```

【说明】

- INCLUDING CONTENTS：指定在删除表空间时应该同时删除表空间内的所有对象（如表、索引等）。如果不包含此子句，则在删除表空间之前必须先手动删除这些对象。
- INCLUDING CONTENTS AND DATAFILES：在删除表空间的同时，删除该表空间包含的数据文件，如果不指定 AND DATAFILES，则数据文件会保留。
- CASCADE CONSTRAINTS：如果表空间内存在有外键约束或其他完整性约束的表，并且其他表依赖于这些约束，那么在删除表空间时可能会遇到问题。通过添加 CASCADE CONSTRAINTS 子句，可以自动删除与被删除表相关的所有约束以及引用这些约束的其他表。

【例 3-4】 删除表空间 shenji_tbsp，并且将其包含的数据文件也删除。

```
DROP TABLESPACE shenji_tbsp INCLUDING CONTENTS AND DATAFILES CASCADE CONSTRAINTS;
```

习　　题

（一）选择题

1. 存储数据的逻辑单位，按大小依次为（　　）。
   A. 表空间、数据块、区和段　　B. 区、表空间、数据块和段
   C. 段、区、表空间和数据块　　D. 表空间、段、区和数据块
2. 表空间和数据文件的关系是（　　）。
   A. 一个表空间只能对应一个数据文件　　B. 一个表空间可对应多个数据文件
   C. 一个数据文件可对应多个表空间　　D. 数据文件和表空间可以交叉对应
3. 以下（　　）内存区不属于 SGA。
   A. PGA　　B. 日志缓冲区　　C. 数据缓冲区　　D. 共享池
4. （　　）后台进程用于同步数据库文件。
   A. DBWR　　B. LGWR　　C. CKPT　　D. PMON
5. （　　）不属于 Oracle 数据库物理存储结构。
   A. 系统文件　　B. 日志文件　　C. 数据文件　　D. 控制文件
6. （　　）是一个很小的二进制文件，它维护着数据库的物理存储结构，用以支持数据库成功地启动和运行。

A. 数据文件　　B. 控制文件　　C. 重做日志文件　　D. 以上都不对

7.（　　）不是建立新的表空间时必须确定的。

A. 数据文件　　B. 表空间名称

C. 数据文件的大小　　D. 数据文件最大值

8.（　　）不属于数据块构成内容。

A. 空余空间　　B. 列数据　　C. 行数据　　D. 头部信息区

9.（　　）不属于 Oracle 数据库使用的段类型。

A. 索引段　　B. 临时段　　C. 代码段　　D. 回退段

（二）简答题

1. 创建表空间 hospital01，该表空间有一个数据文件 hospital_1.dbf，文件初始大小为 1 024 MB，支持空间自动增长，每次增长为 512 MB。

2. 修改 hospital 表空间，增加一个数据文件 hospital_2.dbf，初始大小为 512 MB，支持空间自动增长，每次增长为 156 MB。

第 4 章

Oracle 工具

学习目标

- ✧ 了解 Oracle 企业管理器的使用。
- ✧ 掌握 SQL Plus 工具的使用与配置。
- ✧ 掌握 SQL Plus 常用命令的使用。
- ✧ 掌握 PL/SQL Developer 工具的使用。

Oracle 11g 提供了多种数据库管理工具，方便用户对数据库进行使用和维护，下面介绍常用的 Oracle 企业管理器、SQL Plus 和 PL/SQL Developer。

在使用这些工具时，需要以合法的用户身份进行登录。在 Oracle 系统中，用户是允许访问数据库系统的有效账户，是可以通过 Oracle 工具对数据库资源进行访问的实体。Oracle 数据库的用户类型可以分为两种：超级用户、普通用户。Oracle 安装后有三个默认用户：sys（超级管理员，权限最高）、system（系统管理员）和普通用户（如 scott）。

sys：拥有 DBA、SYSDBA、SYSOPER 角色或权限，是 Oracle 权限最高的用户，只能以 SYSDBA 或 SYSOPER 身份登录，不能以 NORMAL（普通用户）身份登录。

system：拥有 DBA、SYSDBA 角色或权限，可以以 SYSDBA 或 NORMAL 身份登录。

普通用户：如 scott，其原始密码是 tiger。

4.1　Oracle 企业管理器

Oracle 企业管理器是一种轻量级的 Oracle 系统管理工具，为单个 Oracle 数据库（或数据库集群）提供了基于浏览器的管理解决方案，包括性能监视、配置管理、数据库管理、诊断和调优等。Oracle 企业管理器主界面如图 4-1 所示。

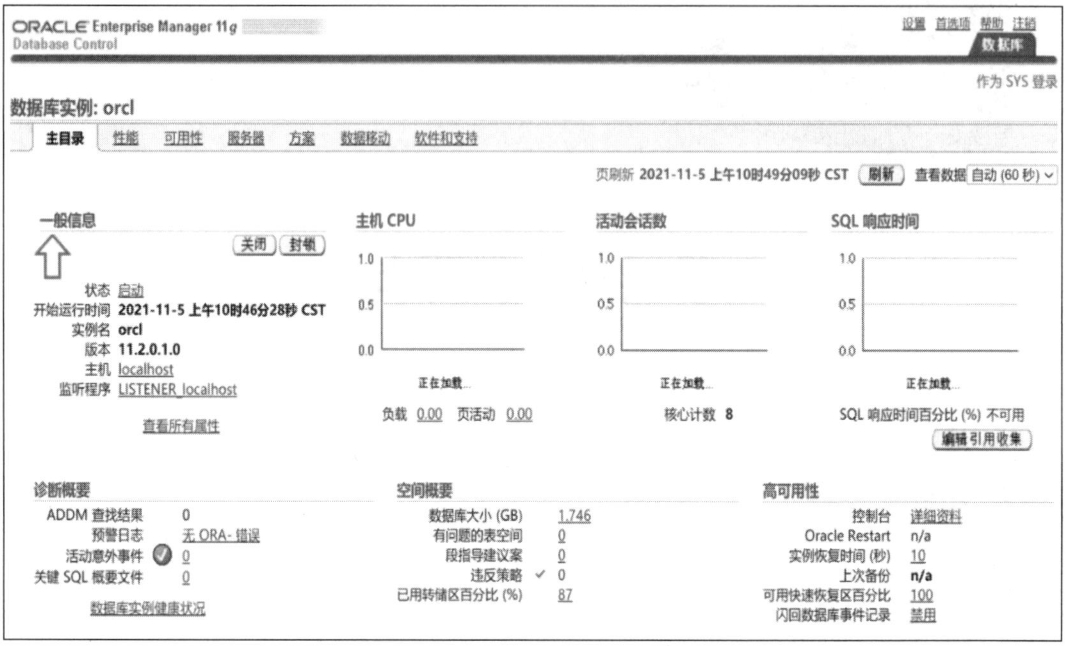

图 4-1 Oracle 企业管理器主界面

4.1.1 OEM 概述

Oracle 11g OEM 是一个基于 Java 框架开发的集成化管理工具，采用 Web 应用方式实现对 Oracle 运行环境的安全管理，可以为用户提供功能强大的图形化界面。

1. 使用 OEM 的前提

使用 OEM 前，需要确保相应服务已经启动，包括 Oracle 主服务、Oracle 控制台服务，如图 4-2 所示。

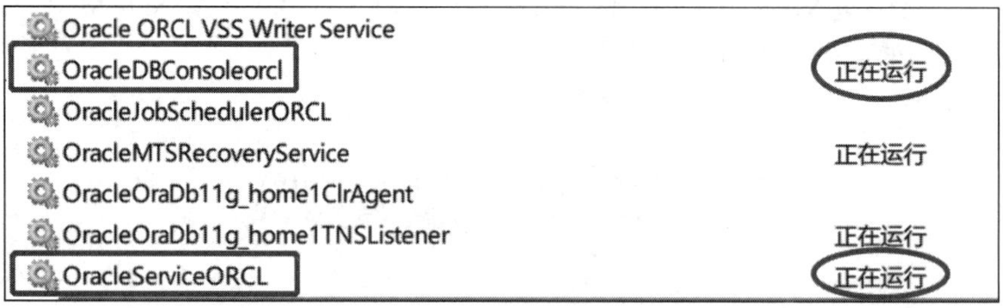

图 4-2 Oracle 服务启动界面

2. 安装 OEM

在数据库创建过程中，默认勾选“配置 Enterprise Manager”，即自动创建 OEM，否则不会创建，如图 4-3 所示。

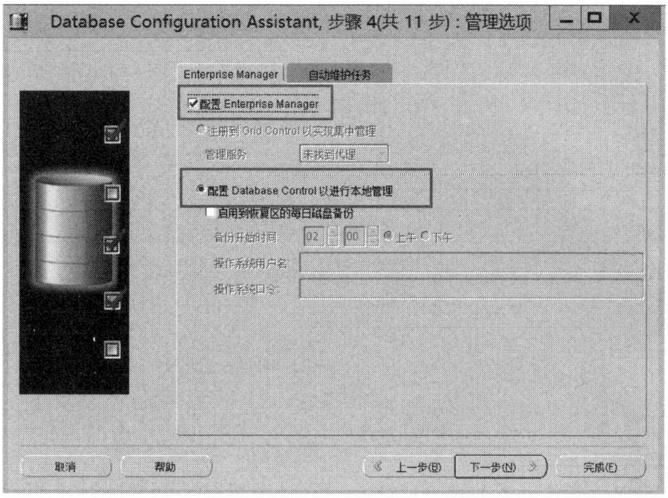

图 4-3 创建 OEM 窗口

也可以通过企业管理器配置助手（enterprise manoger configuration assistant，EMCA），手动创建、重建、配置 OEM。常用命令如下。

创（重）建一个 EM 资料库：

```
emca-repos create/recreate
```

配置数据库的 Database Control：

```
emca-config dbcontrol orcl
```

启动 OEM console 服务：

```
emctl start dbconsole
```

3. 修改 OEM 的配置

可以使用 DBCA 修改 OEM 的配置。从“开始”菜单，依次选择“Oracle-OraDb11g_home1”｜“Database Configuration Assistant”，进入 DBCA 窗口，如图 4-4 所示；然后单击“下一步”进入修改 OEM 配置的窗口，如图 4-5 所示。

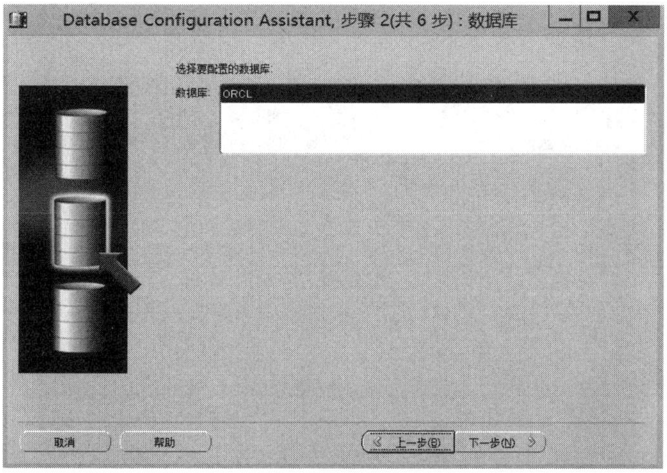

图 4-4 选择数据库窗口

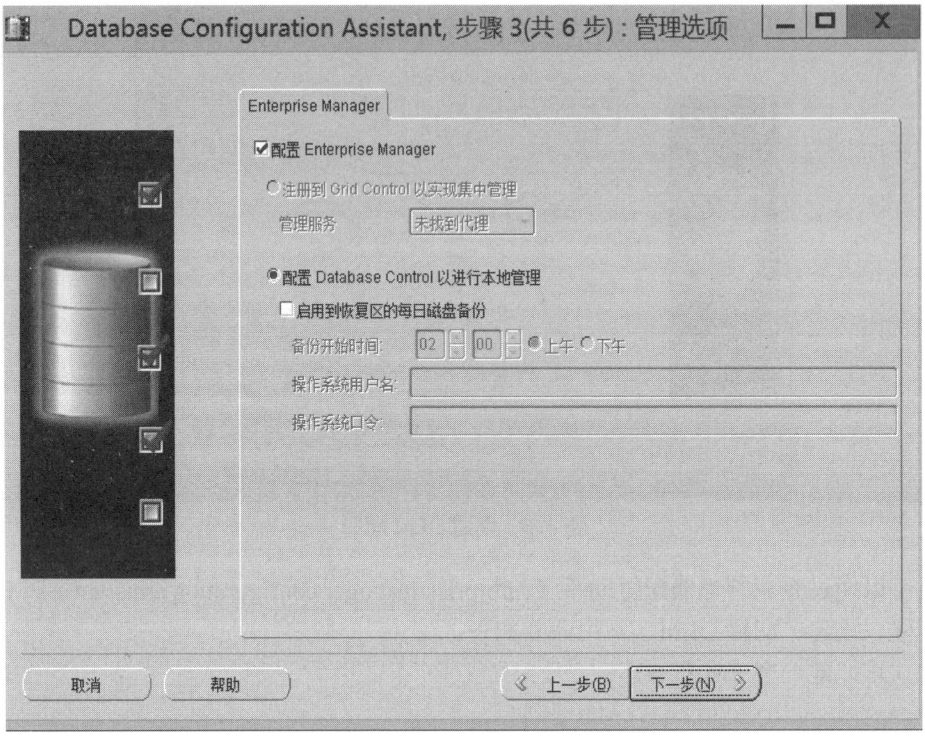

图 4-5　修改 OEM 配置的窗口

4.1.2　OEM 打开方式

有两种方式可以打开 OEM，下面分别进行介绍。

1. 从 Oracle 安装程序中打开

在“开始”菜单中的程序组内，找到“Database Control–orcl”菜单命令，如图 4-6 所示。双击“Database Control–orcl”菜单命令即可打开如图 4-7 所示的登录界面，输入正确的用户名、口令，并选择连接身份后，单击“登录”按钮即可进入 OEM 主目录界面。

图 4-6　Database Control–orcl 菜单

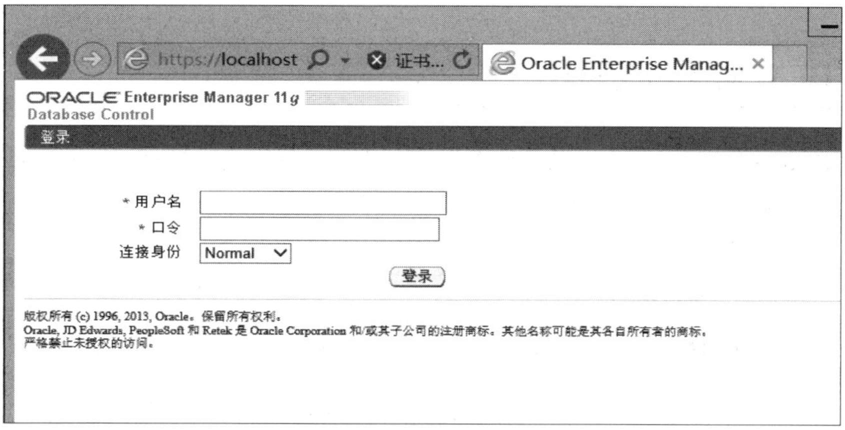

图 4–7　OEM 登录界面

2. 在浏览器输入网址打开

打开浏览器，直接在地址栏中输入“https://localhost:1158/em”。

其中，localhost 指的是服务器地址，1158 是端口号（默认端口号）。端口号会由于环境不同而有所变化，可以在安装目录下的 install/portlist.ini 文件内查看，如图 4–8 所示。

图 4–8　查看端口号信息

在登录界面内输入用户名、口令，并选择连接身份后，单击“登录”按钮进入 OEM 主目录界面。例如，输入用户名 sys 和相应的口令，连接身份选择“SYSDBA”，就可以以 SYSDBA 身份登录系统了，如图 4–9 所示。

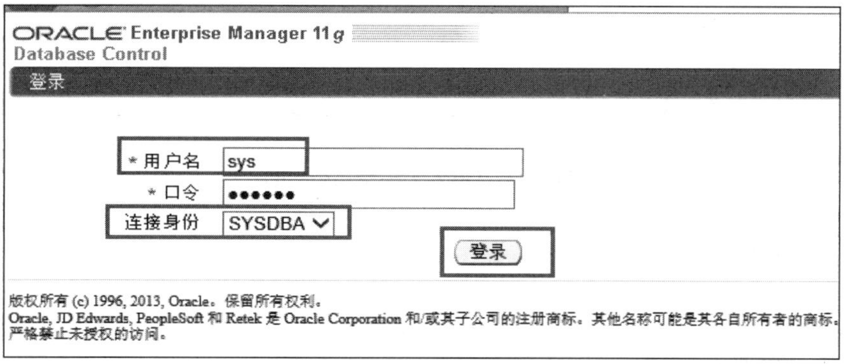

图 4–9　OEM 用户登录

4.1.3 OEM 常用功能简介

打开 OEM 主界面以后，可以看到主菜单有 7 个，分别是主目录、性能、可用性、服务器、方案、数据移动、软件和支持，如图 4–10 所示。

图 4–10　OEM 主界面

1. 主目录菜单

在该菜单界面下，可以查看数据库的一般信息，如数据库的状态、开始运行时间、实例名、版本等。还可以启动或关闭数据库，同时可以查看主机 CPU、活动会话数、SQL 响应时间、诊断概要、空间概要等信息，如图 4–11 所示。

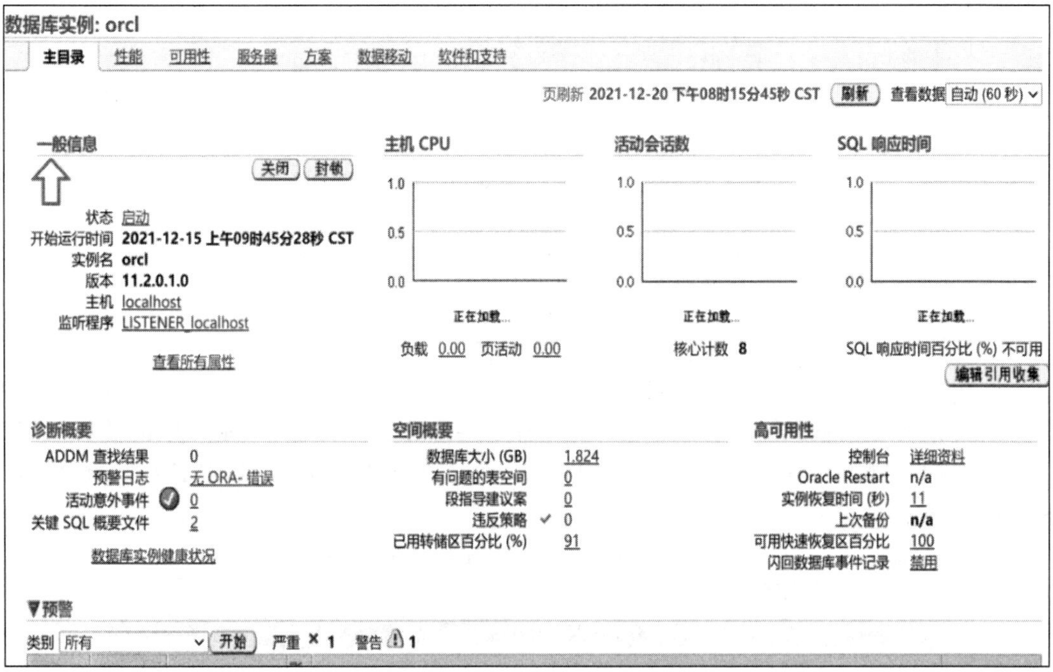

图 4–11　OEM 主目录菜单界面

2. 性能菜单

在该菜单界面下，可以看到数据库实例的性能情况。包括 CPU 利用率、会话数、I/O、负载情况等，如图 4–12 所示。

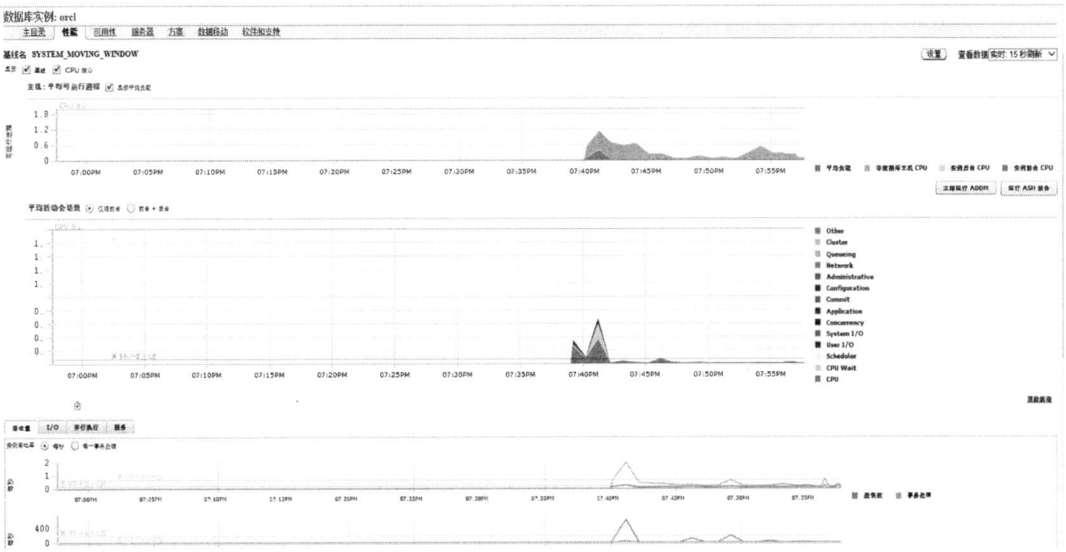

图 4-12 OEM 性能菜单界面

3. 可用性菜单

在该菜单界面可以配置、管理 Oracle 可用性方面的能力，包括备份、恢复、还原点等，如图 4-13 所示。

图 4-13 OEM 可用性菜单界面

4. 服务器菜单

在该菜单界面下，可以配置、管理包括存储、数据库配置、调度、统计、资源、安全、查询优化及更改数据等服务器方面的能力。常用的一些 Oracle 服务器管理相关的功能，在这里都有入口。例如表空间管理、作业管理、重做日志管理、归档日志管理、用户管理等，如图 4-14 所示。

图 4-14　OEM 服务器菜单界面

5. 方案菜单

在该菜单界面下，可以对数据库对象（如表、视图、索引等）、程序（如函数、存储过程、程序包、触发器等）、用户定义类型等进行管理，如图 4-15 所示。对开发者来说，该界面上的功能会经常用到。

图 4-15　OEM 方案菜单界面

6. 数据移动菜单

在该页面可以设置数据的备份、移动、克隆等，如图 4-16 所示。

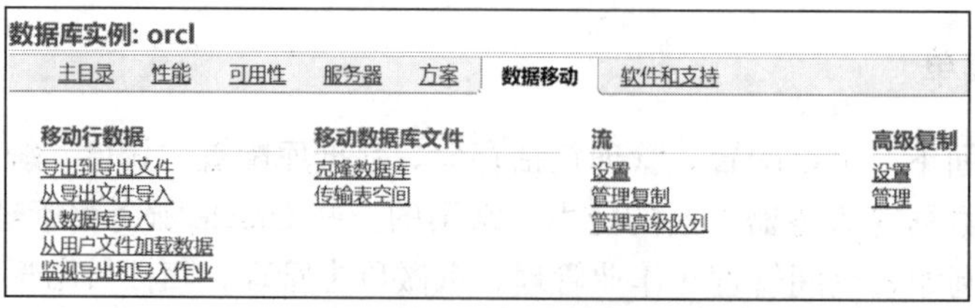

图 4-16　OEM 数据移动菜单界面

4.2 SQL Plus

4.2.1 启动 SQL Plus

SQL Plus 是 Oracle 数据库为系统管理人员、开发人员和用户提供的一个交互式的执行 SQL 语句的环境，主要用来进行数据查询和数据处理，接收和执行 SQL 命令及 PL/SQL 块。

SQL Plus 的启动有两种方式：

（1）通过“开始”菜单中的程序组启动；

（2）通过命令提示符启动。

1. 通过“开始”菜单中的程序组启动

在“开始”菜单中，选择“程序”｜“Oracle–OraDb11g_home1”｜“SQL Plus”，如图 4–17 所示。双击“SQL Plus”，进入 SQL Plus 窗口。

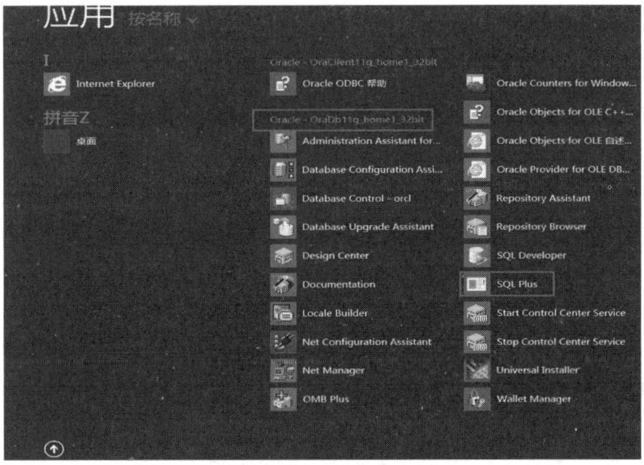

图 4–17 通过“开始”菜单中的程序组启动 SQL Plus

2. 通过命令提示符启动

（1）按键盘上的开始键（Win）+R 键，出现如图 4–18 所示的运行对话框，在该对话框中输入“sqlplus”，出现如图 4–19 所示窗口。

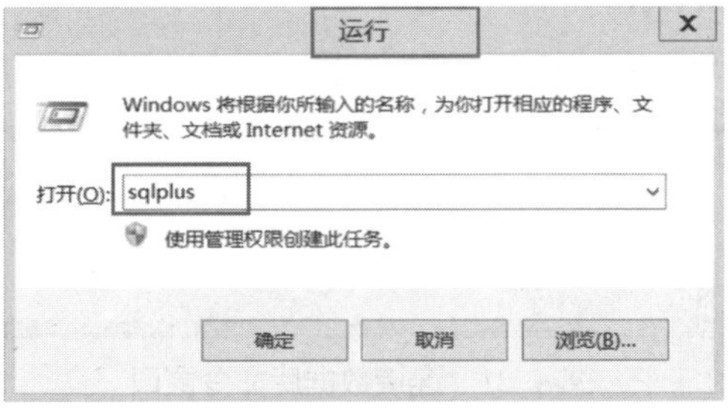

图 4–18 运行对话框

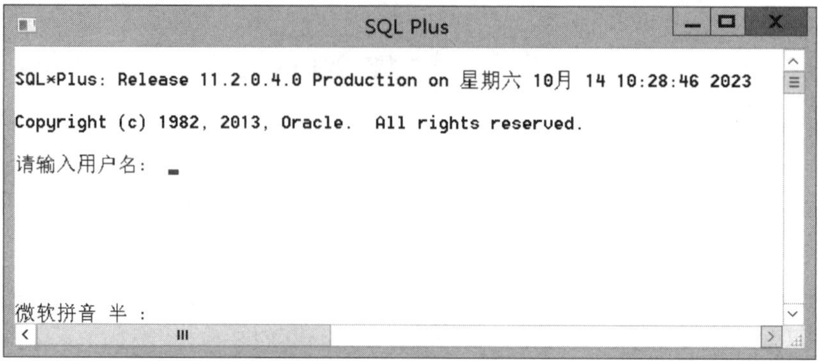

图 4-19　SQL Plus 窗口

（2）按 Win+R 键，在运行窗口中输入“cmd”，然后在 cmd 窗口中输入“sqlplus”，进入如图 4-20 所示的窗口界面。

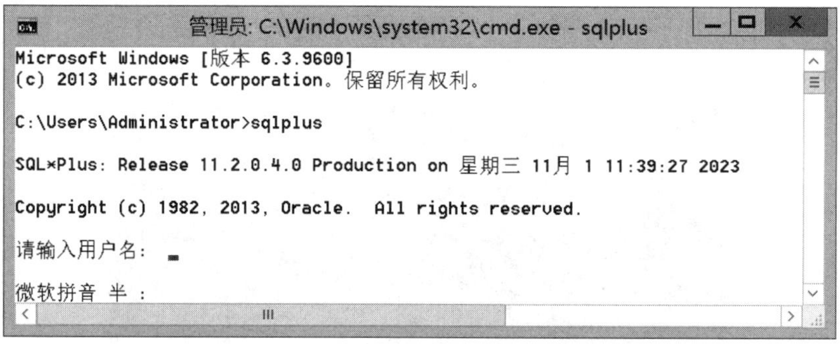

图 4-20　cmd 窗口 SQL Plus 命令

4.2.2　SQL Plus 常用命令

1. 建立连接

【功能】和数据库建立新的连接，如图 4-21 所示。

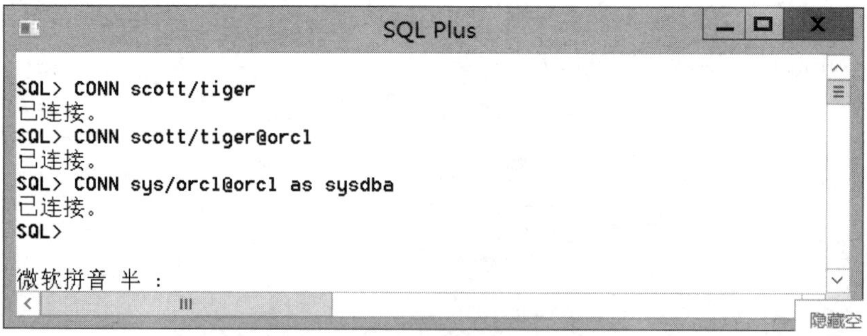

图 4-21　连接数据库命令窗口

【格式】CONN [NET] 用户名/密码 [@全局数据库名]

【说明】

- 连接数据库时，有 3 种用户类型，即 sys、system 和普通用户。
- 如果连接的是默认数据库，则全局数据库名可以省略。

【例 4-1】 用 scott 用户连接数据库。

```
SQL>CONN scott/tiger@orcl
```

【例 4-2】 用 sys 用户连接数据库。

```
SQL>CONN sys/orcl@orcl as sysdba
```

2. 断开连接

【功能】断开和数据库的连接，如图 4-22 所示。

【格式】DISC[ONNECT]

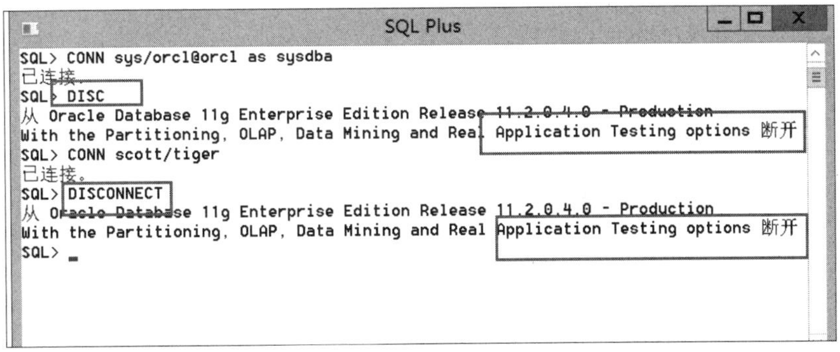

图 4-22 断开连接命令窗口

3. SQL Plus 环境清屏

【功能】清屏。

【格式 1】CLEAR SCREEN

【格式 2】HOST CLS

4. 退出 SQL Plus 环境

【功能】退出。

【格式】EXIT 或者 QUIT 或者 CTRL+C

5. 创建新的用户

【功能】创建新用户。

【格式】CREATE USER 用户名 IDENTIFIED BY 密码

【说明】执行该条语句的用户必须具有创建用户的权限（如 SYS、SYSTEM）。

【例 4-3】 创建 testUser 用户，如图 4-23 所示。

```
SQL> CREATE USER testUser IDENTIFIED BY Password123;
```

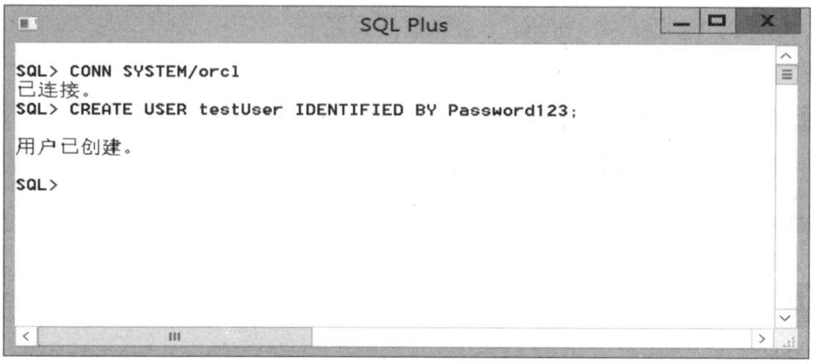

图 4-23　创建新用户命令

6. 给用户授权

【功能】给某个用户授予 Oracle 权限或角色。常用的角色有 connect、resource。具备这些角色后才可以连接数据库、创建数据库对象。

【格式】GRANT 权限/角色 TO 用户;

【例 4-4】 给 testUser 用户授权，如图 4-24 所示。

```
SQL> GRANT connect, resource TO testUser;
```

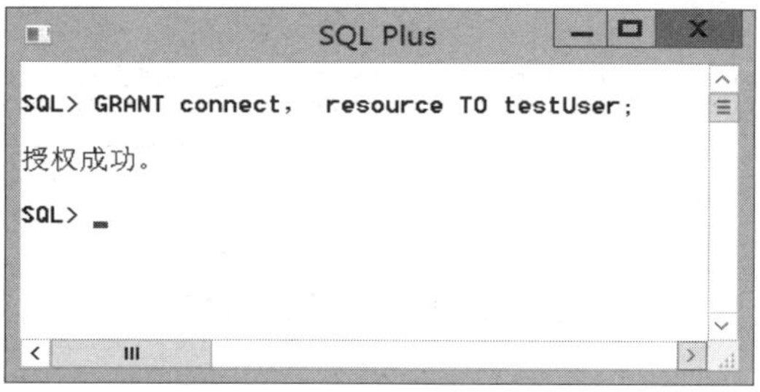

图 4-24　给用户授权命令

7. 修改密码

【功能】修改已经存在的用户的密码。

【格式】PASSWORD[用户名]

【说明】普通用户可以修改自己的密码；系统用户可以修改任意用户的密码。

【例 4-5】 修改 scott 用户的密码，如图 4-25、图 4-26 所示。

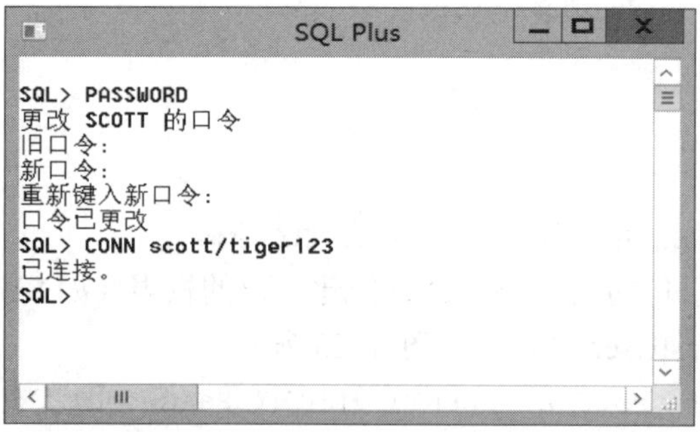

图 4-25　修改已经存在的用户的密码命令

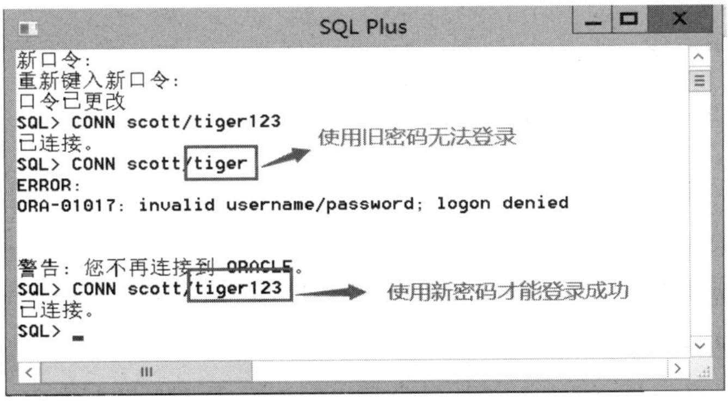

图 4-26　验证是否修改成功窗口

8. 显示当前用户名

【功能】显示登录的用户名，如图 4-27 所示。

【格式】`SHOW user`

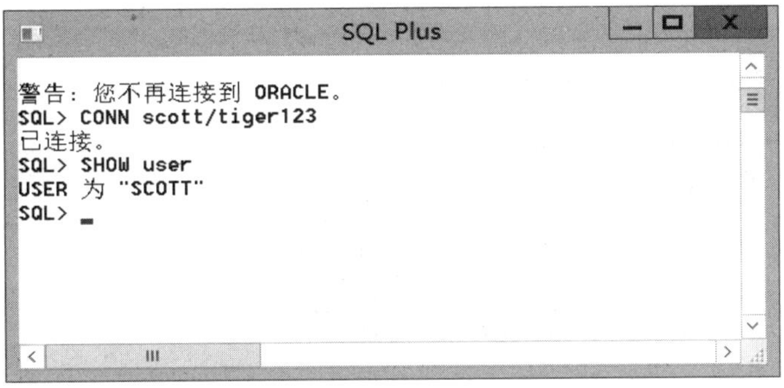

图 4-27　显示当前用户名窗口

9. 查看当前连接的数据库

【功能】查看当前连接的数据库，如图 4-28 所示。

【格式】`SELECT name FROM v$database;`

【说明】普通用户无法查看，只有以系统用户连接才能查看。

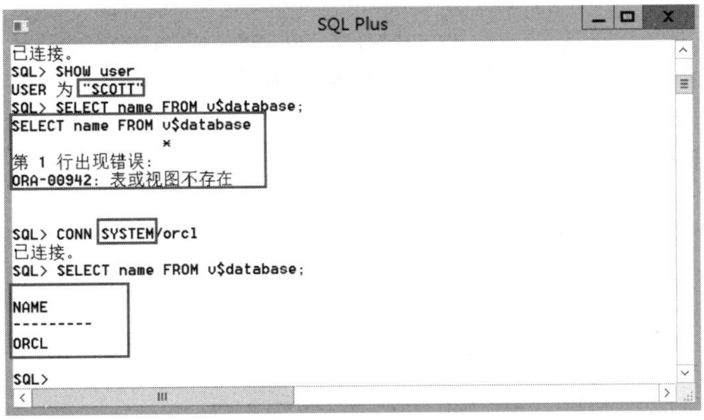

图 4-28　查看当前连接的数据库窗口

10. 文件操作命令

【功能】可生成、执行、加载脚本。

【格式】

● 生成脚本文件：

SAVE 文件名

将当前缓冲区的内容存储到脚本文件中，默认文件扩展名是.sql。

● 加载脚本文件：

GET 文件名

将脚本文件中的内容加载到缓冲区中。

● 执行脚本文件：

START 文件名

装载并执行指定的 SQL 文件。

【例 4-6】 文件操作，如图 4-29 所示。

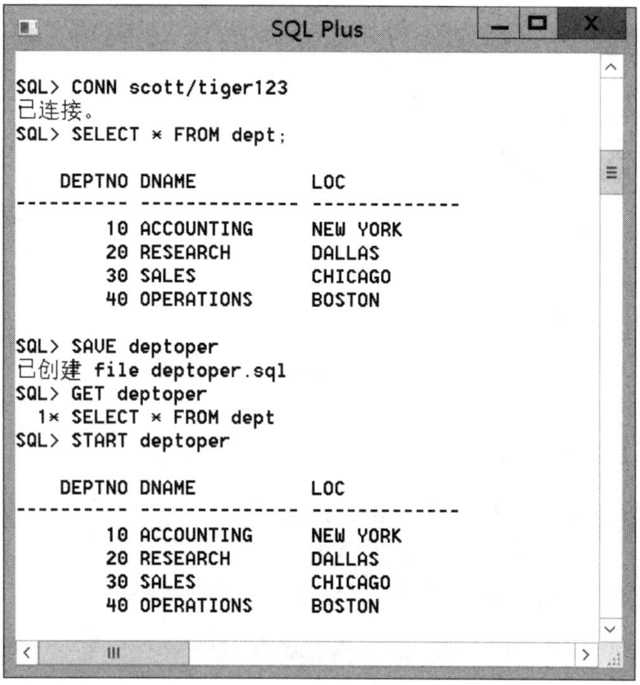

图 4-29 文件操作命令窗口

11. 假脱机命令

【功能】将信息写入到磁盘文件

【格式】

SQL>spool 文件名 -------- 指定文件名，并开始写入

SQL>sql 命令 -------- 执行多个 sql 命令

SQL>spool off -------- 关闭写入

【例 4-7】 将屏幕中所有的内容都保存到 mytest.txt 文件中，并进行查看（mytest.txt 默认存储在‘C:\Users\Administrator’下），如图 4-30 所示。

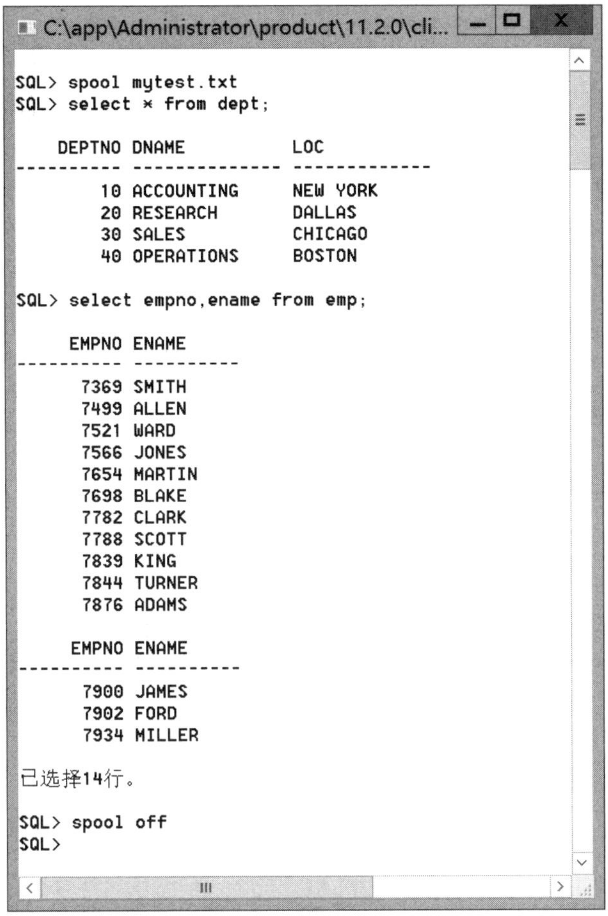

```
C:\app\Administrator\product\11.2.0\cli...
SQL> spool mytest.txt
SQL> select * from dept;

    DEPTNO DNAME          LOC
---------- -------------- -------------
        10 ACCOUNTING     NEW YORK
        20 RESEARCH       DALLAS
        30 SALES          CHICAGO
        40 OPERATIONS     BOSTON

SQL> select empno,ename from emp;

     EMPNO ENAME
---------- ----------
      7369 SMITH
      7499 ALLEN
      7521 WARD
      7566 JONES
      7654 MARTIN
      7698 BLAKE
      7782 CLARK
      7788 SCOTT
      7839 KING
      7844 TURNER
      7876 ADAMS

     EMPNO ENAME
---------- ----------
      7900 JAMES
      7902 FORD
      7934 MILLER

已选择14行。

SQL> spool off
SQL>
```

图 4-30 假脱机命令窗口

注： 可以使用记事本查看 mytest.txt 文件的内容，与在屏幕中输出的一致。

4.2.3 格式化查询结果

在日常工作中，使用 SQL Plus 执行查询操作的时候，查询结果的显示可能会不尽人意。此时，可以使用 SQL Plus 提供的各种格式化命令为查询的输出结果定制格式。例如，设置输出页和行的大小、设置列格式、设置输出页的标题等。

1. 设置输出页和行的大小

set linesize：设置 SQL Plus 输出的行宽。

set pagesize：设置页面的最大行数。

set newpage：设置页面之间的空行数。

set pause on：每显示一页暂停，等待用户按 Enter 键后才继续显示。

如图 4-31 所示，对行宽、页面的最大行数进行设置，然后进行查询。

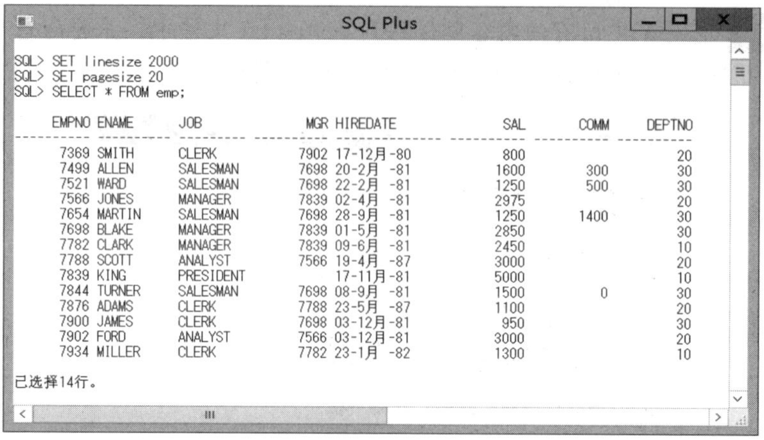

```
SQL Plus
SQL> SET linesize 2000
SQL> SET pagesize 20
SQL> SELECT * FROM emp;

     EMPNO ENAME      JOB              MGR HIREDATE          SAL       COMM     DEPTNO
---------- ---------- --------- ---------- ---------- ---------- ---------- ----------
      7369 SMITH      CLERK           7902 17-12月-80        800                    20
      7499 ALLEN      SALESMAN        7698 20-2月 -81       1600        300         30
      7521 WARD       SALESMAN        7698 22-2月 -81       1250        500         30
      7566 JONES      MANAGER         7839 02-4月 -81       2975                    20
      7654 MARTIN     SALESMAN        7698 28-9月 -81       1250       1400         30
      7698 BLAKE      MANAGER         7839 01-5月 -81       2850                    30
      7782 CLARK      MANAGER         7839 09-6月 -81       2450                    10
      7788 SCOTT      ANALYST         7566 19-4月 -87       3000                    20
      7839 KING       PRESIDENT            17-11月-81       5000                    10
      7844 TURNER     SALESMAN        7698 08-9月 -81       1500          0         30
      7876 ADAMS      CLERK           7788 23-5月 -87       1100                    20
      7900 JAMES      CLERK           7698 03-12月-81        950                    30
      7902 FORD       ANALYST         7566 03-12月-81       3000                    20
      7934 MILLER     CLERK           7782 23-1月 -82       1300                    10

已选择14行。
```

图 4-31　设置输出页和行的大小窗口

2. 设置列格式

【格式】COL[UMN]列名[选项]

COLUMN 是 SQL Plus 里最实用的一个命令，COLUMN 可简写为 COL，用于修改显示列名、宽度。常用的选项见表 4-1。

表 4-1　COLUMN 命令选项表

选　项	定　义
HEADING *text*	为列设置标题
FOR［MAT］*format*	指定该列的格式字符和宽度
NULL text	为空值指定显示文本
CLEAR	除去列格式

注：*text*、*format* 表示具体数值。

1）HEADING

【例 4-8】 设置 ename 列的标题为'员工姓名'，如图 4-32 所示。

```
SQL> COLUMN ename HEADING '员工姓名'
```

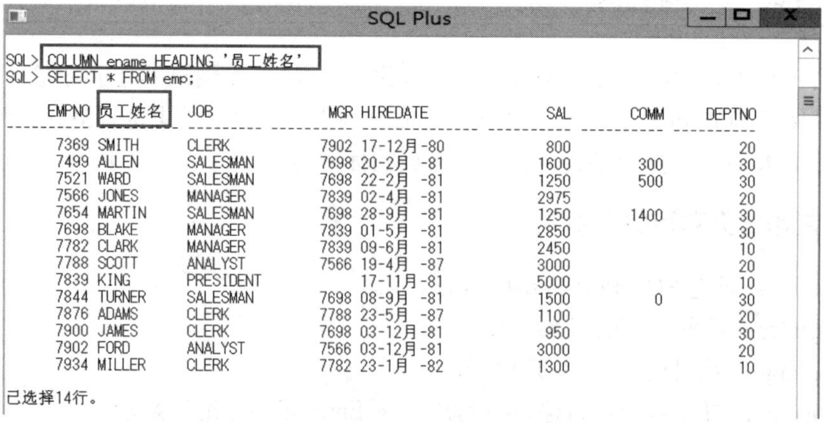

```
SQL Plus
SQL> COLUMN ename HEADING '员工姓名'
SQL> SELECT * FROM emp;

     EMPNO 员工姓名   JOB              MGR HIREDATE          SAL       COMM     DEPTNO
---------- ---------- --------- ---------- ---------- ---------- ---------- ----------
      7369 SMITH      CLERK           7902 17-12月-80        800                    20
      7499 ALLEN      SALESMAN        7698 20-2月 -81       1600        300         30
      7521 WARD       SALESMAN        7698 22-2月 -81       1250        500         30
      7566 JONES      MANAGER         7839 02-4月 -81       2975                    20
      7654 MARTIN     SALESMAN        7698 28-9月 -81       1250       1400         30
      7698 BLAKE      MANAGER         7839 01-5月 -81       2850                    30
      7782 CLARK      MANAGER         7839 09-6月 -81       2450                    10
      7788 SCOTT      ANALYST         7566 19-4月 -87       3000                    20
      7839 KING       PRESIDENT            17-11月-81       5000                    10
      7844 TURNER     SALESMAN        7698 08-9月 -81       1500          0         30
      7876 ADAMS      CLERK           7788 23-5月 -87       1100                    20
      7900 JAMES      CLERK           7698 03-12月-81        950                    30
      7902 FORD       ANALYST         7566 03-12月-81       3000                    20
      7934 MILLER     CLERK           7782 23-1月 -82       1300                    10

已选择14行。
```

图 4-32　设置列标题窗口

2）FORMAT

示例如图 4-33 所示。

例如：

COL name FOR［MAT］a8：将列 name（字符型）显示最大宽度调整为 50 个字符。

COL num FOR［MAT］999,999：将列 num（数值型）显示最大宽度调整为 6 个数字。

此外还有以下格式符号：

0——加前导 0；

$——在数值前加美元前缀；

，——千位分隔符。

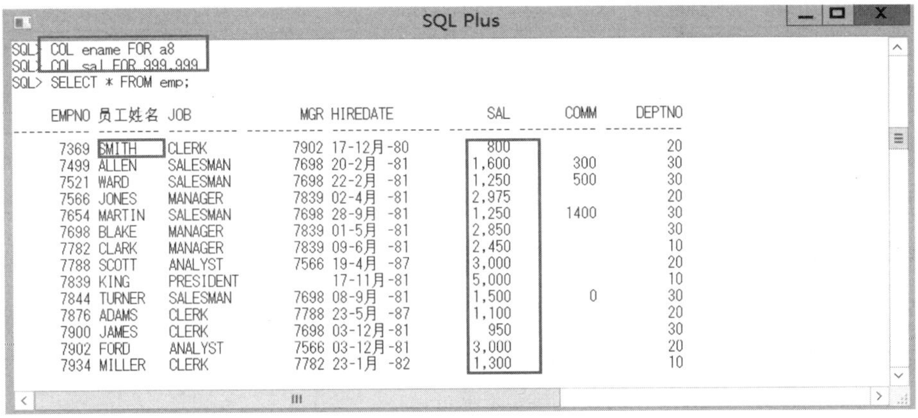

```
SQL Plus
SQL> COL ename FOR a8
SQL> COL sal FOR 999,999
SQL> SELECT * FROM emp;

     EMPNO 员工姓名 JOB              MGR HIREDATE         SAL       COMM     DEPTNO
---------- -------- --------- ---------- -------------- -------- ---------- ----------
      7369 SMITH    CLERK           7902 17-12月-80         800                    20
      7499 ALLEN    SALESMAN        7698 20-2月 -81       1,600        300         30
      7521 WARD     SALESMAN        7698 22-2月 -81       1,250        500         30
      7566 JONES    MANAGER         7839 02-4月 -81       2,975                    20
      7654 MARTIN   SALESMAN        7698 28-9月 -81       1,250       1400         30
      7698 BLAKE    MANAGER         7839 01-5月 -81       2,850                    30
      7782 CLARK    MANAGER         7839 09-6月 -81       2,450                    10
      7788 SCOTT    ANALYST         7566 19-4月 -87       3,000                    20
      7839 KING     PRESIDENT            17-11月-81       5,000                    10
      7844 TURNER   SALESMAN        7698 08-9月 -81       1,500          0         30
      7876 ADAMS    CLERK           7788 23-5月 -87       1,100                    20
      7900 JAMES    CLERK           7698 03-12月-81         950                    30
      7902 FORD     ANALYST         7566 03-12月-81       3,000                    20
      7934 MILLER   CLERK           7782 23-1月 -82       1,300                    10
```

图 4-33　设置 FORMAT 选项示例

3）NULL text

【例 4-9】 用 0 替换 comm 列的所有空值。

```
SQL>COLUMN  comm FORMAT 999,999 NULL 0;
```

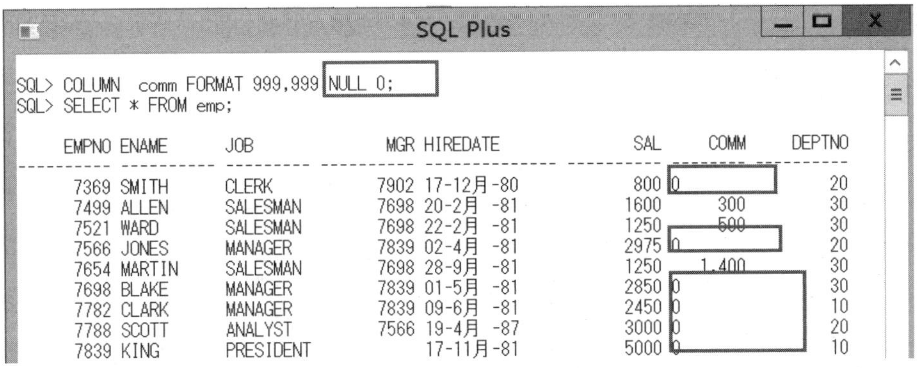

```
SQL Plus
SQL> COLUMN  comm FORMAT 999,999 NULL 0;
SQL> SELECT * FROM emp;

     EMPNO ENAME      JOB              MGR HIREDATE              SAL       COMM     DEPTNO
---------- ---------- --------- ---------- -------------- ---------- ---------- ----------
      7369 SMITH      CLERK           7902 17-12月-80            800 0                  20
      7499 ALLEN      SALESMAN        7698 20-2月 -81           1600        300         30
      7521 WARD       SALESMAN        7698 22-2月 -81           1250        500         30
      7566 JONES      MANAGER         7839 02-4月 -81           2975 0                  20
      7654 MARTIN     SALESMAN        7698 28-9月 -81           1250      1,400         30
      7698 BLAKE      MANAGER         7839 01-5月 -81           2850 0                  30
      7782 CLARK      MANAGER         7839 09-6月 -81           2450 0                  10
      7788 SCOTT      ANALYST         7566 19-4月 -87           3000 0                  20
      7839 KING       PRESIDENT            17-11月-81           5000 0                  10
```

图 4-34　为空值指定显示文本窗口

4）CLEAR

【格式】COL[UMN]列名 CLEAR

【例 4-10】 清除 comm 列的设置，如图 4-35 所示。

```
SQL>COL  comm CLEAR;
```

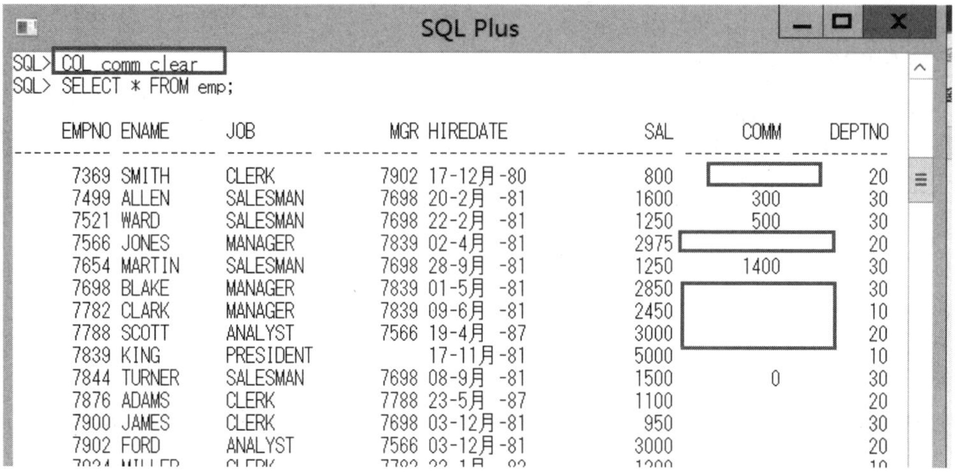

```
SQL Plus
SQL> COL comm clear
SQL> SELECT * FROM emp;

     EMPNO ENAME      JOB              MGR HIREDATE              SAL       COMM     DEPTNO
---------- ---------- --------- ---------- -------------- ---------- ---------- ----------
      7369 SMITH      CLERK           7902 17-12月-80            800                    20
      7499 ALLEN      SALESMAN        7698 20-2月 -81           1600        300         30
      7521 WARD       SALESMAN        7698 22-2月 -81           1250        500         30
      7566 JONES      MANAGER         7839 02-4月 -81           2975                    20
      7654 MARTIN     SALESMAN        7698 28-9月 -81           1250       1400         30
      7698 BLAKE      MANAGER         7839 01-5月 -81           2850                    30
      7782 CLARK      MANAGER         7839 09-6月 -81           2450                    10
      7788 SCOTT      ANALYST         7566 19-4月 -87           3000                    20
      7839 KING       PRESIDENT            17-11月-81           5000                    10
      7844 TURNER     SALESMAN        7698 08-9月 -81           1500          0         30
      7876 ADAMS      CLERK           7788 23-5月 -87           1100                    20
      7900 JAMES      CLERK           7698 03-12月-81            950                    30
      7902 FORD       ANALYST         7566 03-12月-81           3000                    20
```

图 4-35　除去列格式窗口

3. 设置输出页标题

TTITLE：用于设置报表每页的顶部标题。

BTITLE：用于设置报表每页的底部标题。

【格式】

```
TTITLE[text | OFF | ON]
BTITLE [text | OFF | ON]
```

【例 4-11】 输出员工信息报表，其中，报表每页的顶部标题为“员工信息报表”、底部标题为“制表人：李琦”，如图 4-36 所示。

```
SQL>TTITLE  '员工信息报表'
SQL>BTITLE  '制表人：李琦'
```

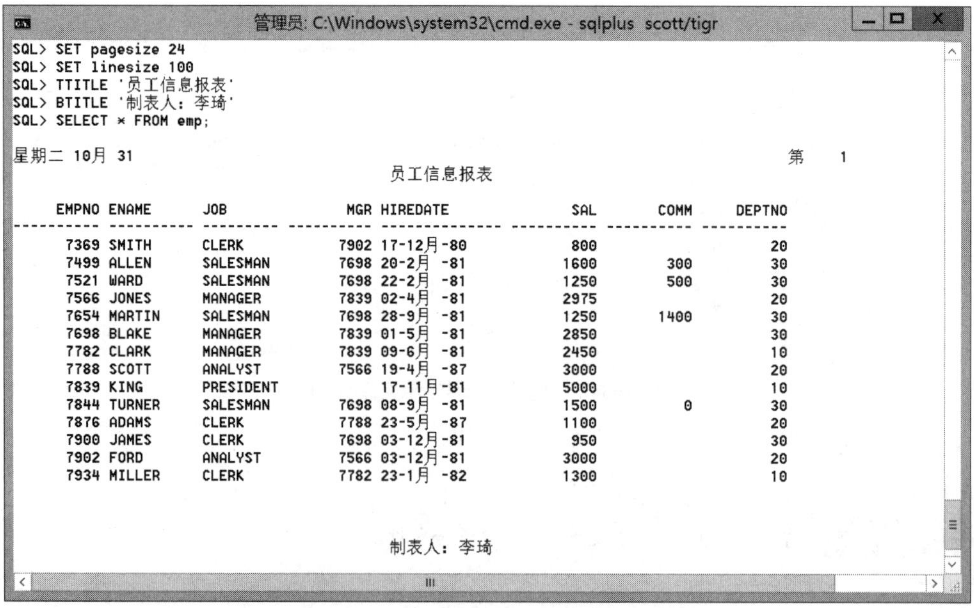

```
管理员: C:\Windows\system32\cmd.exe - sqlplus  scott/tigr
SQL> SET pagesize 24
SQL> SET linesize 100
SQL> TTITLE '员工信息报表'
SQL> BTITLE '制表人：李琦'
SQL> SELECT * FROM emp;

星期二 10月 31                                                               第    1
                                    员工信息报表

     EMPNO ENAME      JOB              MGR HIREDATE              SAL       COMM     DEPTNO
---------- ---------- --------- ---------- -------------- ---------- ---------- ----------
      7369 SMITH      CLERK           7902 17-12月-80            800                    20
      7499 ALLEN      SALESMAN        7698 20-2月 -81           1600        300         30
      7521 WARD       SALESMAN        7698 22-2月 -81           1250        500         30
      7566 JONES      MANAGER         7839 02-4月 -81           2975                    20
      7654 MARTIN     SALESMAN        7698 28-9月 -81           1250       1400         30
      7698 BLAKE      MANAGER         7839 01-5月 -81           2850                    30
      7782 CLARK      MANAGER         7839 09-6月 -81           2450                    10
      7788 SCOTT      ANALYST         7566 19-4月 -87           3000                    20
      7839 KING       PRESIDENT            17-11月-81           5000                    10
      7844 TURNER     SALESMAN        7698 08-9月 -81           1500          0         30
      7876 ADAMS      CLERK           7788 23-5月 -87           1100                    20
      7900 JAMES      CLERK           7698 03-12月-81            950                    30
      7902 FORD       ANALYST         7566 03-12月-81           3000                    20
      7934 MILLER     CLERK           7782 23-1月 -82           1300                    10


                                    制表人：李琦
```

图 4-36　TITLE、BTITLE 命令窗口

4.3　PL/SQL Developer

PL/SQL Developer 是由 Allround Automations 公司开发的一款集成开发环境，专门面向 Oracle 数据库存储程序单元的开发和维护。该软件功能强大，有 SQL 窗口、命令窗口、对象浏览器和性能优化等核心功能模块，是目前数据库应用开发领域使用最为广泛的工具之一。

4.3.1　安装 PL/SQL Developer

PL/SQL Developer 的官方下载地址：https://www.allroundautomations.com/registered-plsqldev/。

下载完毕后，双击安装即可，安装界面如图 4-37 所示。

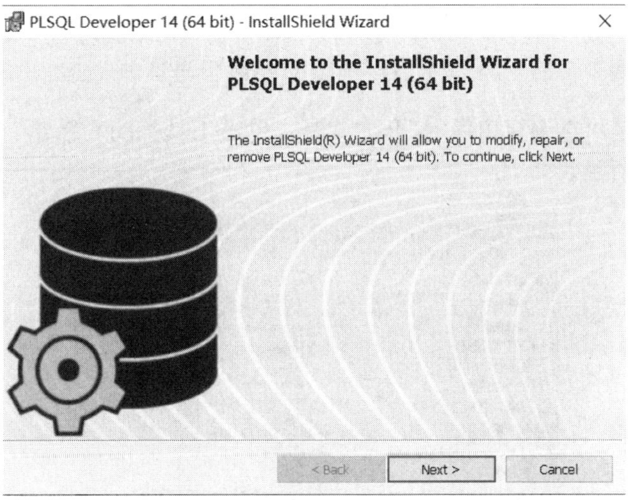

图 4-37　PL/SQL Developer 安装界面

4.3.2　体验 PL/SQL Developer

PL/SQL Developer 安装完毕后，打开 PL/SQL Developer，在登录界面输入用户名、密码并选择目标数据库，即可建立连接并执行相应查询或维护操作，如图 4-38 所示。

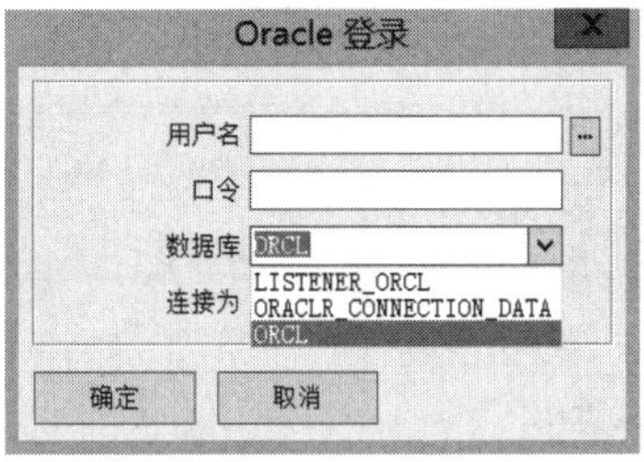

图 4-38　PL/SQL Developer 启动界面

PL/SQL Developer 的主界面包括菜单栏、工具栏、浏览器窗口、主窗口 4 部分，如图 4–39 所示。

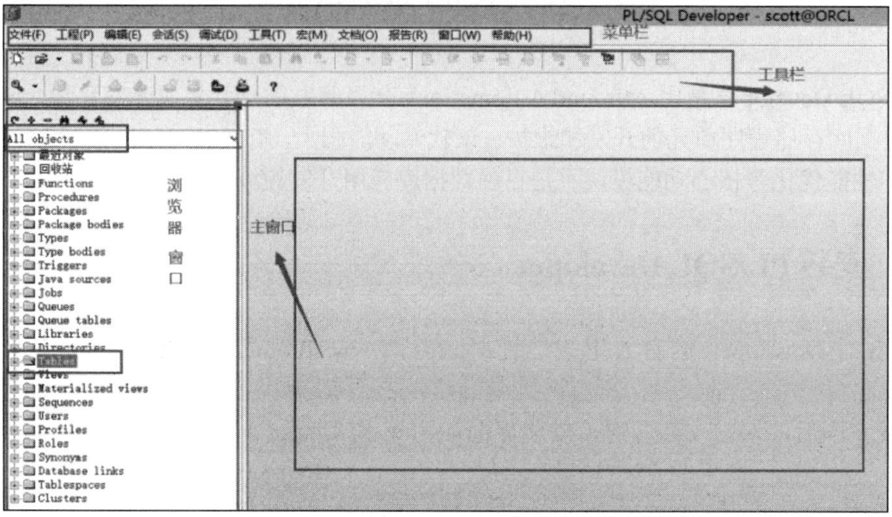

图 4–39　PL/SQL Developer 主界面

最常用的功能是“查询窗口”。打开方式是：单击工具栏的“新建”按钮，选择“SQL 窗口”，如图 4–40 所示。

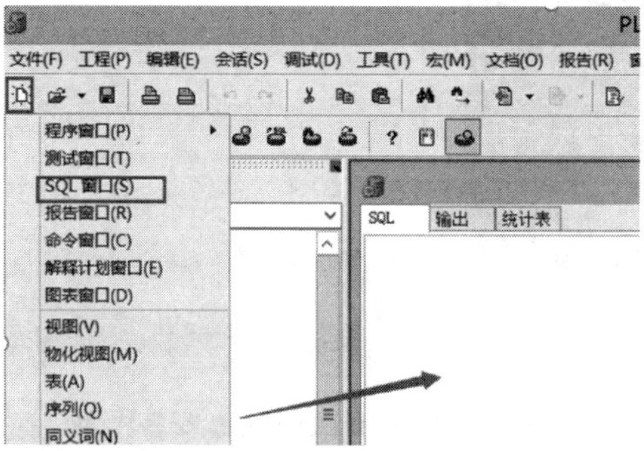

图 4–40　打开 PL/SQL Developer 查询窗口

在 SQL 窗口工作区输入 SQL 语句，单击工具栏中的“执行”按钮，或者按 F8 键，即可执行，如图 4–41 所示。

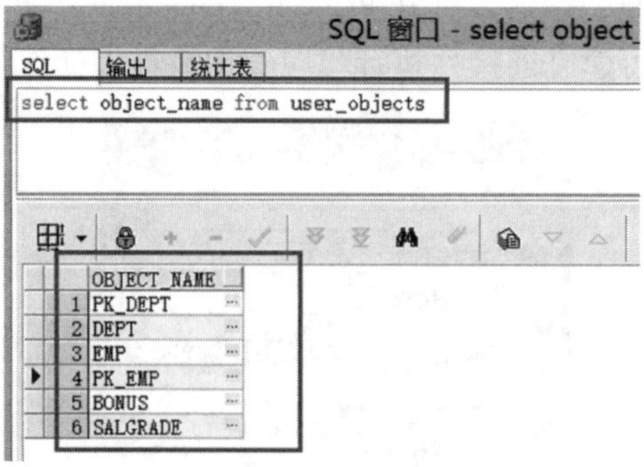

图 4–41　PL/SQL Developer 查询窗口

习　　题

（一）选择题

1. 使用企业管理器需要开启的服务不包含（　　）。
   A. OracleHOME_NAMETNSListener　　B. OracleServiceSID
   C. OracleJobSchedulerSID　　D. OracleDBConsoleSID
2. sys 用户连接到数据库的正确方式是（　　）。
   A. conn sys/密码 as sys　　B. conn sys/密码 as sysdba
   C. conn sys/密码　　D. conn sys/密码 as dba
3. 不能退出 SQL Plus 环境的命令是（　　）。
   A. Ctrl+Q　　B. Ctrl+C　　C. QUIT　　D. EXIT
4. 为用户赋予权限的命令是（　　）。
   A. GIVE 权限/角色 TO 用户　　B. RENDER 权限/角色 TO 用户
   C. AFFORD 权限/角色 TO 用户　　D. GRANT 权限/角色 TO 用户
5. 执行脚本文件的命令是（　　）。
   A. START 文件名　　B. SET 文件名　　C. SAVE 文件名　　D. GET 文件名
6. 查看当前登录用户的命令是（　　）。
   A. SELECT USERNAME　　B. SELECT USER
   C. SHOW USERNAME　　D. SHOW USER
7. 设置 SQL Plus 每页的打印行数的命令是（　　）。
   A. set page　　B. pagesize　　C. set size　　D. set pagesize
8. 设置 SQL Plus 每行的宽度的命令是（　　）。
   A. set line length　　B. set line size　　C. set linelength　　D. set linesize
9. 控制列显示格式的命令（　　）。
   A. SHOW　　B. DEFINE　　C. SPOOL　　D. COLUMN
10. 用于设置报表每页的顶部标题的命令是（　　）。
   A. TTITLE　　B. HTITLE　　C. TITLE　　D. BTITLE

（二）操作题

1. 使用 scott 账号登录数据库，并查看当前用户。
2. 创建一个新用户 hospital，该用户默认表空间是 hospital，写出相应的 SQL 语句。
3. 为创建的 hospital 账号授予 connect、resource 和 dba 角色。
4. 在 PL/SQL Developer 中，查看 scott 用户下的所有表结构。

第 5 章

Oracle 模式对象与数据字典

学习目标

- ✧了解 Oracle 数据库用户和模式对象的概念。
- ✧ 掌握表的管理与数据操作。
- ✧ 了解数据完整性的概念，掌握实现数据完整性的方法。
- ✧ 了解索引的作用，掌握索引的管理。
- ✧ 了解视图的概念，掌握其创建与使用。
- ✧ 了解数据字典的作用及常用数据字典。

5.1 数据库用户与模式对象

5.1.1 数据库用户和模式对象的概念

数据库用户是连接数据库的账号，分为预定义用户和自定义用户。例如，sys、system 都是预定义用户，而根据业务系统建设需要创建的数据库新用户，都属于自定义用户。

模式是数据库对象的集合。模式为一个数据库用户所有，并具有与该用户相同的名称，模式与用户是一一对应的关系，模式是创建用户时自动生成的。

用户与模式的区别：用户是用来连接数据库对象的，而模式是用来创建和管理数据库对象的。

模式对象是模式中由用户创建的逻辑存储结构，用以包含或引用数据。

常见的模式对象包括表、视图、索引、序列、同义词、完整性约束等。可以使用 OEM 或 SQL 语句来创建和操作模式对象。

5.1.2 查看模式对象

以某个数据库用户身份登录以后，即可查看该用户下所有的模式对象。

用户可以使用 PL/SQL Developer 登录数据库，查看该用户下的模式对象。以查看“表”为例，以 SCOTT 用户登录后，可以看到该用户下的所有模式对象类型和具体的模式对象，如图 5-1 所示。

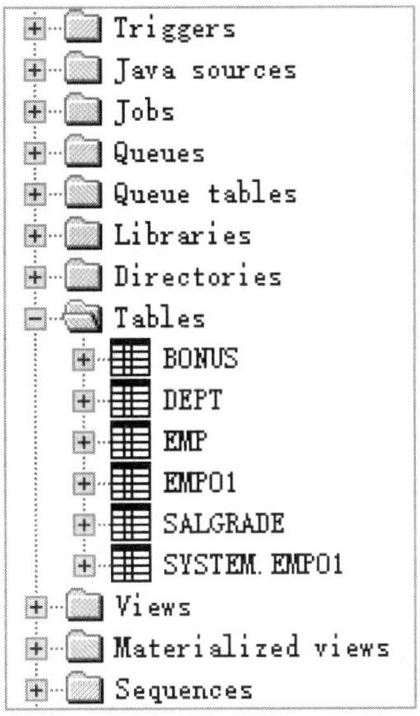

图 5-1　SCOTT 用户下的模式对象

5.2　创建和管理表

表是数据库中最基本和最重要的模式对象，是数据实际存放的地方，其他许多模式对象（索引、视图等）都以表为基础。表的逻辑存储结构是一张二维表，由行和列两部分组成。表中的一行为一条记录，描述一个实体；表中的一列用于描述实体的一个属性，每列具有列名、类型、长度等。

创建表是进行数据库中数据存储管理的基础，也是应用程序开发的第一步。在创建表之前应根据应用的需要，做好表的规划与设计工作，包括表名、列名、列类型、约束和存储空间及位置等。管理表包括对表结构的修改、表的删除等。

Oracle 内置的数据类型主要有数值类型、字符类型、日期类型等。数据类型的作用在于指明存储数值时需要占据的磁盘空间大小。

在创建表时要为每个列指明其数据类型，可以使用 Oracle 内置的数据类型，也可使用用户自定义的数据类型。常用的数据类型见表 5-1。

表 5-1 常用数据类型

数据类型	类型名称	描述
NUMBER(n)	整型	n 表示数字的长度，默认值 NUMBER 相当于 NUMBER（11）
NUMBER(n,m)	小数	n 表示总长度，m 表示小数位。例如 number（3,1），表示整数位加上小数位一共 3 位数，小数位数是 1 位
CHAR(n)	字符串（固定长度）	n 表示长度，如果存储的数据小于长度，空位补空格
VARCHAR2(n)	字符串（可变长度）	n 表示长度，最高存储 4 000 字节的内容
DATE	日期	用于存放日期和时间。包括年（yyyy）、月（mm）、日（dd）、小时（hh24）、分（mi）、秒（ss）
CLOB	大文本类型	用于存储文本数据，如文本文件、XML 文件等。最多存储 4 GB 数据
BLOB	二进制数据类型	用于存储二进制数据，如电影、音乐、图片、Office 文档等。最多存储 4 GB 数据

5.2.1 创建表

创建表一般有以下 3 种方式。

（1）通过 PL/SQL Developer 工具创建表。

（2）通过 SQL 语句创建表。

（3）通过 OEM 创建表。

常用的是第 1 种和第 2 种，下面分别进行介绍。

1. 通过 PL/SQL Developer 工具创建表

【例 5-1】 创建“医生信息表（YSXXB）”，该表的结构见表 5-2。

表 5-2 医生信息表（YSXXB）表结构设计

字段名	注释	字段类型和长度	是否为空	是否主键	索引
YSBH	医生编号	VARCHAR2（16）	N	Y	主键索引
YSXM	医生姓名	VARCHAR2（128）	N		普通索引
YSXB	医生性别	CHAR（2）	N		位图索引
YSNL	医生年龄	NUMBER（3）	Y		
YSZC	医生职称	VARCHAR2（20）	N		位图索引

第 1 步：打开 PL/SQL Developer，以 HOSPITAL 用户登录，在 My Objects 中右击“Tables”，然后单击“新建”，如图 5-2 所示。

图 5-2 新建表

第 2 步：输入表的基本信息，包括名称、表空间、注释等，如图 5-3 所示。

图 5-3 输入表的一般信息

注：

■ 名称：即表名。表名一般使用英文，输入 YSXXB。

■ 注释：即表名的注释，输入“医生信息表”。

■ 表空间：即该表存储的表空间，这里选择 HOSPITAL01 表空间。如果数据库系统中没有该表空间，创建该表空间的 SQL 语句是：

```
CREATE TABLESOACE HOSPITAL01 datafile 'D:\Oracle\HOSPITAL01.DBF' SIZE
1024M AUTOEXTEND ON NEXT 512M MAXSIZE UNLIMITED;
```

■ 所有者：即用户。这里选择 HOSPITAL 用户。如果数据库系统中没有该用户，创建该用户并授权的 SQL 语句是：

```
CREATE USER hospital IDENTIFIED BY hospital DEFAULT TABLESPACE HOSPITAL01;
GRANT connect,resource,dba TO hospital;
```

第 3 步：输入表字段信息。

按照表 5–2 的表结构设计，逐行输入，如图 5–4 所示。

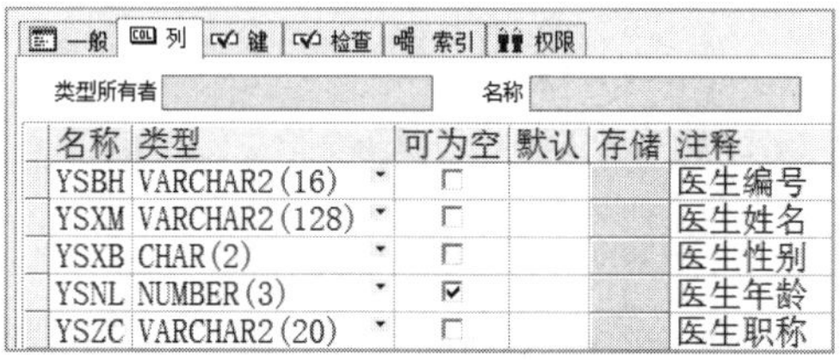

图 5–4　表字段信息输入

第 4 步：维护约束信息，包括键、索引、检查。

在“键”界面，名称输入 PK01_YSXXB，选择 YSBH 为主键（即选择类型为 Primary），如图 5–5 所示。

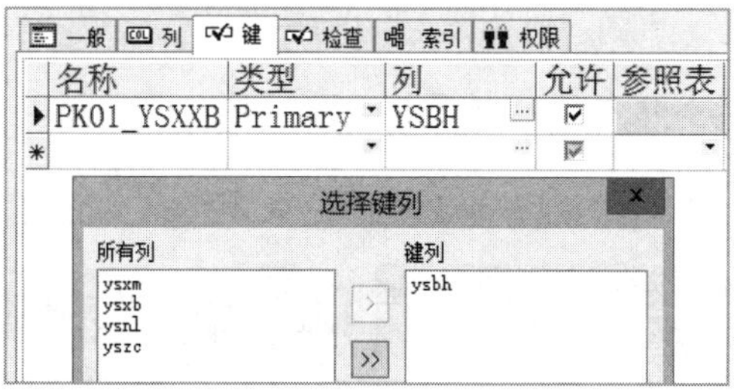

图 5–5　创建主键

在“索引”界面，可以看到 YSBH 自动成为了唯一索引，接下来还需要建立另外 3 个索引，如图 5–6 所示。

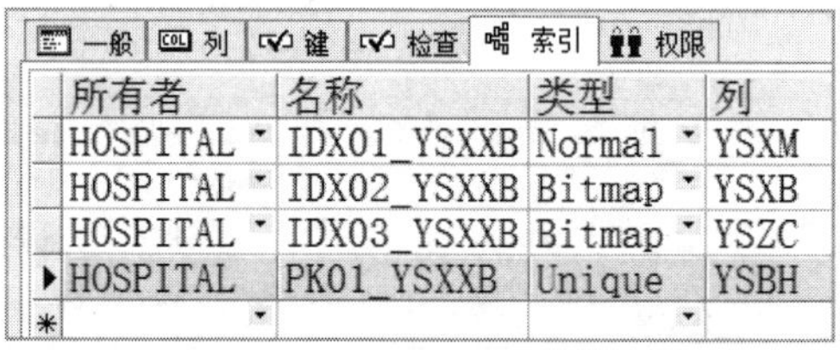

图 5–6　创建索引

在“检查”界面，建立两个检查项。一是医生性别（YSXB）字段，只能是男或女；一是医生职称（YSZC）字段，只能是医士、医师、主治医师、副主任医师、主任医师中的一个，如图 5–7 所示。

图 5–7　创建检查约束

第 5 步：查看创建表的 SQL，以验证操作是否正确，如图 5-8 所示。

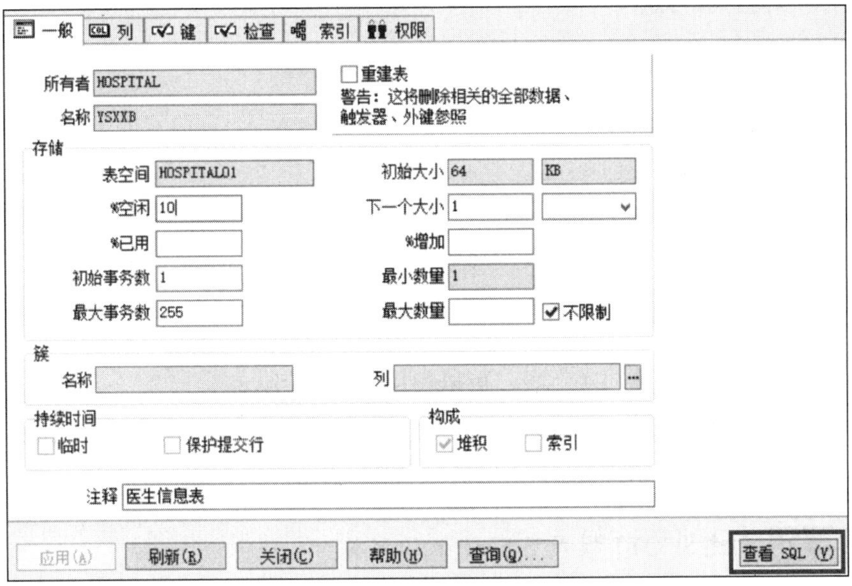

图 5-8　查看建表语句

第 6 步：单击“应用”按钮，建立数据表。

2. 通过 SQL 语句创建表

【格式】

```
CREATE TABLE [模式.]表名(
     列名 数据类型 [约束],
     列名 数据类型 [约束],......
)[tablespace 表空间名]
```

【说明】

- tablespace：指定表存放的表空间，若不指定表空间，则存放在默认表空间。
- 约束是指列的完整性约束，将在 5.4.3 节中详细介绍。

【例 5-2】 创建病人信息表（BRXXB），表结构设计见表 5-3。

表 5-3　病人信息表（BRXXB）表结构设计

字 段 名	注　　释	字段类型和长度	是 否 为 空	是 否 主 键	索　　引
BRBH	病人编号	VARCHAR2(16)	N	Y	主键索引
BRXM	病人姓名	VARCHAR2(128)	N		普通索引
BRSFZH	身份证号	CHAR(18)	N		唯一索引
BRXB	病人性别	CHAR(2)	N		位图索引
BRNL	病人年龄	NUMBER(3)	N		
SFYB	是否医保	CHAR(2)	Y		位图索引

创建表的语句如下：

```
CREATE TABLE BRXXB
(
  BRBH   VARCHAR2(16) not null,
  BRXM   VARCHAR2(128) not null,
  BRSFZH CHAR(18) not null,
  BRXB   CHAR(2) not null,
  BRNL   NUMBER(3) not null,
  SFYB   CHAR(2)
);
```

如果由已有的表数据源创建新表，可以使用以下语句：

```
CREATE TABLE 表名
AS
SELECT 语句
```

【例 5-3】 创建 SCOTT 模式下 EMP 表的副本。

```
CREATE TABLE SCOTT.EMP_COPY
AS
SELECT * FROM SCOTT.EMP;
```

5.2.2 修改表

修改表的操作，主要包括修改表的表名，添加列/修改列/删除列，修改列的名称或注释，修改列的类型或长度，等等。

1. 通过 PL/SQL Developer 修改表

第 1 步：登录 PL/SQL Developer，选择一个要修改的表，右击，然后选择“编辑”（图 5-9），打开表编辑界面，如图 5-10 所示。

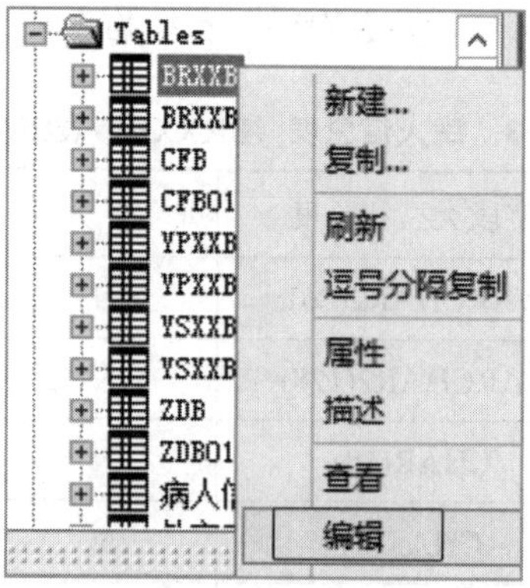

图 5-9　通过 PL/SQL Developer 修改表

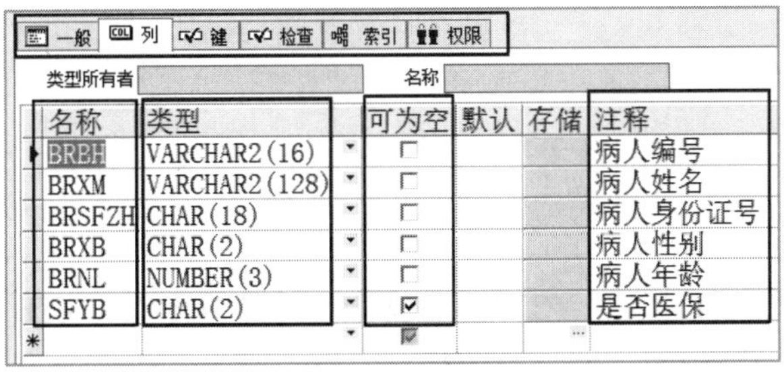

图 5-10　表编辑界面

第 2 步：在表编辑界面，可以按照业务需要，修改表的一般信息、列信息、约束信息等。也可以查看 SQL，进一步验证修改的正确性。

【说明】

图 5-10 中用框线圈起来的信息都可以修改。

2. 通过 SQL 语句修改表

【格式】

```
ALTER TABLE [模式名.]表名
[ADD (列名 数据类型 [约束]
| [MODIFY (列名 数据类型 [约束]
| [DROP COLUMN 列名];
```

【说明】修改表结构时，一次只能执行一个操作，即增加列、修改列和删除列中选择一个。

（1）添加列。

使用 ALTER TABLE … ADD 语句实现表中列的添加。

【格式】`ALTER TABLE 表名 ADD 列名 列类型`

【例 5-4】 在医生信息表（YSXXB）中增加 2 列，分别存放籍贯（JG）和所在科室信息（KS）数据。

```
ALTER TABLE YSXXB ADD JG varchar2(20),KS varchar2(30);
```

（2）修改列类型。

使用 ALTER TABLE … MODIFY 语句实现表中列的修改。

【格式】ALTER TABLE 表名 MODIFY 列名 新类型

【例 5-5】 修改医生信息表（YSXXB）中“籍贯（JG）”列的宽度为 100。

```
ALTER TABLE YSXXB MODIFY JG varchar2(100);
```

（3）修改列名。

使用 ALTER TABLE … RENAME COLUMN 语句修改列的名称。

【格式】`ALTER TABLE 表名 RENAME COLUMN 旧列名 to 新列名`

【例 5-6】 将医生信息表（YSXXB）中“籍贯（JG）”这一列的列名修改为“YSJG”。

```
ALTER TABLE YSXXB RENAME COLUMN JG to YSJG;
```

（4）删除列。

使用 ALTER TABLE … DROP COLUMN 语句直接删除列。

【格式】`ALTER TABLE 表名 DROP COLUMN 列名`

【例 5-7】 从医生信息表（YSXXB）中删除列：YSJG 和 KS。

```
ALTER TABLE YSXXB DROP COLUMN YSJG,KS;
```

（5）修改表名。

【格式】

```
ALTER TABLE 旧表名 RENAME TO 新表名;
```

或

```
RENAME 旧表名 TO 新表名;
```

【例 5-8】 将医生信息表（YSXXB）重命名为“医生表（YSB）”。

```
ALTER TABLE YSXXB RENAME TO YSB;
```

或

```
RENAME YSXXB TO YSB;
```

（6）添加表注释。

可以使用 COMMENT ON … IS 语句为表或表中的列添加或补充注释。

【格式】

```
COMMENT ON TABLE 表名 IS 'XXX'
COMMENT ON COLUMN 表名.列名 IS 'XXX'
```

【例 5-9】 为医生信息表 YSXXB 和该表中的列添加注释

```
COMMENT ON TABLE YSXXB IS '医生信息表';
COMMENT ON COLUMN YSXXB.YSBH  IS '医生编号';
COMMENT ON COLUMN YSXXB.YSXM  IS '医生姓名';
COMMENT ON COLUMN YSXXB.YSXB  IS '医生性别';
COMMENT ON COLUMN YSXXB.YSNL  IS '医生年龄';
COMMENT ON COLUMN YSXXB.YSZC  IS '医生职称。限定：医士、医师、主治医师、副主任医
师、主任医师';
```

5.2.3 删除表

当某个表不再使用时，可以直接将其删除。此时，和该表相关的所有数据、索引、触发器、约束和权限等都将被自动清除。需要注意的是，在非归档模式下，已删除的表将无法恢复，所以执行删除操作前务必谨慎确认。

1. 使用 PL/SQL Developer 删除表

在浏览器中的 Tables 标签下，找到要删除的表，右击，在快捷菜单中选择“删掉”即可删除该表。如图 5-11 所示。

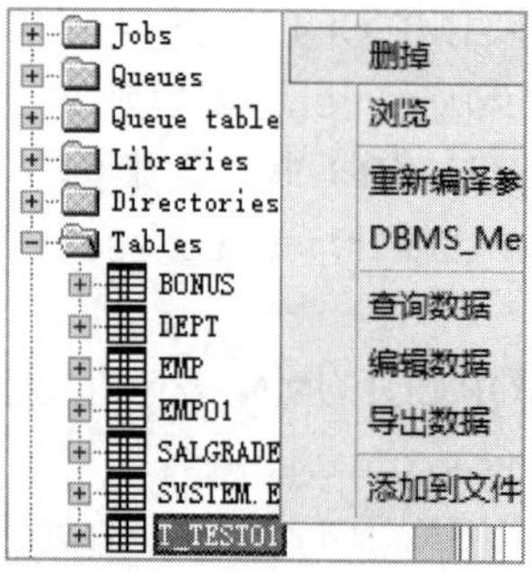

图 5-11　使用 PL/SQL Developer 删除表

2. 通过 SQL 语句删除表

【格式】`DROP TABLE 表名;`

【例 5-10】 删除前面创建的 EMP 表的副本 EMP_COPY。

```
DROP TABLE SCOTT.EMP_COPY;
```

5.3 数据操作

5.3.1 插入数据

在表中插入一条或多条记录，是最常用的数据操作。新建的数据表通常是空表，可以使用插入数据、导入数据等方式进行数据填充。

1. 使用 INSERT 语句实现向表中插入数据

【格式】

```
INSERT INTO 表名[(列名 1,列名 2,……)]
VALUES(列值 1, 列值 2…)
```

【说明】

- 插入时，可以只列出有值的列，没有值的列可以省略。
- VALUES 中的列值顺序、类型必须与列名顺序、数据类型一致。
- 当省略全部列名时，VALUES 中要给出每个列的值，并且要注意值的顺序要与表定义中列的顺序一致。
- VALUES 中描述的值可以是一个常量、变量或表达式；字符串必须用单引号括起来；可以使用 TO_DATE 函数将字符串转换为日期。

【例 5-11】 向 SCOTT 模式下的 EMP 表中插入一条记录。

```
INSERT INTO SCOTT.EMP(EMPNO, ENAME, JOB, MGR, HIREDATE, DEPTNO)
VALUES(8000,'ALICE', 'SALESMAN',7698,TO_DATE('2024-3-1','YYYY-MM-DD'), 30);
COMMIT;
```

运行后，在该表中多了一条数据，如图 5-12 所示。

select * from scott.emp

	EMPNO	ENAME	JOB	MGR	HIREDATE	SAL	COMM	DEPTNO
1	7369	SMITH	CLERK	7902	1980/12/17	800.00		20
2	7499	ALLEN	SALESMAN	7698	1981/2/20	1600.00	300.00	30
3	7521	WARD	SALESMAN	7698	1981/2/22	1250.00	500.00	30
4	7566	JONES	MANAGER	7839	1981/4/2	2975.00		20
5	7654	MARTIN	SALESMAN	7698	1981/9/28	1250.00	1400.00	30
6	7698	BLAKE	MANAGER	7839	1981/5/1	2850.00		30
7	7782	CLARK	MANAGER	7839	1981/6/9	2450.00		10
8	7788	SCOTT	ANALYST	7566	1987/4/19	3000.00		20
9	7839	KING	PRESIDENT		1981/11/17	5000.00		10
10	7844	TURNER	SALESMAN	7698	1981/9/8	1500.00	0.00	30
11	7876	ADAMS	CLERK	7788	1987/5/23	1100.00		20
12	7900	JAMES	CLERK	7698	1981/12/3	950.00		30
13	7902	FORD	ANALYST	7566	1981/12/3	3000.00		20
14	7934	MILLER	CLERK	7782	1982/1/23	1300.00		10
15	8000	ALICE	SALESMAN	7698	2024/3/1			30

图 5-12　使用 INSERT 语句插入数据后的效果

2. 利用子查询插入记录

【格式】

```
INSERT INTO 表名
SELECT 语句;
```

【例 5-12】 新建一个表 EMP2，要求其表结构和 SCOTT 模式下的 EMP 表完全一样，初始时该表为空表，然后根据要求，把 10 号部门的员工信息插入到该表中。

```
--创建表结构，通过 1=2 这种始终为假的条件，创建一个空表
CREATE TABLE EMP2
AS
SELECT * FROM SCOTT.EMP WHERE 1=2;
--将子查询查询的结果插入到表中
INSERT INTO EMP2
SELECT * FROM SCOTT.EMP WHERE DEPTNO=10;
COMMIT;
```

5.3.2 删除数据

1. DELETE 语句

删除数据表中的部分无用数据或者全部数据时，使用 DELETE 语句。

【格式】`DELETE 表名 [WHERE 删除条件]`

【例 5-13】 删除药品信息表（YPXXB）中药品编号为 M10099 的记录。

```
DELETE YPXXB WHERE YPBH='M10099';
COMMIT;
```

注：

- 当没有 WHERE 子句时，将删除表中的全部记录。
- 如果要删除的记录中包含有其他的表的引用值（外键），则不允许删除。

2. TRUNCATE Table 语句

【功能】快速删除表中的全部记录，但是依然保留表的结构。

【格式】`TRUNCATE TABLE 表名`

【例 5-14】 清空 SCOTT 模式下 EMP2 表中的记录。

```
TRUNCATE TABLE EMP2;
```

3. TRUNCATE TABLE 与 DELETE 比较

（1）相同点：均能删除表中记录。

（2）不同点：

① DELETE 语句带有 WHERE 子句，可以删除表中部分记录；TRUNCATE TABLE 不带 WHERE 子句，会直接删除表中全部记录。

② TRUNCATE TABLE 语句执行后会释放该表所占用的存储空间，且操作不能撤销；DELETE 语句不会释放存储空间，但操作可以撤销。

③ TRUNCATE TABLE 比 DELETE 执行速度快，因为 TRUNCATE TABLE 不生成回滚信息，而 DELETE 生成回滚信息。如果使用 DELETE 一次性删除大量数据，会因为回滚段太大，导致磁盘空间被占满，同时因为此时有大量数据写入磁盘，所以会拥塞 I/O，致使数据库无法对外提供读写服务。因此建议当使用 DELETE 删除大量数据时，可以进行分步删除，例如一次删除 1 000 条。

5.3.3　修改数据

使用 UPDATE 语句可以对表中的部分数据或者全部数据进行修改。

【格式】

```
UPDATE 表名
SET 列名=表达式[,…]
[WHERE 条件]
```

【例 5-15】 修改病人信息表（BRXXB），将所有病人的年龄+1。

```
UPDATE BRXXB SET BRNL=BRNL+1;
COMMIT;
```

【例 5-16】 修改 SCOTT 模式下 EMP 表中的数据，将工号为'8000'的员工的 SAL 列修改为 1 500，COMM 列修改为 300。

```
UPDATE SCOTT.EMP SET SAL=1500,COMM=300 WHERE EMPNO=8000;
COMMIT;
```

5.4　数据完整性

5.4.1　数据完整性概述

1. 数据完整性概念

首先来看如图 5-13 所示的带有不规范数据的一个会员信息表。

会员编号	姓名	性别	email	年龄
10001	紫罗兰	女	luolan@163.com	40
10002	苗木	女	miaomiao	370
10019	高伟	南	NULL	NULL

图 5-13　带有不规范数据的会员信息表

图 5-13 中的数据有些是不准确、不可靠的，例如“苗木”的 email 格式不正确、年龄明显超出正常的范围，“高伟”的性别也有错误。

这些数据都是不规范的，那么如何才能保证数据准确可靠呢？这就需要对数据表进行数据完整性设置。

数据完整性是指数据的精确性和可靠性，是为防止数据库中存在不符合语义规定的数据、防止因错误信息的输入（输出）造成无效操作及错误而提出的。

2. 数据完整性分类

（1）实体完整性：也叫行完整性，指表的每一行记录在表中是唯一的实体。例如，医生信息表中的每一行代表唯一的一名医生，换句话说，医生表中不能有两行或两行以上记录表示同一名医生。

（2）域完整性：也叫列完整性，是指列满足特定的数据类型和约束。例如，医生信息表中性别只能为“男”或“女”，药品信息表中的医保报销比例取值范围是 0～100。

（3）参照完整性：也叫引用完整性，指表和表之间的字段值是有关联的（特殊情况是产生在同一张表的不同字段值之间），参照表中的外键值必须存在于被参照表中的主键值中。例如，诊断表（ZDB）中的病人编号（BRBH）这一列的值必须存在于病人信息表（BRXXB）中病人编号（BRBH）这一列的值中；再例如，诊断表（ZDB）中的医生编号（YSBH）这一列的值必须存在于医生信息表（YSXXB）的医生编号（YSBH）这一列值中。

（4）用户定义的完整性：指某一具体的应用必须满足的语义要求或用户实际的业务规则。

3. 数据完整性实施方法

数据完整性的主要实施方法有声明型数据完整性和过程型数据完整性。其中，声明型数据完整性主要是约束；过程型数据完整性包括触发器和存储过程。下面重点介绍利用约束实施数据完整性，触发器和存储过程将在本书第 7 章介绍。

5.4.2 约束及其实现

数据完整性约束包括 6 类：主键约束、非空约束、默认值约束、唯一约束、检查约束、外键约束。在进行数据库设计时，使用这 6 类约束可以使数据管理更加简单和可靠。

可以在建表时创建约束，也可以在表创建好后添加约束。

（1）创建表时创建约束：

```
CREATE TABLE 表名
(列名 数据类型 列约束,
…
CONSTRAINT  约束名 约束,
…
)
```

（2）修改表时添加约束：

```
ALTER TABLE 表名
ADD CONSTRAINT 约束名 约束定义
```

1. 主键约束

主键是用于唯一识别表中每一行数据的一列或几列组合。主键约束定义了主键列的唯一性和非空性。该约束也会在表中创建一个唯一索引，以加速数据检索、查询及常见的连接操作。

【例 5-17】 创建一个名为 t_employees 的表，id 为主键。

```
CREATE TABLE t_employees (
  id NUMBER(10) PRIMARY KEY,
  name VARCHAR2(50),
  hire_date DATE
);
```

或：

```
CREATE TABLE t_employees (
  id NUMBER(10),
  name VARCHAR2(50),
  hire_date DATE,
PRIMARY KEY(id)
);
```

或：

```
CREATE TABLE t_employees (
  id NUMBER(10),
  name VARCHAR2(50),
  hire_date DATE,
CONSTRAINT pk_employees PRIMARY KEY(id)
);
```

或：

```
CREATE TABLE t_employees (
  id NUMBER(10),
  name VARCHAR2(50),
  hire_date DATE
);
ALTER TABLE t_employees
ADD CONSTRAINT pk_employees PRIMARY KEY(id);
```

2. 非空约束

非空约束用于确保列中的值不为空。如果插入或更新操作试图将空值插入非空列，则将拒绝操作。

【例 5-18】 修改 t_employees 表，name 列不允许为空。

```
ALTER TABLE t_employees
MODIFY name NOT NULL;
```

3. 默认值约束

默认值约束用于在列中插入空值时提供默认值。如果没有指定列值，则将自动为其提供默认值。

【例 5-19】 修改 t_employees 表，设置 hire_date 的默认值为系统当前日期。

```
ALTER TABLE t_employees
MODIFY hire_date DEFAULT SYSDATE;
```

4. 唯一约束

唯一约束用于确保表中某一列或几列的值在整个表中都是唯一的。该约束类似于主键约束，但与主键约束不同的是，唯一约束允许列中存在空值。

【例 5-20】 修改表 t_employees，添加雇员的电子邮件地址，并添加唯一约束以确保每个雇员的电子邮件地址是不同的。

```
ALTER TABLE t_employees
ADD email VARCHAR2(50) UNIQUE;
```

或：

```
ALTER TABLE t_employees
ADD email VARCHAR2(50);
ALTER TABLE t_employees
ADD CONSTRAINT uq_email UNIQUE(email);
```

5. 检查约束

检查约束用于确保列中仅包含有效的、可接受的值。任何不符合约束条件的插入或更新操作都将被拒绝。

【例 5-21】 修改表 t_employees，增加年龄字段，设置该列的取值范围为 18～75。

```
ALTER TABLE t_employees
ADD age NUMBER(3) CHECK(age BETWEEN 18 AND 75);
```

或：

```
ALTER TABLE t_employees
ADD age NUMBER(3);
ALTER TABLE t_employees
ADD CONSTRAINT ck_age CHECK(age BETWEEN 18 AND 75);
```

6. 外键约束

外键约束用于确保列中的值引用另一个表中的有效行。外键列必须与主键列或唯一列匹配，以确保数据的正确性。在添加或更改数据时，所有外键约束都必须得到满足。

【例 5-22】 创建 hospital 模式中的处方表（CFB），并在其中定义外键约束以确保 CFBH（处方编号）为诊断表（ZDB）中的 CFBH，YPBH（药品编号）为药品信息表（YPXXB）中的 YPBH。

```
CREATE TABLE CFB (
  CFBH VARCHAR2(16),
  YPBH VARCHAR2(16),
  YPSL NUMBER(3),
```

```
  CONSTRAINT PK_CFB PRIMARY KEY(CFBH,YPBH),
  CONSTRAINT FK_CFBH FOREIGN KEY(CFBH) REFERENCES ZDB(CFBH),
  CONSTRAINT FK_YPBH FOREIGN KEY(YPBH) REFERENCES YPXXB(YPBH)
);
```

注：

■ hospital 模式下各表的结构详见附录 A。

■ 创建包含外键的表时，需要已经建好被引用主键所在的表。例如，上面的代码，需要先创建好诊断表（ZDB）和药品信息表（YPXXB），才能创建引用它们的外键表。

5.4.3 管理约束

1. 禁用或启用约束

约束有启用（enable）和禁用（disable）两种状态。默认情况下，约束创建之后就一直起作用。但是在某些情况下，Oracle 数据库系统中如果存在过多的约束检查，会降低数据库的效率，例如，进行大规模数据装入或执行一项包含大量数据操作的批处理工作时。因此，为提高系统效率，可以暂时禁用一些约束，操作完成后，再将约束设为启用状态。

【格式】ALTER TABLE 表名 {DISABLE | ENABLE } CONSTRAINT 约束名;

【例 5-23】 禁用 CFB 中的外键约束。

```
ALTER TABLE CFB DISABLE CONSTRAINT FK_CFBH;
ALTER TABLE CFB DISABLE CONSTRAINT FK_YPBH;
```

2. 删除约束

【格式】

```
ALTER TABLE 表名
DROP CONSTRAINT 约束名;
```

【例 5-24】 删除 t_employees 表中有关年龄的检查约束。

```
ALTER TABLE t_employees
DROP CONSTRAINT ck_age;
```

3. 查询约束信息

数据字典视图 ALL_CONSTRAINTS、USER_CONSTRAINTS、DBA_CONSTRAINTS 记录了约束的详细信息，包括约束名称、约束类型、约束状态等信息；数据字典 ALL_CONS_COLUMNS、USER_CONS_COLUMNS、DBA_CONS_COLUMNS 包含了约束的列信息，可以查询约束所对应的列。

【例 5-25】 查询 EMP 表中的所有约束。

```
SELECT CONSTRAINT_NAME,CONSTRAINT_TYPE,STATUS
FROM USER_CONSTRAINTS
WHERE TABLE_NAME='EMP';
```

运行结果如图 5-14 所示。

	CONSTRAINT_NAME	CONSTRAINT_TYPE	STATUS
1	PK_EMP	P	ENABLED
2	FK_DEPTNO	R	ENABLED

图 5-14　查询 EMP 表的约束信息

【例 5-26】 查询 EMP 表各个约束所对应的列。

```
SELECT CONSTRAINT_NAME, CONSTRAINT_TYPE, STATUS
FROM USER_CONSTRAINTS
WHERE TABLE_NAME='EMP';
```

运行结果如图 5-15 所示。

	CONSTRAINT_NAME	COLUMN_NAME
1	PK_EMP	EMPNO
2	FK_DEPTNO	DEPTNO

图 5-15　查询 EMP 表的约束的列信息

5.5　索　　引

在实际业务场景中，数据库表中的记录往往数量巨大，且会随着时间的推移持续增加，导致查询速度越来越慢。那么怎样才能提高速度、优化查询呢？给表创建索引就是一个非常有效的方法。正如为厚厚的字典添加索引可以帮助尽快查找字词一样，数据库可以通过适当的索引减少查询工作量，提高查询特定信息的速度。

5.5.1　索引概述

1. 索引的概念

索引（index），类似于图书的目录，在图书中，目录是内容和对应页号的列表，在数据库中，索引是表中数据和相应存储位置的列表，其主要作用是提升数据的检索效率。

索引具有以下 5 种特性。

（1）索引是一种独立于表的模式对象，可以存储在与表不同的磁盘或表空间中。

（2）索引被删除或损坏，不会对表（数据）产生影响，其影响的只是查询的速度。

（3）索引一旦建立，Oracle 管理系统就会对其进行自动维护，并由 Oracle 管理系统决定何时使用索引，用户不用在查询语句中指定使用哪个索引。

（4）在删除一个表时，所有基于该表的索引会被自动删除。

（5）建立索引的时候，如果没有指定表空间，则会存储在所属用户默认的表空间。

使用索引虽然提升了查询效率，但是也会带来一些弊端，包括：

（1）索引将占用磁盘空间；

（2）创建和维护索引需要花费时间；

（3）延长了数据插入、修改、删除的时间。

2. 索引的分类

索引可以从逻辑设计和物理结构两方面来进行分类。从逻辑设计来看，主要考虑索引是如何组合的，可以分为单列索引与复合索引、唯一索引与非唯一索引，以及基于函数的索引。从物理结构来看，索引可以分为分区索引与非分区索引、B 树索引、正向索引与反向索引，以及位图索引等。下面对常用的 5 种牵引进行介绍。

（1）唯一索引。

保证被索引的列中不会有两行相同的索引键值，一般用在主键或唯一约束上。

（2）非唯一索引。

不对索引列的值进行唯一性限制。

（3）位图索引。

位图索引适用于具有很少列值的列（也叫低基数列）。位图索引的主要优势是节省存储空间，且可减少 Oracle 对数据块的访问。位图索引会为每个列值建立一个位图。

（4）分区索引。

索引可以分散地存在于多个不同的表分区中，以提高数据的查询效率。

（5）B 树索引。

B 树索引的存储结构类似于书的索引结构，有“分支”和“页”两种类型的存储数据块，其结构示意图如图 5−16 所示。分支块相当于书的大目录，“页”相当于索引到的具体的书页，这种方式可以保证用最短路径访问数据。这是使用得最多而且是默认的索引类型。

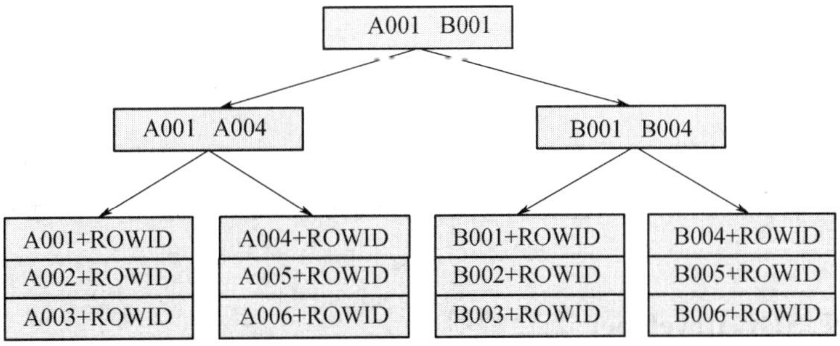

图 5−16　B 树索引结构示意图

5.5.2　创建索引

索引有以下两种创建方式。

自动创建：在定义 PRIMARY KEY 或 UNIQUE 约束后，系统将自动在相应的列上创建唯一索引。

手动创建：用户可以通过 PL/SQL Developer 或 CREATE INDEX 语句手动创建索引。

1. 使用 PL/SQL Developer 创建索引

在 PL/SQL Developer 中，选择要建立索引的表，然后在快捷菜单中选择“编辑”，在表编辑界面的“索引”选项卡，可以增加、修改、删除索引。如图 5-17 所示。

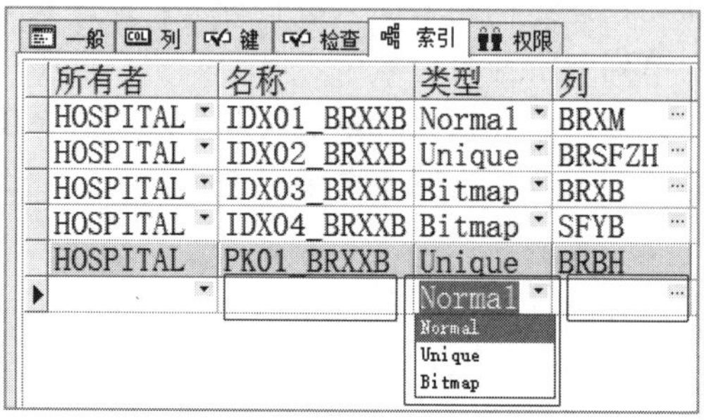

图 5-17　使用 PL/SQL Developer 创建索引

2. 通过 SQL 语句创建索引

【格式】

```
CREATE [UNIQUE/BITMAP] INDEX [模式.]索引名
ON [模式.]表名(列名 [ASC|DESC],…n)
[TABLESPACE 表空间名]
```

【例 5-27】 给医生信息表（YSXXB）的医生姓名（YSXM）列创建普通索引。

```
CREATE INDEX DOCTOR_IN01 ON YSXXB(YSXM);
```

【例 5-28】 给医生信息表（YSXXB）的医生性别（YSXB）列创建位图索引。

```
CREATE BITMAP INDEX DOCTOR_BI01 ON YSXXB(YSXB);
```

5.5.3 删除索引

如果某个索引不再被使用，则可以删除该索引，以释放该索引所占用的表空间。但需要注意的是，如果表数据量非常巨大，则删除该索引会耗时比较长；若想重建该索引，耗时也会比较长。

1. 通过 PL/SQL Developer 删除索引

在表编辑界面，打开“索引”选项卡，单击右侧的“–”就可以删除索引，如图 5-18 所示。

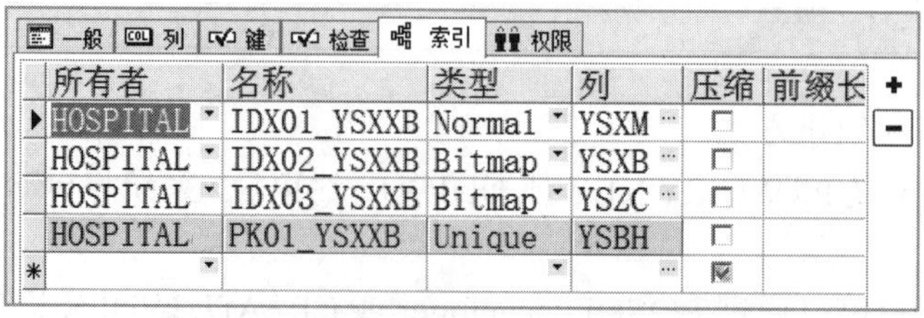

图 5-18　使用 PL/SQL Developer 删除索引 1

或者依次选择表名｜“Indexes”，然后右击要删除的索引，选择“删掉”，如图 5-19 所示。

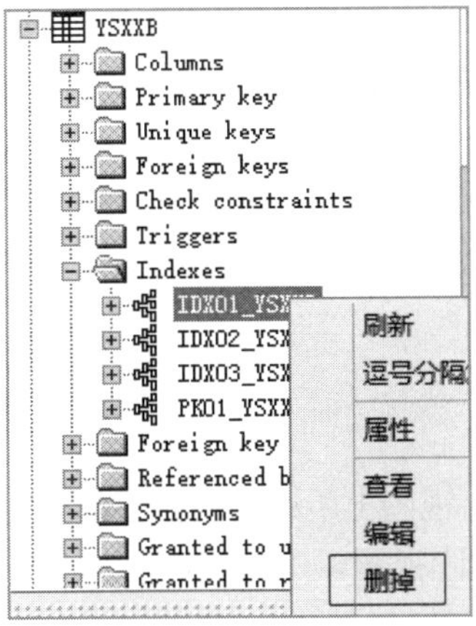

图 5-19　使用 PL/SQL Developer 删除索引 2

2. 使用 SQL 语句删除索引

【格式】

```
DROP INDEX [模式.]索引名
```

【例 5-29】 删除 DOCTOR_BI01 索引。

```
DROP INDEX DOCTOR_BI01;
```

5.6 视　　图

首先，通过一个简单的例子来了解为什么需要视图。某单位的员工信息包括员工号、姓名、性别、出生日期、身份证号码、部门信息、家庭住址、联系电话、工资账号、薪资待遇等信息，操作这张表的张三、李四，分别管理不同的数据，出于安全考虑，要求张三只能浏览员工的基本信息（员工号、姓名、性别、出生日期、身份证号码、部门信息等），李四能够看到本部门员工的薪资信息。这就要求对同一张表，不同用户只能看到限定的内容，这可以通过视图来实现。每个视图只有限定的内容，视图可以像数据表一样分配权限，从而保证数据的安全性。视图的另一个作用是对查询进行简化。

5.6.1　视图概述

视图是 Oracle 数据库的一种模式对象，是为了确保数据表的安全性、灵活性和提高数据的隐蔽性，从一个或多个表中或其他视图中使用 SELECT 语句呈现数据的虚表。

视图是数据库的一种逻辑存储结构，用户可以像查询普通表一样查询视图。视图中没有存储任何数据，对视图中数据的操作实际上是对组成视图的基础表的操作。

通过使用视图，基础表中的数据会以各种不同的方式提供给用户，可以简化用户权限的管理，简化查询语句，提供附加的安全层，隐藏数据的复杂性等。

5.6.2 创建视图

创建视图是通过 SQL 语句来实现的。

【格式】

```
CREATE [OR REPLACE] VIEW [模式.]视图名
AS SELECT 语句
[WITH CHECK OPTION]
[WITH READ ONLY];
```

【说明】

- WITH CHECK OPTION：视图上所进行的修改都要符合 SELECT 语句中的查询条件。
- WITH READ ONLY：只读视图，不能进行插入、删除、修改等操作。

1. 创建简单视图

简单视图是从单个表中提取数据，仅包含基表中的原始数据列，不包含字符或组合之类的函数。因此，可以直接在视图上进行记录插入、删除和修改操作。

【例 5-30】 创建医生信息视图：V_YSXX，要求该视图只包括医生姓名和职称。

```
CREATE VIEW V_YSXX
AS
SELECT YSXM,YSZC  FROM YSXXB;
```

2. 创建复杂视图

复杂视图可以从多个表中提取数据，可包含连接、分组、统计函数、表达式等。

【例 5-31】 在 SCOTT 模式下，创建一个包含员工号、姓名、部门名称、岗位、工资、津贴及工资等级的视图，视图名称为 V_EMP。

```
CREATE OR REPLACE VIEW V_EMP
AS
SELECT empno, ename, dname, job, sal, comm, grade
FROM emp e JOIN dept d ON e.deptno=d.deptno
JOIN salgrade s ON e.sal between s.losal and s.hisal;
```

【例 5-32】 在 SCOTT 模式下，创建一个视图 V_DEPT，包含部门编号、部门名称、员工人数和收入总额。

```
CREATE OR REPLACE VIEW V_DEPT
AS
SELECT d.deptno,dname,count(*) total_emps, sum(sal+NVL(comm,0)) total_salary
FROM emp e JOIN dept d ON e.deptno=d.deptno
GROUP BY d.deptno, dname;
```

在复杂视图上进行 INSERT、DELETE、UPDATE 操作的限制如下：

（1）连接视图中不能有 ORDER BY 排序语句；

（2）基础表中所有的 NOT NULL 列都必须在这个视图中；

（3）需要更新的列不包含伪列或表达式；

（4）建立视图的 SELECT 语句中，不能包含集合运算符、连接运算符、子查询、分组函数、聚合函数和 GROUP BY 子句等。

5.6.3　视图应用

可以使用视图进行数据查询，就像对表的查询一样；同时，在满足一定条件下，可以使用视图对数据进行添加、更新和删除。最终所有对视图的操作都会转换成对基表的操作。

1. 通过视图查询数据

使用视图查询数据可以隐藏数据的复杂性。其实质是转换成对基表的查询。

【例 5-33】 在 V_DEPT 视图中，查询人数最多的部门信息。

```
SELECT *
FROM (SELECT * FROM  V_DEPT ORDER BY total_emps desc)
WHERE rownum=1 ;
```

2. 通过视图修改（添加、更新、删除）数据

用户可以通过视图修改基表的数据，其方法与使用 UPDATE、INSERT 和 DELETE 语句在表中修改数据一样，实质都是转换为对基表的操作。但是需要注意以下问题。

（1）任何通过视图的数据修改都只能修改一张基表的列，不能同时影响多张表。

（2）通过视图修改的列必须是直接引用基表中的列，对于通过使用集合函数得到或使用表达式由多个字段得到的列，不能进行修改操作。

（3）如果在视图定义中使用了 WITH CHECK OPTION 子句，则所有在视图上执行的修改操作都必须符合定义视图的 SELECT 语句中所设置的检索条件。

（4）如果是连接视图，则在视图中只能修改和主键保存表对应的列，其余的列不允许修改。

【例 5-34】 修改 V_EMPS 中某个员工的工资等级。

```
UPDATE V_EMPS SET grade=1 WHERE empno=7369;
```

当执行上述语句时，会出现如图 5-20 所示的错误。其原因是在该视图中，empno 为主键，则 emp 表是键值保存表，故只能修改键值保存表中对应列的值。

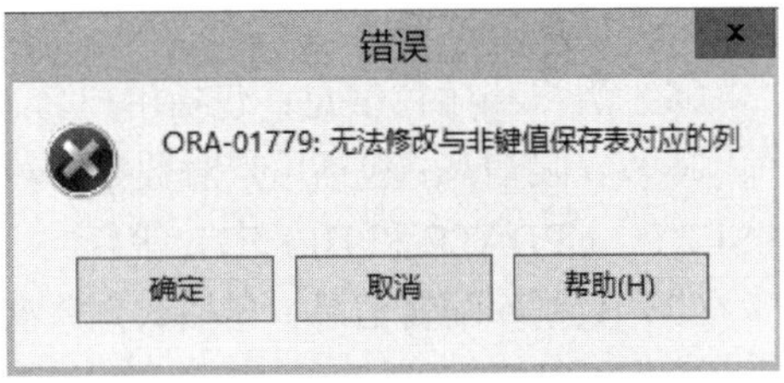

图 5-20　使用视图修改数据产生的错误

5.6.4　管理视图

1. 删除视图

【格式】`DROP VIEW 视图名;`

【说明】删除视图并不会对数据库的数据造成影响。

2. 重命名视图

【格式】RENAME 原视图名 TO 新视图名

5.7 数据字典

5.7.1 数据字典概述

1. 数据字典的概念

Oracle 数据库中的数据字典包括一系列系统表和视图，记录了有关数据库对象（如表、列、索引、约束、触发器、存储过程等）的元数据信息。这些元数据可以用于管理和维护数据库。

数据字典可以像其他数据库表或视图一样被查询，但是不能被修改。数据字典存储在系统表空间中，当用户在操作数据库中的数据遇到困难时，可以访问数据字典来查看详细信息。数据字典不仅是数据库的核心，也是所有用户，包括最终用户、程序员和数据库管理员进行数据库管理和维护的重要工具。

2. 数据字典的内容

以下是 Oracle 数据字典的常见内容。

（1）表信息：包括表名称、列名称、数据类型、字段长度、空值属性、默认值设置、主键或唯一约束、外键约束等。

（2）索引信息：包括索引名称、所属表、索引列顺序、索引类型等。

（3）视图信息：包括视图名称、定义视图的 SQL 语句、视图所关联的基表信息。

（4）过程和函数信息：包括存储过程和函数名称、输入参数列表、返回值类型和参数的数据类型及方向等。

（5）用户和角色信息：包括用户名、密码、默认模式、创建日期、用户所拥有的角色等。

（6）权限信息：包括用户对数据库对象（如表、视图和程序等）的权限信息，如 SELECT、INSERT、UPDATE 和 DELETE 等。

（7）数据库配置信息：包括数据库实例名称、Oracle 版本号、字符集设置、日志模式等。

3. 数据字典的分类

根据数据字典所存储内容的不同，可以将其划分为静态数据字典和动态性能表。

（1）静态数据字典。

静态数据字典记录了系统资源信息、用户登录信息及数据库信息等几乎所有内容。

（2）动态性能表。

动态性能表是一组虚拟表，记录的是当前数据库的活动情况和性能参数。

5.7.2 静态数据字典

静态数据字典用于描述 Oracle 系统的活动信息和所有用户对象的定义信息，包含只读表和视图信息，存放在 system 表空间，由 SYS 用户拥有，由系统自动维护，用户可以根据需要查询数据字典中的信息，但是不能修改。

根据不同的查询范围，静态数据字典中的对象信息有以下不同的前缀类型，如图 5-21 所示。

DBA_：数据库中所有对象的信息。

ALL_：当前用户能够访问的对象的信息。

USER_：当前用户所拥有的对象的信息。

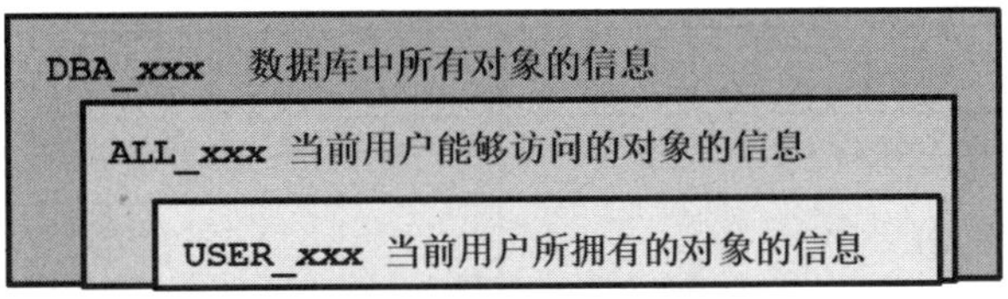

图 5-21 数据字典的层次关系

【例 5-35】 查看当前用户的信息（假设当前登录用户是 SCOTT）。

```
SELECT USERNAME, USER_ID, ACCOUNT_STATUS, DEFAULT_TABLESPACE
FROM USER_USERS;
```

运行结果果如图 5-22 所示。

	USERNAME	USER_ID	ACCOUNT_STATUS	DEFAULT_TABLESPACE
1	SCOTT	83	OPEN	USERS

图 5-22 USER_USERS 数据字典

【说明】USER_USERS2 数据字典用于描述当前用户的信息，包括用户名、账户 ID、账户状态、表空间名、创建时间等。

【例 5-36】 查询名为“EMP”的对象类型和其状态信息。

```
SELECT OBJECT_TYPE, STATUS
FROM USER_OBJECTS
WHERE object_name = 'EMP'
```

运行结果如图 5-23 所示。

	OBJECT_TYPE	STATUS
1	TABLE	VALID

图 5-23 USER_OBJECTS 数据字典

USER_OBJECTS 数据字典用于描述当前用户所拥有的所有对象的信息，包括对象类型、对象状态、创建时间等。

5.7.3 动态性能表

动态性能表以 V$开头，主要记录当前数据库的活动情况和性能参数，数据库管理员通过查询动态性能表可以了解系统运行情况，诊断和解决系统运行中出现的问题。只要当前数据库实例运行，动态性能表的内容就会不断更新。

5.7.4 常用数据字典

表 5-4—表 5-6 给出了常用的数据字典。

表 5-4 中的数据字典都是 DBA 打头的，显然只有拥有 DBA 权限的用户才可以访问。

表 5-4 DBA 打头的数据字典

数据字典名称	说　明
DBA_TABLESPACES	关于表空间的信息
DBA_TS_QUOTAS	所有用户表空间限额
DBA_FREE_SPACE	所有表空间中的自由分区
DBA_SEGMENTS	描述数据库中所有段的存储空间
DBA_EXTENTS	数据库中所有分区的信息
DBA_TABLES	数据库中所有数据表信息
DBA_ROLES	数据库中所有角色
DBA_ROLE_PRIVS	数据库中所有角色权限

表 5-5 中的数据字典都是 USER 打头的，所有登录用户都可以查询本用户下的这些数据字典。

表 5-5 USER 打头的数据字典

数据字典名称	说　明
USER_OBJECTS	当前用户所创建数据库对象
USER_TABLESPACES	当前用户能够访问的数据表空间
USER_TABLES	当前用户创建的表对象的信息
USER_TAB_COLUMNS	当前用户下创建的列信息
USER_CONSTRAINTS	当前用户表上的约束对象
USER_CONS_COLUMNS	当前用户下创建的列约束对象
USER_VIEWS	当前用户下创建的视图
USER_SEQUENCES	当前用户下创建的序列
USER_SYNONYMS	当前用户下创建的同义词

表 5-6 中的数据字典都是 V$打头的，只有 DBA 权限的用户才可以访问。

表 5-6　V$打头的动态数据字典

数据字典名称	说　明
v$DATABASE	描述关于数据库的相关信息
V$INSTANCE	用于获取当前例程的详细信息
v$DATAFILE	数据库使用的数据文件信息
v$LOG	从控制文件中提取有关重做日志组的信息
v$LOGFILE	有关实例重置日志组文件名及其位置的信息
V$CONTROLFILE	数据库所有控制文件的信息
V$BGPROCESS	用于显示后台进程的详细信息
V$SGA	用于取得 SGA 更详细的信息

【例 5-37】 使用 SCOTT 用户查询该用户下的所有表信息，包括表名、记录数、占用块的个数、最后统计信息收集的时间。

```
SELECT TABLE_NAME, NUM_ROWS, BLOCKS, LAST_ANALYZED
FROM USER_TABLES;
```

查询结果如图 5-24 所示。

	TABLE_NAME	NUM_ROWS	BLOCKS	LAST_ANALYZED
1	DEPT	4	5	2021/9/11 15:37:00
2	EMP	14	5	2021/12/26 18:24:43
3	BONUS	0	0	2021/9/11 15:36:54
4	SALGRADE	5	5	2021/9/11 15:37:00
5	SYSTEM.EMP01	0	0	2022/7/22 22:25:34
6	EMP01	0	0	2022/7/22 22:25:34

图 5-24　在数据字典中查询表的信息

【例 5-38】 使用 SYS 用户查询 SCOTT 用户下的所有表信息，包括表名、记录数、占用块的个数、最后统计信息收集的时间。

```
SELECT TABLE_NAME, NUM_ROWS, BLOCKS, LAST_ANALYZED
FROM DBA_TABLES
WHERE owner='SCOTT';
```

运行结果与例 5-37 相同。

习　题

（一）选择题

1. 使用 CREATE TABLE 语句可以创建（　　）。

A. 视图　　B. 用户　　C. 表　　D. 函数

2. 唯一约束与主键约束的一个区别是（　　）。

A. 唯一约束列的值不可以有重复值

B. 唯一约束列的值可以不是唯一的

C. 唯一约束列的值不可以为空值

D. 唯一约束列的值可以为空值

3. 对于数据库和数据表，下列描述正确的是（　　）。

A. 数据表可以被删除

B. 一个数据库只能包含一张数据表

C. 数据表不可以被重新命名

D. 数据表可以是一维的，也可以是二维的

4. 假设 EMPLOYEE 表包含一个 MARRIAGE 列，用于描述职工的婚姻状况，则应该在该字段上创建（　　）类型的索引。

A. B 树唯一索引　　B. B 树不唯一索引

C. 基于函数的索引　　D. 位图索引

5. 以下关于 SQL 视图的描述中，正确的是（　　）。

A. 视图是一个虚表，并不存储数据

B. 视图同基表一样以文件形式进行存储

C. 视图只能从一个基表导出

D. 对视图的修改与基表一样，没有限制

6. ALTER TABLE 语句的功能是（　　）。

A. 增加数据表　　B. 修改数据表

C. 查询数据表　　D. 删除数据表

（二）操作题

药品信息表（YPXXB）

字　段　名	字段类型和长度	是 否 为 空	约　　束	索　　引	注　　释
YPBH	VARCHAR2（16）	N	主键	主键索引	药品编号
YPMC	VARCHAR2（128）	N		普通索引	药品名称
SCCJ	VARCHAR2（50）	Y		位图索引	生产厂家
CD	VARCHAR2（64）	N		位图索引	产地
SYXB	VARCHAR2（10）	N		位图索引	适应性别
SYNLD	VARCHAR2（20）	N			适应年龄段
SYZ	VARCHAR2（256）	N			适应症
JHJG	NUMBER（10，2）	N			进货价格
LSJG	NUMBER（10，2）	N			零售价格
GJJYBZJ	NUMBER（10，2）	N			国家介入标准价
YBBXBL	NUMBER（3，1）	N			医保报销比例

诊断表（ZDB）

字 段 名	字段类型和长度	是 否 为 空	约　　束	索　　引	注　　释
ID	VARCHAR2（16）	N	主键	主键索引	ID
ZDRQSJ	DATE	N			诊断日期时间
ZDRQ	NUMBER（8）	N		分区索引	诊断日期
ZDSJ	NUMBER（6）	N		普通索引	诊断时间
YSBH	VARCHAR2（20）	N		普通索引	医生编号
BRBH	VARCHAR2（20）	N		普通索引	病人编号
BRZZ	VARCHAR2（1000）	N			病人症状
CFBH	VARCHAR2（16）	N		唯一索引	处方编号

根据以上表结构设计，实现如下操作。

1. 使用 PL/SQL Developer 工具可视化界面创建药品信息表（YPXXB）及表中的索引。

2. 使用 SQL 语句创建诊断表（ZDB）及该表中的索引。

3. 创建视图（V_YPXX），用于查看药品信息中的药品编号、药品名称、生产厂家、零售价格和医保报销比例。

第 6 章

SQL 语言基础

学习目标

✧ 认识 SQL 语言及其分类。
✧ 掌握 SQL 语言中的运算符与表达式。
✧ 熟练使用 Oracle 常用内置函数。
✧ 掌握 SQL 查询语句的基本语法并熟练应用。
✧ 了解事务的概念，掌握事务处理语句。

6.1 SQL 语言基础

6.1.1 SQL 语言概述

1. SQL 语言简介

SQL（structured query language，结构化查询语言）最早是由 Boyce 和 Chamberlin 于 1974 年提出的。1976 年，SQL 开始在关系数据库管理系统中应用；1982 年，美国国家标准化组织（American National Standard Institute，ANSI）确认 SQL 为数据库系统的工业标准。SQL 是用于访问和处理数据库的标准语言，是所有 RDBMS（关系型数据库管理系统，如 Access、Oracle、SQL Server、Sybase、MySQL、DB2 等）使用的公共语言。

2. SQL 语言分类

SQL 是用于访问和处理数据库的标准语言，分为以下 4 种。

（1）数据定义语言（data definition language，DDL）：用来创建、删除及修改数据库对象，如 CREATE TABLE、ALTER INDEX 等语句。

（2）数据操纵语言（data manipulation language，DML）：用来操纵数据库的内容，如

INSERT、UPDATE、DELETE 等。

（3）数据控制语言（data control language，DCL）：用来控制对数据库的访问、启动和关闭等，如对系统权限进行授权和回收的 GRANT、REVOKE 等语句。

（4）事务控制语言（transaction control language，TCL）：用来实现对数据交易过程的完整控制，如与数据库事务处理相关的 COMMIT、ROLLBACK、SAVEPOINT 等语句。

6.1.2　SQL 运算符与表达式

SQL 语言中的运算符与表达式主要有算术运算符、比较运算符和集合运算符、逻辑运算符、连接运算符等。

1. 算术运算符

算术运算符主要用来进行加、减、乘、除等算术运算，常用的算术运算符见表 6-1。

表 6-1　常用算术运算符

运　算　符	描　　述
*	乘法运算符
/	除法运算符
+	加法运算符
–	减法运算符
()	确定运算先后次序

【例 6-1】 如果矩形的长为 3、宽为 2，求周长和面积。

```
SELECT 2 * ( 3 + 2) AS 周长, 3 * 2 AS 面积 FROM DUAL;
```

2. 比较运算符和集合运算符

常用的比较运算符和集合运算符见表 6-2。

表 6-2　常用比较运算符和集合运算符

运　算　符	描　　述
<，>，<=，>=，=，<>，! =	用于数值、字符串及日期数据的比较
IN	属于集合的任一成员
NOT IN	不属于集合的任一成员
BETWEEN a AND b	在 a 和 b 之间，包括 a 和 b
NOT BETWEEN a AND b	不在 a 和 b 之间，也不包括 a 和 b
LIKE '带通配符的字符串'	通配符：百分号字符（%）将匹配零个或多个任意字符， 下划线(_)将匹配一个任意字符

【例 6-2】 查询 scott 模式下的 emp 表中，工资在 1 500～3 000 之间的员工号、姓名及工资。

```
SELECT empno, ename, sal FROM scott.emp WHERE sal BETWEEN 1500 AND 3000;
```

【例 6-3】 查询岗位为 MANAGER 和 PRESIDENT 的员工。

```
SELECT * FROM scott.emp WHERE job IN('MANAGER', 'PRESIDENT');
```

【例 6-4】 查询员工姓名中首字符是 S 的员工。

```
SELECT empno, ename FROM scott.emp WHERE ename LIKE 'S%';
```

3. 逻辑运算符

常用的逻辑运算符见表 6-3。

表 6-3 常用逻辑运算符

运 算 符	描 述
AND	与运算，两个操作数都为真，结果为真
OR	或运算，两个操作数只要有一个为真，结果即为真
NOT	取反

【例 6-5】 查询岗位为 SALESMAN 或 CLERK，并且工资小于 2 000 的员工。

```
SELECT empno, ename, job
FROM scott.emp
WHERE (job='SALESMAN'OR job='CLERK') AND sal<2000;
```

4. 连接运算符

连接运算符由两个竖线组成：||。用来将两个字符串连接起来，形成一个新的字符串。

【例 6-6】 执行下面语句，系统将完整显示今天的日期。

```
SELECT "今天是"||sysdate  FROM dual;
```

6.2 Oracle 常用内置函数

Oracle 内置函数为用户提供了强大的工具，可以用来完成数据计算、数据转换、汇总统计等，且增强了查询功能。Oracle 内置函数主要包括数值函数、字符串函数、日期时间函数、聚合函数、转换函数、空值函数、decode()函数等 7 类函数。

6.2.1 数值函数

数值函数主要用于执行各类数据计算，常用的数值函数见表 6-4。

表 6-4　常用数值函数

函　　数	功　　能	示　　例
ABS(数字表达式)	返回数字表达式的绝对值	ABS(−9.5)=9.5
CEIL(数字表达式)	返回大于或等于数字表达式的最小整数值	CEIL(99.001)=100
FLOOR(数字表达式)	返回小于或等于数字表达式的最大整数值	FLOOR(99.99)=99
POWER(x,y)	返回 x 的 y 次方	POWER(5,3)=125
MOD(x,y)	返回 x 除以 y 的余数，若 y=0，则返回 x	MOD(25,4)=1
ROUND(x[,y])	四舍五入。结果近似到 y 指定的小数位	ROUND(123.554,0)=124 ROUND(123.554,1)=123.6 ROUND(123.554,2)=123.55
SIGN(x)	根据 x 的值是正数、零或负数， 返回 1、0 或−1	SIGN(−12.1)= −1
TRUNC(x [, y])	根据 y 的值，从 x 中截断指定的位数	TRUNC(123.554)=123 TRUNC(123.554,1)=123.5 TRUNC(123.554,−1)=120

【例 6−7】 对数值进行取整。

```
SELECT CEIL(67.4),FLOOR(99.99), ROUND(74.6,0),ROUND(123456,-2),TRUNC(-34.5)
FROM DUAL;
```

运行结果如图 6−1 所示。

```
SQL> SELECT CEIL(67.4),FLOOR(99.99), ROUND(74.6,0),ROUND(123456,-2),TRUNC(-34.5)
  2  FROM DUAL;

CEIL(67.4) FLOOR(99.99) ROUND(74.6,0) ROUND(123456,-2) TRUNC(-34.5)
---------- ------------ ------------- ---------------- ------------
        68           99            75           123500          -34
```

图 6−1　取整运算

6.2.2　字符串函数

字符串函数是专门用于字符处理的函数，处理的对象可以是字符或字符串常量、变量，也可以是表或视图中的列。常用的字符串函数见表 6−5。

表 6−5　常用字符串函数

函　　数	功　　能	示　　例
ASCII(字符串表达式)	返回字符串首字符的 ASCII 码	ASCII('ABCD') 返回值：65
CONCAT(字符串 1,字符串 2)	将两个字符串进行连接	CONCAT('AB','CD') 返回值：'ABCD'
SUBSTR(字符串表达式, 起始位置,长度)	返回从指定位置开始， 指定长度的字符串	SUBSTR('ABCDEF',3,2) 返回值：'CD'
LENGTH(字符串表达式)	返回字符的个数，不包含尾部空格	LENGTH('ABC DE ') 返回值：6

续表

函　数	功　能	示　例
LTRIM(字符串表达式)	返回删除了前导空格后的字符串	LTRIM(' AB CD ') 返回值：'AB CD '
RTRIM(字符串表达式)	返回删除了尾部空格后的字符串	RTRIM(' AB CD ') 返回值：' AB CD'
UPPER(字符串表达式)	返回字符串表达式的大写形式	UPPER('Microsoft') 返回值：'MICROSOFT'
LOWER(字符串表达式)	返回字符串表达式的小写形式	LOWER('Microsoft') 返回值：'microsoft'
INSTR(字符串表达式 1, 字符串表达式 2［,起始位置］)	查找并返回字符串表达式 2 在字符串表达式 1 中的位置，找不到则返回 0	INSTR('中华人民共和国', '人民')返回值：3
REPLACE(字符串表达式 1, 字符串表达式 2,字符串表达式 3)	把字符串表达式 1 中出现的所有字符串表达式 2 用字符串表达式 3 替换	replace('Microsoft Word Microsoft Excel','Microsoft'，'MS') 返回值：'MS Word MS Excel'
LPAD(字符串表达式, 长度,填充字符)	在字符串的左侧填充指定字符，达到指定长度	LPAD('ORACLE',10,'*') 返回值：****ORACLE

【例 6-8】 字符串函数示例。

```
SELECT empno, ename, sal
FROM scott.emp
WHERE UPPER(ename) LIKE 'S%';
```

运行结果如图 6-2 所示。

```
SQL> SELECT empno, ename, sal
  2  FROM scott.emp
  3  WHERE UPPER(ename) LIKE 'S%';

     EMPNO ENAME             SAL
---------- ---------- ----------
      7369 SMITH             800
      7788 SCOTT            3000
```

图 6-2　字符串函数

6.2.3　日期时间函数

常用的日期时间函数见表 6-6。

表 6-6　常用日期时间函数

函　数	功　能	示　例
SYSDATE	返回当前系统的日期和时间	
TO_DATE(string,fmt)	返回将字符串 string 转换成以 fmt 指定形式的日期	TO_DATE('2022-1-1','YYYY-MM-DD')

续表

函　　数	功　　能	示　　例
TO_CHAR(d, fmt)	返回将日期型数据 d 转换成 fmt 指定形式的字符串	TO_CHAR(SYSDATE, 'YYYY') 将返回当前日期的年份
MONTHS_BETWEEN(d1, d2)	返回两个日期 d1 和 d2 相差的月数	MONTHS_BETWEEN(SYSDATE, TO_DATE('2000-1-1', 'YYYY-MM-DD')) 返回当前日期距离 2000 年 1 月 1 日的月数

【例 6-9】 通过 TO_CHAR()获取年、月、日、时、分、秒的信息。

```
SELECT '1 日期转化为字符串', TO_CHAR(SYSDATE,'YYYY-MM-DD HH24:MI:SS') as nowTime FROM dual
union
SELECT '2 获取时间的年',TO_CHAR(SYSDATE, 'YYYY') as nowYear  FROM dual
union
SELECT '3 获取时间的月', TO_CHAR(SYSDATE, 'MM')  as nowMonth FROM dual
union
SELECT '4 获取时间的日',TO_CHAR(SYSDATE, 'DD')   as nowDay  FROM dual
union
SELECT '5 获取时间的时',TO_CHAR(SYSDATE, 'HH24') as nowHour FROM dual
union
SELECT '6 获取时间的分',TO_CHAR(SYSDATE, 'MI') as nowMinute FROM dual
union
SELECT '7 获取时间的秒',TO_CHAR(SYSDATE, 'SS') as nowSecond FROM dual
```

运行结果如图 6-3 所示。

	'1日期转化为字符串'	NOWTIME
1	1日期转化为字符串	2024-05-28 13:29:38
2	2获取时间的年	2024
3	3获取时间的月	05
4	4获取时间的日	28
5	5获取时间的时	13
6	6获取时间的分	29
7	7获取时间的秒	38

图 6-3　日期时间数据

【例 6-10】 获取季度信息。

```
SELECT TO_CHAR(SYSDATE,'Q') FROM dual;
-- 1 表第一季度，2 表示第二季度，依次类推。
```

【例 6-11】 获取两个日期间的天数。

```
SELECT FLOOR(TO_DATE('20250101', 'YYYYMMDD')-SYSDATE) FROM dual;
-- 返回距离 2025 年 1 月 1 日的天数
```

【例 6-12】 获取若干天前后的日期。

```
SELECT SYSDATE+20 FROM dual;  --表示 20 天后的日期
```

知识拓展：调整日期显示格式

（1）在 PL/SQL Developer 中，选择“工具”菜单中的“首选项”，然后选择“日期/时间”，在右侧选择“自定义”，输入日期时间格式。如图 6-4 所示。

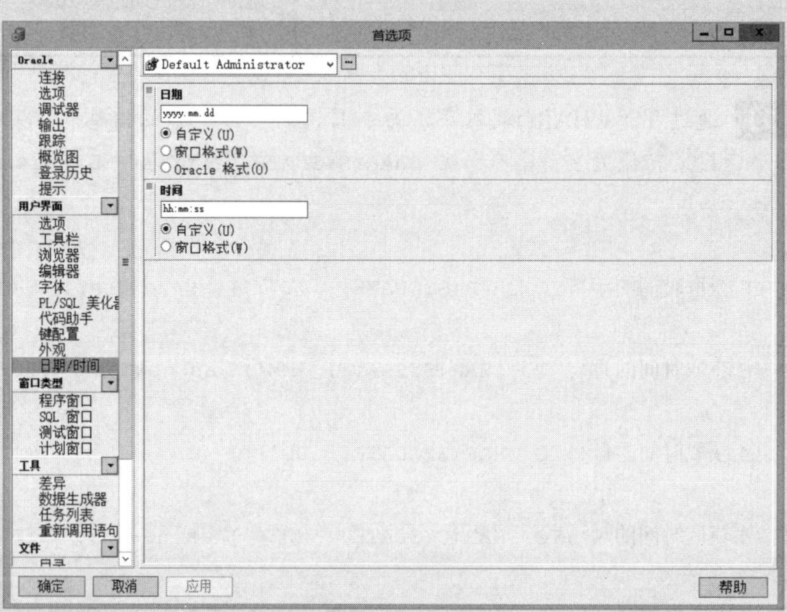

图 6-4　调整日期显示格式

（2）使用 SQL 语句调整日期时间显示格式。

```
ALTER SESSION SET NLS_DATE_FORMAT ='YYYY-MM-DD HH24:MI:SS';
```

6.2.4　聚合函数

聚合函数也称统计函数，用于对一组记录进行计算并返回汇总结果。常用的聚合函数见表 6-7。

表 6-7　常用聚合函数

函　数	功　能
AVG(列或列构成的表达式)	返回指定列或表达式的平均值
SUM(列或列构成的表达式)	返回指定列或表达式的和
MAX(列或列构成的表达式)	返回指定列或表达式的最大值
MIN(列或列构成的表达式)	返回指定列或表达式的最小值
COUNT(*)	返回行的总数
COUNT(列或列构成的表达式)	返回列或表达式不为空的行数

【例6-13】 聚合函数综合练习。

```
SELECT COUNT(*) as 员工人数, AVG(sal) as 平均工资, SUM(sal) as 工资总额, MAX(sal)
as 最高工资, MIN(sal) as 最低工资
FROM scott.emp;
```

6.2.5 转换函数

利用SQL语言可以实现数据类型之间的转换。常见的转换函数如下。

（1）TO_CHAR：将数值或日期类型转换成字符类型。

（2）TO_DATE：将字符转换成日期类型。

（3）TO_NUMBER：将字符转换成数值类型。

【例6-14】 转换函数示例。

```
SELECT TO_DATE('20-11-12', 'DD-MM-YY') FROM DUAL;
-- 结果是：2012-11-20 00:00:00
SELECT TO_DATE('20211225000000', 'YYYYMMDDHH24MISS') FROM DUAL;
-- 结果是：2021-12-25 00:00:00
SELECT TO_NUMBER('2006.37') FROM DUAL;
-- 结果是：2006.37
```

6.2.6 空值函数

1. NVL

【格式】NVL(表达式1,表达式2)

【执行过程】如果表达式1的值为空，则返回表达式2的值，否则返回表达式1的值。

【例6-15】 查询scott模式下员工的收入，其中收入是工资（sal列）+津贴（comm列）。

```
SELECT ename AS 姓名,sal+NVL(comm,0) as 收入
FROM scott.emp;
```

2. NVL2

【格式】NVL2(表达式1,表达式2,表达式3)

【执行过程】如果表达式1的计算结果不是NULL，则返回表达式2，否则返回表达式3。

【例6-16】 查询雇员的津贴。

```
SELECT empno, ename, NVL2(comm,comm,0)
FROM scott.emp;
```

6.2.7 decode()函数

【格式1】decode(表达式,条件值,结果1,结果2)

【执行过程】如果表达式和条件值相等，则返回结果1，否则返回结果2。

【例 6-17】 假设最低工资标准是 1500，若低于该值，则显示“低于最低工资标准”，否则显示“符合工资标准”。

```
SELECT ename, sal, decode(sign(sal-1499), -1, '低于最低工资标准','符合工资标准') as 工资标准符合情况
FROM scott.emp;
```

运行结果如图 6-5 所示。

信息　结果 1

ENAME	SAL	工资标准符合情况
SMITH	800	低于最低工资标准
ALLEN	1600	符合工资标准
WARD	1250	低于最低工资标准
JONES	2975	符合工资标准
MARTIN	1250	低于最低工资标准
BLAKE	2850	符合工资标准

图 6-5　decode ()函数运行结果 1

【格式 2】decode(表达式,值 1,结果 1,值 2,结果 2,...,默认值)

【执行过程】如果表达式和值 1 相等，则返回结果 1，如果和值 2 相等，则返回结果 2，……，如果和所有的值都不相等，则返回默认值。

【例 6-18】 查询雇员工资与平均工资比较情况。

```
SELECT ename, sal, decode(sign(sal-(SELECT avg(sal) FROM scott.emp)), 1,'高于平均工资', -1,'低于平均工资','等于平均工资') as 工资水平
FROM scott.emp;
```

运行结果如图 6-6 所示。

ENAME	工资水平	SAL
SMITH	低于平均工资	800
ALLEN	低于平均工资	1600
WARD	低于平均工资	1250
JONES	高于平均工资	2975
MARTIN	低于平均工资	1250
BLAKE	高于平均工资	2850
CLARK	高于平均工资	2450
SCOTT	高于平均工资	3000
KING	高于平均工资	5000

图 6-6　decode ()函数运行结果 2

6.3　数据查询

在数据库应用中，数据查询是最常用的核心操作。数据查询主要通过 SELECT 语句来实现，该语句由多个子句构成，通过这些子句可以完成筛选、投影、连接等多种数据操作，

最终得到用户想要的查询结果。

【格式】

```
SELECT  [ALL | DISTINCT] 查询列表 | *
FROM 表名 | 视图名 | SELECT 语句
[WHERE  查询条件]
[GROUP BY  列名 1, 列名 2…]
[HAVING 组过滤条件]
[ORDER BY 列或表达式…]
```

【说明】

- SELECT 子句：用于选择数据表或视图中的列。
- ALL：表示显示所有查询结果。
- DISTINCT：表示去除查询结果中集中的重复行。
- FROM 子句：用来指定数据来源。
- WHERE 子句：用于设置检索条件。
- GROUP BY 子句：用于对检索结果进行分组显示（分组汇总）。
- HAVING 子句：用于从使用 GROUP BY 子句分组后的查询结果中筛选数据行。
- ORDER BY 子句：用来对结果集进行排序（ASC 升序或 DESC 降序）。

下面将使用 SCOTT 模式下的表进行演示，对各种子句和查询方式进行详细介绍。

SCOTT 模式下有 3 个表，表的结构及关系如图 6-7 所示。

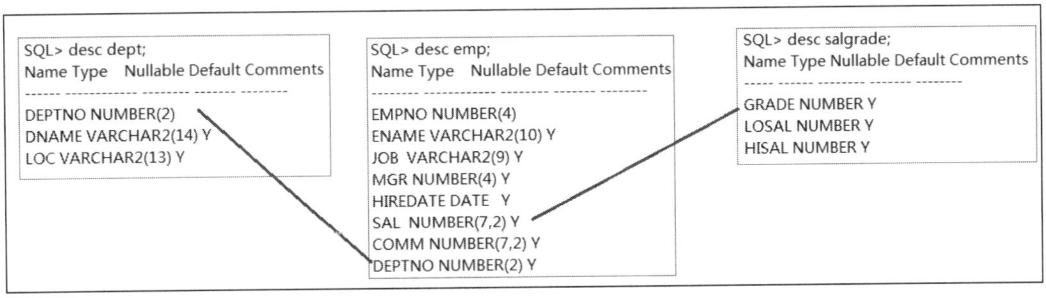

图 6-7　SCOTT 模式下的表及表间关系

6.3.1　简单查询

【格式】

```
SELECT  [ALL | DISTINCT] 查询列表 | *
FROM 表名 | 视图名 | SELECT 语句
[WHERE  查询条件]
[ORDER BY 列或表达式]
```

1. 查询所有列

“*” 代表所有列。

【例 6-19】 查询 scott 模式下 dept 表中的全部记录。

```
SELECT * FROM scott.dept;
```

2. 查询指定列

【例 6-20】 查询 scott 模式下 emp 表中的员工姓名、工号和职务。

```
SELECT ename, empno, job FROM scott.emp;
```

3. 清除查询结果中的重复行

使用 DISTINCT 可以对查询结果进行去重。

【例 6-21】 查询 scott 模式下的 emp 表中的 job 列。

```
SELECT job FROM scott.emp; -- 查询所有工作类型，不去重
SELECT DISTINCT job FROM scott.emp; -- 查询所有工作类型，去重
```

查询结果对比如图 6-8 所示。

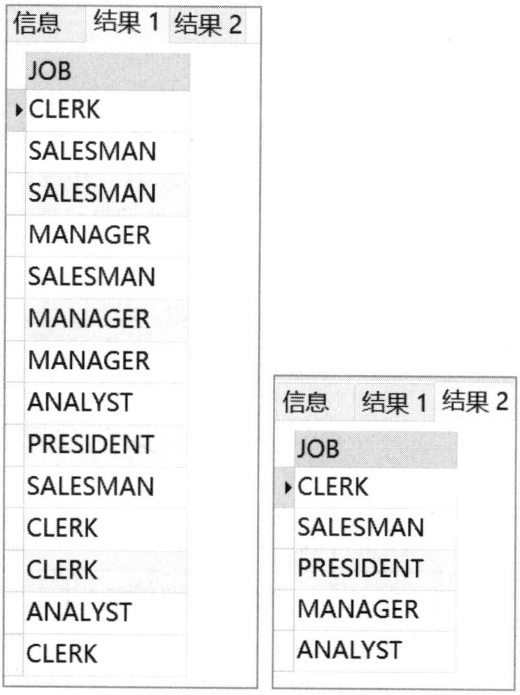

图 6-8　DISTINCT 参数对查询结果的影响

4. 查询表达式的值

【例 6-22】 查询 scott 模式下 emp 表中的员工姓名、工号、收入（sal+comm）和工龄（hiredate 列表示入职时间）。

```
SELECT ename , empno a,comm, sal+NVL(comm,0),
CEIL(MONTHS_BETWEEN(SYSDATE, hiredate)/12)
FROM scott.emp;
```

运行结果如图 6-9 所示。

ENAME	A	COMM	SAL+NVL(COM	CEIL(MONTHS
SMITH	7369	(Null)	800	42
ALLEN	7499	300	1900	41
WARD	7521	500	1750	41
JONES	7566	(Null)	2975	41
MARTIN	7654	1400	2650	41
BLAKE	7698	(Null)	2850	41
CLARK	7782	(Null)	2450	41
SCOTT	7788	(Null)	3000	35
KING	7839	(Null)	5000	41
TURNER	7844	0	1500	41
ADAMS	7876	(Null)	1100	35
JAMES	7900	(Null)	950	41
FORD	7902	(Null)	3000	41
MILLER	7934	(Null)	1300	40

图 6-9 DISTINCT 参数对查询结果的影响

5. 为查询结果起别名

可以使用 as 或者空格为查询结果起别名。

【例 6-23】 查询 scott 模式下 emp 表中的员工姓名、工号、收入（sal+comm）和工龄（hiredate 列表示入职时间）。

```
SELECT ename 姓名, empno as 工号, sal+NVL(comm,0) as 收入, CEIL(MONTHS_BETWEEN
(SYSDATE, hiredate)/12) as 工龄
FROM scott.emp;
```

运行结果如图 6-10 所示。

姓名	工号	收入	工龄
SMITH	7369	800	42
ALLEN	7499	1900	41
WARD	7521	1750	41
JONES	7566	2975	41
MARTIN	7654	2650	41
BLAKE	7698	2850	41
CLARK	7782	2450	41
SCOTT	7788	3000	35

图 6-10 为查询结果起别名

6. 设置查询条件

查询条件的种类有多种，可以结合使用。

1）比较表达式

可以使用的比较运算符包括：>、>=、<、<=、=、<>、! =。

【例 6-24】 查询 1980 年入职的员工。

```
SELECT * FROM emp WHERE TO_CHAR(hiredate, 'YYYY')=1980;
```

2）模式匹配

[格式] 字符串 1[NOT]LIKE 字符串 2

在 WHERE 子句中使用 LIKE 关键字查询数据的方式称为字符串模式匹配或模糊查询，LIKE 中可以使用以下两个通配符：

（1）%：代表 0 个或多个字符。

（2）_：代表任意单个字符。

【例 6-25】 查询员工号以“66”结尾的员工信息。

```
SELECT * FROM emp WHERE empno LIKE '%66'
```

3）范围比较

需要返回某一个数据值是否位于两个给定的值之间，可以使用范围条件进行检索，通常使用 BETWEEN...AND...和 NOT BETWEEN...AND...来指定范围条件。

[格式] [NOT] BETWEEN 表达式 1 AND 表达式 2

【例 6-26】 查询员工高于 3 000 或低于 1 200 的员工信息。

```
SELECT  empno, ename, job, sal
FROM emp
WHERE sal NOT BETWEEN 1200 AND 3000;
```

4）集合运算符

当测试一个数据值是否匹配一组目标值中的一个时，通常使用 IN 运算符来指定列表搜索条件。

[格式] [NOT] IN(值 1,值 2,…)

【例 6-27】 查询职务为 PRESIDENT 或 MANAGER 或 ANALYST 的员工信息。

```
SELECT * FROM emp WHERE job IN(PRESIDENT,MANAGER,ANALYST);
```

5）空值判断

空值表示未知的值，但空值与空字符串不同，因为空值是不确定的值，而空字符串是长度为 0 的字符串。对空值的判断要使用专门的运算符 IS NULL 或 IS NOT NULL。

【例 6-28】 查询津贴（comm 列）未填写的员工信息。

```
SELECT empno, ename, job, deptno
FROM emp
WHERE comm IS NULL;
```

6）逻辑运算符

在表达多个条件时，经常使用逻辑运算符 AND、OR、NOT，表示多个条件进行与、或、非运算。

【例 6-29】 查询 10 号部门，工资高于 3 000 或低于 1 200 的员工信息。

```
SELECT  empno, ename, job, sal
FROM emp
WHERE deptno=10 AND (sal>3000 OR sal<1200);
```

7. 查询结果排序

在检索数据时，查询结果将按默认顺序排列，如果希望对查询结果进行排序，则需要在 SELECT 语句的最后使用 ORDER BY 子句。

【格式】

```
SELECT 查询列表
FROM 表名
[WHERE 查询条件]
ORDER BY 排序表达式 [ASC | DESC]
```

【说明】ASC 表示升序，DESC 表示降序。默认是升序。

【例 6-30】 查询 emp 表中员工号、姓名、工资及入职时间，并将查询结果按入职时间从低到高排列。

```
SELECT empno, ename, sal, hiredate
FROM emp
ORDER BY hiredate;
```

【例 6-31】 查询 emp 表中员工的年工资，并按部门号升序、年工资降序排列。

```
SELECT empno, ename, deptno, sal*12 as annualSalary
FROM emp
ORDER BY deptno ASC, 4 DESC;
```

知识拓展：rownum 的用法

问题：如何查询前 n 条记录？

Oracle 的 SELECT 语句中，没有提供能够选取查询结果中前 n 条记录的选项，如果需要查询前 n 条记录，可以通过伪列 rownum 实现。

rownum 是 Oracle 系统为查询返回的行顺序分配的编号，返回的第一行分配的是 1，返回的第二行分配的是 2。这个字段可以用于限制返回查询的总行数，且 rownum 不可以以任何表的名称作为前缀。

【例 6-32】 查询工资最低的 5 名员工。

```
SELECT rownum,t.* FROM emp t WHERE rownum<=5
```

运行结果如图 6-11 所示。

ROWNUM	EMPNO	ENAME	JOB	MGR	HIREDATE	SAL	COMM	DEPTNO
1	7369	SMITH	CLERK	7902	1980/12/17	800.00		20
2	7499	ALLEN	SALESMAN	7698	1981/2/20	1600.00	300.00	30
3	7521	WARD	SALESMAN	7698	1981/2/22	1250.00	500.00	30
4	7566	JONES	MANAGER	7839	1981/4/2	2975.00		20
5	7654	MARTIN	SALESMAN	7698	1981/9/28	1250.00	1400.00	30

图 6-11 rownum 的使用

rownum 是在读取数据时产生的序号，所以想选取排序后的前 n 行，不能直接使用 rownum 伪列。

例如：

```
SELECT rownum, t.* FROM SCOTT.emp t ORDER BY t.sal
```

结果如图 6-12 所示。

ROWNUM	EMPNO	ENAME	JOB	MGR	HIREDATE	SAL	COMM	DEPTNO
12	7900	JAMES	CLERK	7698	1981-12-03	950.00		30
1	7369	SMITH	CLERK	7902	1992-01-10	1000.00		20
11	7876	ADAMS	CLERK	7788	1987-05-23	1100.00		20
3	7521	WARD	SALESMAN	7698	1981-02-22	1250.00	500.00	30
5	7654	MARTIN	SALESMAN	7698	1981-09-28	1250.00	1400.00	30
14	7934	MILLER	CLERK	7782	1982-01-23	1300.00		10
10	7844	TURNER	SALESMAN	7698	1981-09-08	1500.00	0.00	30
2	7499	ALLEN	SALESMAN	7698	1981-02-20	1600.00	300.00	30
7	7782	CLARK	MANAGER	7839	1981-06-09	2450.00		10
6	7698	BLAKE	MANAGER	7839	1981-05-01	2850.00		30
4	7566	JONES	MANAGER	7839	1981-04-02	2975.00		20
8	7788	SCOTT	ANALYST	7566	1987-04-19	3000.00		20
13	7902	FORD	ANALYST	7566	1981-12-03	3000.00		20
9	7839	KING	PRESIDENT		1981-11-17	5000.00		10

图 6-12　在排序结果中 rownum 的值

对于这个查询语句，rownum 并不是按排序生成的序号，是按照记录读取时的顺序给记录排的号。为了解决这个问题，必须使用子查询，从排序后的记录中选取前 n 条记录。

本例题的正确代码如下：

```
SELECT rownum, t.*
FROM (SELECT * FROM emp  ORDER BY sal )  t
WHERE rownum<=5;
```

6.3.2　连接查询

根据关系数据库的规范化设计原则，数据被合理地分散存放在不同的表中，这些表之间有一定的关联。在实际应用中，往往需要从多个表中获取数据，这就需要进行多表连接查询（也称为关联查询）。

连接查询主要有 3 种方式：内连接、外连接、交叉连接。其中外连接又包括左外连接、右外连接、全外连接。

1. 内连接

内连接是一种常用的多表连接查询的方式，如果两个表的连接只返回相匹配的行，则称该连接为内连接。一般使用关键字 INNER JOIN 来实现，其中 INNER 可以省略。

【格式 1】

```
SELECT 查询列表
FROM 表 1  [INNER]  JOIN 表 2 ON 连接条件
```

【格式 2】

```
SELECT 查询列表
FROM 表 1, 表 2
WHERE 连接条件
```

【例 6-33】 在 scott 模式下，查询岗位为“MANAGER”员工的员工号、姓名、部门编号和部门名称。

分析：由图 6-7 可知，员工号 empno、姓名 ename、部门编号 deptno 可以在 emp 表中获取，而部门名称 dname 则在 dept 表中，因此需要对两个表进行连接查询。

```
SELECT empno, ename, deptno, dname
FROM emp join dept ON emp.deptno=dept.deptno
WHERE job='MANAGER';
```

运行结果如图 6-13 所示。

```
SQL> SELECT empno, ename, deptno, dname
  2  FROM emp join dept ON emp.deptno=dept.deptno
  3  WHERE job='MANAGER';
SELECT empno, ename, deptno, dname
                         *
第 1 行出现错误:
ORA-00918: 未明确定义列
```

图 6-13　查询出错

从图 6-13 可以看到，运行出现了错误。

在多表连接查询时，如果多个表中存在同名的列，则必须使用表名来限定列的引用。如上例，emp 和 dept 两个表中都有 deptno 列，那么当使用该列连接查询两个表时，就需要通过指定表名来区分这两个列的归属。为了方便引用表名，SQL 语言提供了设定表别名的机制，可使用简短的别名代替原来较长的表名，简化代码。

代码修改如下：

```
SELECT empno, ename, d.deptno, dname
FROM emp e  join dept d  ON e.deptno=d.deptno
WHERE job='MANAGER';
```

【例 6-34】 在 hospital 模式下，查询发热病人的诊断记录信息，包括病人信息（病人编号、姓名、身份证号码）、诊断信息（诊断日期时间、病人症状）及医生信息（医生编号、医生姓名）。

分析：hospital 模式下的表结构及表之间的关系如图 6-14 所示。要查询的信息分别存储在病人信息表（BRXXB）、诊断表（ZDB）及医生信息表（YSXXB）中，故需要对 3 个表进行内连接查询。

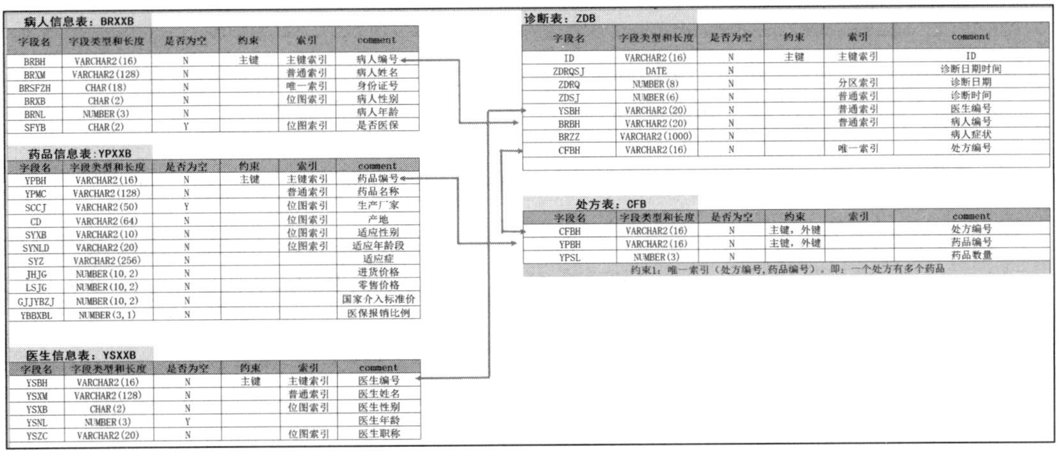

病人信息表：BRXXB

字段名	字段类型和长度	是否为空	约束	索引	comment
BRBH	VARCHAR2(16)	N	主键	主键索引	病人编号
BRXM	VARCHAR2(128)	N		普通索引	病人姓名
BRSFZH	CHAR(18)	N		唯一索引	身份证号
BRXB	CHAR(2)	N		位图索引	病人性别
BRNL	NUMBER(3)	N			病人年龄
SFYB	CHAR(2)	Y		位图索引	是否医保

药品信息表：YPXXB

字段名	字段类型和长度	是否为空	约束	索引	comment
YPBH	VARCHAR2(16)	N	主键	主键索引	药品编号
YPMC	VARCHAR2(128)	N		普通索引	药品名称
SCCJ	VARCHAR2(50)	Y		位图索引	生产厂家
CD	VARCHAR2(64)	N		位图索引	产地
SYXB	VARCHAR2(10)	N		位图索引	适应性别
SYNLD	VARCHAR2(20)	N		位图索引	适应年龄段
SYZ	VARCHAR2(256)	N			适应症
JHJG	NUMBER(10,2)	N			进货价格
LSJG	NUMBER(10,2)	N			零售价格
GJJYBZJ	NUMBER(10,2)	N			国家介入标准价
YBBXBL	NUMBER(3,1)	N			医保报销比例

医生信息表：YSXXB

字段名	字段类型和长度	是否为空	约束	索引	comment
YSBH	VARCHAR2(16)	N	主键	主键索引	医生编号
YSXM	VARCHAR2(128)	N		普通索引	医生姓名
YSXB	CHAR(2)	N		位图索引	医生性别
YSNL	NUMBER(3)	Y			医生年龄
YSZC	VARCHAR2(20)	N		位图索引	医生职称

诊断表：ZDB

字段名	字段类型和长度	是否为空	约束	索引	comment
ID	VARCHAR2(16)	N	主键	主键索引	ID
ZDRQSJ	DATE	N			诊断日期时间
ZDRQ	NUMBER(8)	N		分区索引	诊断日期
ZDSJ	NUMBER(6)	N		普通索引	诊断时间
YSBH	VARCHAR2(20)	N		普通索引	医生编号
BRBH	VARCHAR2(20)	N		普通索引	病人编号
BRZZ	VARCHAR2(1000)	N			病人症状
CFBH	VARCHAR2(16)	N		唯一索引	处方编号

处方表：CFB

字段名	字段类型和长度	是否为空	约束	索引	comment
CFBH	VARCHAR2(16)	N	主键，外键		处方编号
YPBH	VARCHAR2(16)	N	主键，外键		药品编号
YPSL	NUMBER(3)	N			药品数量

约束1：唯一索引（处方编号，药品编号），即：一个处方有多个药品

图 6-14　hospital 模式下的表结构及表之间的关系

```
SELECT  B.BRBH, BRXM, BRSFZH, ZDRQSJ, BRZZ, Y.YSBH, YSXM
FROM BRXXB B JOIN ZDB Z ON B.BRBH=Z.BRBH JOIN YSXXB Y ON Z.YSBH=Y.YSBH
WHERE BRZZ LIKE '%发热%'
```

内连接还有两种特殊情况：自连接和不等值连接。

1）自连接

自连接即一个表和自身进行连接。

【例 6-35】 查询 emp 表每个员工的上司，给出上司的名字（ename）和职位（job）。

分析：mgr 列表示该员工的上司的员工号，数据都来自同一张表，如图 6-15 所示。

名称	类型
EMPNO	NUMBER(4)
ENAME	VARCHAR2(10)
JOB	VARCHAR2(9)
MGR	NUMBER(4)
HIREDATE	DATE
SAL	NUMBER(7,2)
COMM	NUMBER(7,2)
DEPTNO	NUMBER(2)

名称	类型
EMPNO	NUMBER(4)
ENAME	VARCHAR2(10)
JOB	VARCHAR2(9)
MGR	NUMBER(4)
HIREDATE	DATE
SAL	NUMBER(7,2)
COMM	NUMBER(7,2)
DEPTNO	NUMBER(2)

图 6-15　自连接查询

代码如下：

```
SELECT t1.empno, t1.ename, t2.ename as leader, t2.job as leader_job
FROM emp t1 INNER JOIN emp t2 ON t1.mgr=t2.empno;
```

2）不等值连接

在使用内连接的时候，连接条件可以是不等值连接，即连接条件不是基于相关联列的值相等。

【例 6-36】 查询员工的员工号、姓名、职位和工资等级。

分析：员工的工资信息存放在 emp 表 sal 列，sal 列表示的是具体的工资，工资等级信息保存在 salgrade 表中，其中 grade、losal 和 hisal 三个列分别表示工资等级、最低工资和最高工资。两个表没有直接关联的列，而是要查看工资介于哪个等级区间。代码如下。

```
SELECT empno, ename, job, sal, grade
FROM emp t1 INNER JOIN salgrade t2
ON sal BETWEEN losal AND hisal;
```

2. 外连接

内连接是删除了所有不符合连接条件的行，只返回满足连接条件的行作为结果集。而外连接返回的结果集除包括符合连接条件的行外，还会返回 FROM 子句中至少一个表（或视图）的所有行，无论它们是否满足连接条件。

【格式】

```
SELECT 查询列表
FROM  表 1 {LEFT | RIGHT | FULL} JOIN 表 2
ON 连接条件
```

【说明】

● 在外连接的两个表中，一个为主表，另一个为从表。

● 连接时，用主表的每一行数据去匹配从表，如果从表的数据行满足与主表该行的连接条件，则将相关数据返回结果记录集中；如果从表的所有数据行都不满足与主表某行的连接条件，则主表该行的数据仍在结果记录集中，但在结果集中该行涉及的从表列的数据用 NULL 填充。

【例 6-37】 在 emp 表中插入一条新的记录，该员工没有分配部门，即相应的部门信息为空；在 dept 表中也插入一条新记录，表示新成立的部门。代码如下。

```
INSERT INTO EMP(empno, ename, job) VALUES(8001, 'ALICE','SALESMAN');
INSERT INTO DEPT(deptno, dname, loc) VALUES(50,'MARKETING','NEW YORK');
```

1）左外连接

左外连接的查询结果，包含了满足连接条件的数据行和左表中不满足连接条件的数据行。

【例 6-38】 查询 emp 表中所有员工信息，包括未分配部门员工。

```
SELECT e.empno, ename, job, d.deptno, dname
FROM emp e LEFT JOIN dept d ON e.deptno=d.deptno;
```

运行结果如图 6-16 所示。

EMPNO	ENAME	JOB	DEPTNO	DNAME
7934	MILLER	CLERK	10	ACCOUNTING
7839	KING	PRESIDENT	10	ACCOUNTING
7782	CLARK	MANAGER	10	ACCOUNTING
7902	FORD	ANALYST	20	RESEARCH
7876	ADAMS	CLERK	20	RESEARCH
7788	SCOTT	ANALYST	20	RESEARCH
7566	JONES	MANAGER	20	RESEARCH
7369	SMITH	CLERK	20	RESEARCH
7900	JAMES	CLERK	30	SALES
7844	TURNER	SALESMAN	30	SALES
7698	BLAKE	MANAGER	30	SALES
7654	MARTIN	SALESMAN	30	SALES
7521	WARD	SALESMAN	30	SALES
7499	ALLEN	SALESMAN	30	SALES
8001	ALICE	SALESMAN		

图 6-16 左外连接

2）右外连接

右外连接的查询结果，包含了满足连接条件的数据行和右表中不满足连接条件的数据行。

【例 6-39】 查询所有部门信息和部门员工信息，包括没有员工的部门。

```
SELECT e.empno, ename, job, d.deptno, dname
FROM emp e RIGHT JOIN dept d ON e.deptno=d.deptno;
```

运行结果如图 6-17 所示。

EMPNO	ENAME	JOB	DEPTNO	DNAME
7782	CLARK	MANAGER	10	ACCOUNTING
7934	MILLER	CLERK	10	ACCOUNTING
7839	KING	PRESIDENT	10	ACCOUNTING
7566	JONES	MANAGER	20	RESEARCH
7369	SMITH	CLERK	20	RESEARCH
7788	SCOTT	ANALYST	20	RESEARCH
7902	FORD	ANALYST	20	RESEARCH
7876	ADAMS	CLERK	20	RESEARCH
7521	WARD	SALESMAN	30	SALES
7844	TURNER	SALESMAN	30	SALES
7499	ALLEN	SALESMAN	30	SALES
7900	JAMES	CLERK	30	SALES
7654	MARTIN	SALESMAN	30	SALES
7698	BLAKE	MANAGER	30	SALES
			40	OPERATIONS
			50	MARKETING

图 6-17　右外连接

3）完全外连接

完全外连接的查询结果，包含了满足连接条件的数据行和两个表中不满足连接条件的数据行。

【例 6-40】 查询所有部门信息和所有员工信息。

```
SELECT e.empno, ename, job, d.deptno, dname
FROM emp e RIGHT JOIN dept d ON e.deptno=d.deptno;
```

运行结果如图 6-18 所示。

EMPNO	ENAME	JOB	DEPTNO	DNAME
7369	SMITH	CLERK	20	RESEARCH
7499	ALLEN	SALESMAN	30	SALES
7521	WARD	SALESMAN	30	SALES
7566	JONES	MANAGER	20	RESEARCH
7654	MARTIN	SALESMAN	30	SALES
7698	BLAKE	MANAGER	30	SALES
7782	CLARK	MANAGER	10	ACCOUNTING
7788	SCOTT	ANALYST	20	RESEARCH
7839	KING	PRESIDENT	10	ACCOUNTING
7844	TURNER	SALESMAN	30	SALES
7876	ADAMS	CLERK	20	RESEARCH
7900	JAMES	CLERK	30	SALES
7902	FORD	ANALYST	20	RESEARCH
7934	MILLER	CLERK	10	ACCOUNTING
8001	ALICE	SALESMAN		
			50	MARKETING
			40	OPERATIONS

图 6-18　完全外连接

3. 交叉连接

交叉连接是不需要任何连接条件的连接，连接执行的结果就是一个笛卡尔积，通过 WHERE 子句可以过滤出需要的记录信息。

【格式】

```
SELECT 查询列表
FROM 表 1 CROSS JOIN 表 2
```

【例 6-41】 假设有一个学员信息表（学号，姓名），一个课程信息表（课程号，课程名），若每个学员都要学习所有课程，则可以使用交叉连接生成成绩表（学号，课程号，成绩）。

```
CREATE TABLE 成绩表(学号,课程号,成绩)
AS
SELECT 学号,课程号,0
FROM 学员信息表 CROSS JOIN 课程信息表;
```

6.3.3　分组查询

在对数据库进行查询时，经常需要查询汇总信息。数据分组的目的是用来汇总数据或为每个分组显示单行的汇总信息。该操作通常使用 GROUP BY 子句来实现。

【格式】

```
SELECT 查询列表
FROM 表或视图
[WHERE 查询条件]
GROUP BY 分组列或表达式
HAVING 组筛选条件
```

1. 简单汇总查询

不使用 GROUP BY 子句，将查询结果直接进行汇总。

【例 6-42】 查询 cmp 表中员工的数量。

```
SELECT COUNT(*) AS 员工数量
FROM emp;
```

【例 6-43】 查询 RESEARCH 部门员工的最低和最高工资。

```
SELECT MAX(sal), MIN(sal)
FROM emp e JOIN dept d ON e.deptno=d.deptno
WHERE dname='RESEARCH';
```

2. 分组查询

如果需要对数据进行分类统计，则需要使用 GROUP BY 子句进行分组聚合。

在使用 GROUP BY 子句时，需要注意：

（1）SELECT 子句的后面只可以有两类表达式，即聚合函数和进行分组的列名或表达式。

（2）SELECT 子句中的列名必须是进行分组的列，也就是除了聚合函数，其余出现在 SELECT 中的列，都要出现在 GROUP BY 后面。

（3）默认情况下，将按 GROUP BY 子句中指定的分组列升序排列，如果需要重新排序，可以使用 ORDER BY 子句指定新的排列顺序。

【例 6-44】 查询每个部门员工数量、工资总额。

```
SELECT d.deptno, dname, count(*), sum(sal)
FROM dept d join emp e ON d.deptno=e.deptno
GROUP BY d.deptno, dname;
```

运行结果如图 6-19 所示。

DEPTNO	DNAME	COUNT(*)	SUM(SAL)
10	ACCOUNTING	3	8750
20	RESEARCH	5	10875
30	SALES	6	9400

图 6-19　分组汇总查询结果

【例 6-45】 查询不同岗位员工的平均工资、最高和最低工资，并按平均工资降序排列。

```
SELECT job, avg(sal), max(sal), min(sal)
FROM emp
GROUP BY  job
ORDER BY avg(sal) desc;
```

3. 分组筛选

HAVING 子句与 GROUP BY 子句一起使用，可以对分组结果做进一步筛选。

【例 6-46】 查询员工人数少于或等于 4 人的部门。

```
SELECT e.deptno 部门编号, dname as 部门名称, count(*) as 员工数量
FROM emp e inner join dept d on e.deptno=d.deptno
GROUP BY e.deptno, dname
HAVING count(*)<=4;
```

4. 高级分组统计

仅使用 GROUP BY 子句，可以实现分组统计结果，但是无法呈现总计和小计。

【例 6-47】 统计不同部门、不同岗位的工资总额。

```
SELECT job, deptno, sum(sal) as total_sal
FROM emp
GROUP BY job, deptno;
```

运行结果如图 6-20 所示。

JOB	DEPTNO	TOTAL_SAL
MANAGER	20	2975
PRESIDENT	10	5000
CLERK	10	1300
SALESMAN	30	5600
ANALYST	20	6000
MANAGER	30	2850
MANAGER	10	2450
CLERK	30	950

图 6-20　仅使用 GROUP BY 子句的分组结果

若在 GROUP BY 中使用 ROLLUP 运算符，则可以生成分组统计、横向小计和总计统计。

【例 6-48】 在 emp 表中，统计各部门每个岗位的工资总额、每岗位的工资总额、所有雇员的工资总额。

```
SELECT job, deptno, sum(sal) as total_sal
FROM emp
GROUP BY ROLLUP(job, deptno);
```

运行结果如图 6-21 所示，其中划线部分为小计结果，最后一行是总计结果。

```
SQL> SELECT job, deptno, sum(sal) as total_sal
  2  FROM emp
  3  GROUP BY ROLLUP(job,deptno);

JOB           DEPTNO  TOTAL_SAL
--------- ---------- ----------
CLERK             10       1300
CLERK             20       1900
CLERK             30        950
CLERK                      4150
ANALYST           20       6000
ANALYST                    6000
MANAGER           10       2450
MANAGER           20       2975
MANAGER           30       2850
MANAGER                    8275
SALESMAN          30       5600
SALESMAN                   5600
PRESIDENT         10       5000
PRESIDENT                  5000
                          29025

已选择15行。
```

图 6-21　使用 ROLLUP 运算符的统计结果

使用 CUBE 操作符，可以生成分组统计、横向小计、纵向小计及总计统计。

【例 6-49】 在 emp 表中，显示各部门各岗位的平均工资、部门平均工资、岗位平均工资、所有雇员平均工资。

```
SELECT deptno, job, avg(sal) as avg_sal
FROM emp
GROUP BY CUBE(deptno, job);
```

运行结果如图 6-22 所示。

其中第 1 行为全部数据统计结果，然后是按 job 分组统计的结果，后面是按 deptno 分组统计及按 deptno 和 job 分组统计的结果。

```
DEPTNO JOB          AVG_SAL
------ --------- ----------
                 2073.21429
       CLERK         1037.5
       ANALYST         3000
       MANAGER   2758.33333
       SALESMAN        1400
       PRESIDENT       5000
    10           2916.66667
    10 CLERK           1300
    10 MANAGER         2450
    10 PRESIDENT       5000
    20                 2175
    20 CLERK            950
    20 ANALYST         3000
    20 MANAGER         2975
    30           1566.66667
    30 CLERK            950
    30 MANAGER         2850
    30 SALESMAN        1400

已选择18行。
```

图 6-22　使用 CUBE 运算符的统计结果

6.3.4 子查询

在执行数据操作（包括查询、插入、删除、修改等）的过程中，如果某个操作需要依赖另一个 SELECT 语句的查询结果，那么就可以把 SELECT 语句嵌入到该操作语句中，从而形成子查询。

子查询也称为嵌套查询，可以实现一些复杂的查询逻辑。当基于一张表的查询依赖于另一个查询的数据或结果时，子查询可发挥重要作用。

子查询可分为单行子查询、多行子查询及相关子查询。

1. 单行子查询

在单行子查询中，子查询只返回单行单列的结果值，通常可以将其视为一个常量。这类子查询通常可以直接与比较运算符结合使用。

【例 6-50】 在 scott 模式下，在 emp 表中查询部门名称为“RESEARCH”的员工信息。

```
SELECT empno, ename, job
FROM emp
WHERE deptno = (SELECT deptno FROM dept WHERE dname=' RESEARCH');
```

【例 6-51】 查询与员工号为 7369 的员工在同一个部门的所有职员信息。

```
SELECT empno, ename, job
FROM SCOTT.emp
WHERE deptno=(SELECT deptno FROM emp where empno=7369);
```

【例 6-52】 查询低于平均工资的所有职员的员工号、姓名、岗位、工资及部门名称。

```
SELECT empno, ename, job, sal, dname
FROM emp join dept on emp.deptno=dept.deptno
WHERE sal<(SELECT avg( sal) FROM emp);
```

2. 多行子查询

多行子查询返回多行数据，一般用 IN、ANY、ALL 等运算符连接子查询。

1）使用 IN 运算符

IN 运算符表示与子查询返回值中的某一个值相等。

【例 6-53】 在 scott 模式下，查询工作地点在“NEW YORK”的员工信息。

```
SELECT *
FROM emp
WHERE deptno IN (SELECT deptno FROM dept WHERE loc='NEW YORK');
```

【例 6-54】 在 scott 模式下，查询在任职岗位上工资最高的员工。

```
SELECT empno, ename, job, sal
FROM emp
WHERE sal in (SELECT max(sal) FROM emp group by job);
```

2）使用 ANY 运算符

ANY 运算符表示匹配子查询的任何一个结果即可。

【例 6-55】 查询比 20 号部门任意一个员工工资高的员工。

```
SELECT empno, ename, job, sal, deptno
FROM emp
WHERE deptno<>20 and sal>ANY (SELECT sal FROM emp WHERE deptno=20) ;
```

3）使用 ALL 运算符

ALL 运算符表示与子查询返回的所有值进行比较。

【例 6-56】 查询比 20 号部门所有员工工资高的员工信息。

```
SELECT empno, ename, job, sal, deptno
FROM emp
WHERE deptno<>20 and sal>ALL (SELECT sal FROM emp WHERE deptno=20) ;
```

3. 相关子查询

在单行和多行子查询中，子查询（内查询）与父查询（外查询）是独立执行的，父查询仅依赖子查询的最终结果进行后续处理。然而，如果子查询在执行时需要引用父查询的信息，则这种查询称为相关子查询。在相关子查询中，子查询能够访问父查询的列，并且对父查询的每一行数据，子查询都要执行一次。

【例 6-57】 在 scott 模式下，查询工资高于本部门平均工资的员工信息。

```
SELECT *
FROM emp e1
WHERE sal>(SELECT avg(sal) FROM emp e2 where e2.deptno=e1.deptno);
```

4. 子查询的应用

子查询经常应用于数据操作语句中。

【例 6-58】 将查询结果生成新表。

```
CREATE TABLE SCOTT.dept_new
AS
SELECT d.*, (SELECT count(*) FROM SCOTT.emp WHERE deptno=d.deptno) 员工人数
FROM dept d;
```

【例 6-59】 将在纽约（NEW YORK）工作的员工津贴（comm）增加 100。

```
UPDATE emp
SET comm = nvl(comm,0)+100
WHERE deptno IN (SELECT deptno FROM dept WHWRW loc = 'NEW YORK');
```

6.3.5　联合查询

联合查询是指将多个表中的查询结果进行合并。联合查询的集合运算符见表 6-8。

表 6-8　集合运算符

运　算　符	描　　述
UNION	返回两个查询的所有行，但去掉重复行
UNION ALL	返回两个查询的所有行，保留所有重复行
INTERSECT	返回同时出现在两个查询结果中的所有行
MINUS	从第一个查询返回的行中减去第二个查询返回的行

假设有两个客户表，表中记录分别见表 6-9 和表 6-10，进行联合查询的结果集见表 6-11～表 6-14。

表 6-9　客户表 1

姓　　名	性　　别	地　　址
王凯	男	山东省济南市
李芳芳	女	河北省石家庄市
郑宇健	男	北京市朝阳区
胡玲玲	女	山东省淄博市

表 6-10　客户表 2

姓　　名	性　　别	地　　址
王凯	男	山东省济南市
郝静静	女	山东省济宁市
钱多多	男	广东省深圳市

表 6-11　UNION 联合查询结果

姓　　名	性　　别	地　　址
王凯	男	山东省济南市
李芳芳	女	河北省石家庄市
郑宇健	男	北京市朝阳区
胡玲玲	女	山东省淄博市
郝静静	女	山东省济宁市
钱多多	男	广东省深圳市

表 6-12　UNION ALL 联合查询结果

姓　　名	性　　别	地　　址
王凯	男	山东省济南市
李芳芳	女	河北省石家庄市
郑宇健	男	北京市朝阳区

续表

姓　　名	性　　别	地　　址
胡玲玲	女	山东省淄博市
王凯	男	山东省济南市
郝静静	女	山东省济宁市
钱多多	男	广东省深圳市

表 6-13　INTERSECT 联合查询结果

姓　　名	性　　别	地　　址
王凯	男	山东省济南市

表 6-14　MINUS 联合查询结果

姓　　名	性　　别	地　　址
李芳芳	女	河北省石家庄市
郑宇健	男	北京市朝阳区
胡玲玲	女	山东省淄博市

6.4　事务控制

6.4.1　事务概述

1. 事务的概念

事务（transaction）是由一系列语句构成的逻辑工作单元，事务处理的结果只有两种：一种是在事务处理的过程中，如果发生了某种错误，则整个事务全部回滚，对数据的所有修改全部撤销；另一种是如果没有发生任何错误，则整个事务被全部提交。即一个事务中的语句要么全部执行，要么全部不执行。如果一个事务中有一条语句执行失败，则全部语句都不会执行，从而保证数据的一致性和完整性。

例如银行的转账操作，从 A 账户转账到 B 账户，则 A 账户的余额减少、B 账户余额增加，这两个操作就是一个事务。

2. 事务的特性

（1）原子性（atomic）：一个事务中的所有操作是一个逻辑上不可分割的单位，要么全执行，要么全都不执行。

（2）一致性（consistent）：事务将数据库从一个一致的状态转变为另一个一致的状态；数据库处于一致性状态是指数据满足各种完整性规则。

（3）隔离性（isolated）：由并发事务所做的修改必须与任何其他并发事务所做的修改隔离；事务识别数据时数据所处的状态，要么是另一并发事务修改它之前的状态，要么是另一事务修改它之后的状态，事务不会识别中间状态的数据。

（4）持久性（durable）：一旦事务成功完成，其对数据库的所有更新操作将反映到数据库中，并永久保持。

6.4.2 事务控制语句

Oracle 中的事务是隐式自动开始的，不需要用户显式地执行事务开始语句。在以下 3 种情况中，事务会自动提交。

（1）执行数据定义命令时，如 CREATE、DROP、ALTER 等。

（2）执行数据控制命令时，如 GRANT、REVOKE 等。

（3）正常断开数据库的连接、正常退出 SQL Plus 环境时。

手动控制事务的命令，包括 COMMIT、ROLLBACK 等，见表 6-15。

表 6-15 手动控制事务命令

命　　令	用　　途
COMMIT	完成事务，数据修改后并对其他用户开放
ROLLBACK	撤销事务，撤销所有操作
SAVEPOINT_name	创建命名保有点
ROLLBACK TO savepoint	撤销在设置的回滚点以后的操作

1. COMMIT 命令

当向数据库发出 COMMIT 指令时，当前事务中由 SQL 语句所执行的修改将永久保持。

【格式】

```
SQL 语句 1;
SQL 语句 2;
…
COMMIT;
```

【例 6-60】 将部门号为“20”雇员的基本工资增加 300 元，同时将部门号为“10”雇员的基本工资增加 200 元。

```
SQL>UPDATE emp SET sal = sal +300  WHERE DEPTNO=20;
SQL> UPDATE emp SET sal = sal +200  WHERE DEPTNO=10;
SQL> COMMIT;
```

注：如果后面还有其他的 SQL 语句，则自动开始一个新的事务。

2. ROLLBACK 命令

利用 ROLLBACK 命令可撤销操作。

【格式】

```
SQL 语句 1;
```

```
SQL 语句 2;
ROLLBACK;
```

【说明】ROLLBACK 撤销的是自上一个 COMMIT 语句执行以来所做的修改，已经提交过的 SQL 语句无法回滚。

【例 6-61】 COMMIT 和 ROLLBACK 示例。

```
SQL> DELETE FROM emp;
SQL> ROLLBACK; -- 这里回滚了删除操作。即把 emp 表中的数据恢复了。
SQL> SELECT * FROM emp;
SQL> INSERT INTO emp(empno, ename, job, sal, deptno)
VALUES(9999, 'zhangsan', 'clerk', 'CLERK', 3000,20);
SQL> COMMIT; -- 将 insert 语句的执行结果进行 COMMIT 提交
SQL> ROLLBACK; -- 这里回滚，没有任何作用。
```

3. SAVEPOINT 命令

SAVEPOINT 将一个大的事务分成很多小事务，并设置对应保存点，这样如果在执行程序时发生错误，就可只回滚到最近或指定的保存点，而不撤销整个事务，减少不必要的数据操作开销。

【格式】

```
SQL 语句 1;…
SAVEPOINT savepoint_name;
SQL 语句 2;…
ROLLBACK to savepoint_name;
```

【说明】savepoint_name：保存点的名称。

【例 6-62】 有如下一段代码，分析其功能。

```
SQL> SAVEPOINT point1;
SQL> UPDATE emp SET sal=1500 WHERE empno= 7369;
SQL> SAVEPOINT point2;
SQL> UPDATE emp SET sal=2000 WHERE empno= 7499;
SQL> ROLLBACK TO point2;
```

上面的程序，用 SAVEPOINT 命令创建了两个保存点 point1 和 point2；使用 ROLLBACK TO point2 回滚到 point2，即撤销了第二条 UPDATE 语句。

习　题

（一）选择题

1. 下面关于 Oracle 内置函数描述正确的是（　　）。
   A. SYSDATE 函数返回当前系统的日期和时间
   B. ROUND 函数按四舍五入原则返回指定十进制数最靠近的整数
   C. ADD_MONTHS 日期函数返回指定两个月份天数的和

D. SUBSTR 函数从字符串起始位置返回指定长度的子串

2. 在 Oracle 中，表 VENDOR 包含以下列：

```
VENDOR_ID NUMBER Primary Key
NAME VARCHAR2(30)
LOCATION_ID NUMBER
ORDER_DT DATE
ORDER_AMOUNT NUMBER(8,2)
```

下面对表 VENDOR 运用分组函数的子句，合法的是（　　）。

A. `FROM MAX(order_dt)`

B. `SELECT SUM(order_dt)`

C. `SELECT SUM(order_amount)`

D. `WHERE order_dt=MAX(order_dt)`

3. 在 Oracle 中，表 EMP 包含以下列：

```
NAME VARCHAR2(20)  ADDR VARCHAR2(60)
```

要以 NAME's address is ADDR 格式返回数据，以下 SQL 语句正确的是（　　）。

A. `SELECT NAME+'''s address is '+ADDR FROM EMP;`

B. `SELECT NAME || '''s address is ' || ADDR FROM EMP;`

C. `SELECT NAME+''s address is '+ADDR FROM EMP;`

D. `SELECT NAME || ''s address is ' || ADDR FROM EMP;`

4. 在 Oracle 中，以下不属于集合运算符的是（　　）。

A. UNION　　B. SUM　　C. MINUS　　D. INTERSECT

5. 在 Oracle 中，执行下面的语句：

```
SELECT CEIL(-97.342), FLOOR(-97.342), ROUND(-97.342), TRUNC(-97.342)
FROM dual;
```

哪个函数的返回值不等于−97（　　）。

A. CEIL()　　B.FLOOR()　　C.ROUND()　　D.TRUNC()

6. Oracle 数据库中，以下（　　）命令可以删除整个表中的数据，并且无法回滚。

A. DROP　　B. DELETE　　C. TRUNCATE　　D. CASCADE

7. 在 Oracle 中，以下是 STUDENTS 表的结构：

```
SID NUMBER Primary Key
SNAME VARCHAR2(30)
COURSE_ID VARCHAR2(10) NOT NULL
MARKS NUMBER
```

你需要查询参加了课程 ID 为 C10 的考试，并且分数排在前 10 名的学生，以下（　　）语句能够实现此功能。

A.
```
SELECT SID, marks, ROWNUM "Rank"
FORM students
WHERE ROWNUM<=10 AND course_id='C10'
ORDER BY marks DESC;
```

B.
```
SELECT SID, marks, ROWNUM "Rank"
```

```
FORM students
WHERE ROWNUM<=10 AND course_id='C10'
ORDER BY marks;
```

C.
```
SELECT SID, marks, ROWNUM "Rank"
FORM (SELECT SID ,marks
FORM students
WHERE ROWNUM<=10 AND course_id='C10'
ORDER BY marks DESC);
```

D.
```
SELECT SID, marks, ROWNUM "Rank"
FORM (SELECT SID ,marks
FORM students
WHERE course_id='C10' ORDER BY marks DESC)
WHERE ROWNUM<=10;
```

8. 在 Oracle 中有表“cd”，它包含字段“cdcode”“category”“cdname”，要查询 category 取值为“CLASSIC”或“ROCK”的行，应采用语句（　　）。

A. `SELECT * FROM cd WHERE category IN('CLASEIC', 'ROCK');`

B. `SELECT * FROM cd WHERE category='CLASSIC' OR 'ROCK';`

C. `SELECT * FROM cd WHERE category='CLASSIC' AND category='ROCK';`

D. `SELECT * FROM cd WHERE category='CLASSIC' AND 'ROCK';`

9. 下面（　　）函数表示将字符串连接成一个字符串。

A. INITCAP()　　B. SUBSTR()　　C. ADD　　D. CONCAT()

10. 以下（　　）语句无法获取当前日期的月份。

A. `TO_CHAR（SYSDATE，'MONTH'）`　　B. `TO_CHAR（SYSDATE，'MM'）`

C. `MONTH（SYSDATE）`　　D. `TO_CHAR（SYSDATE，'MON'）`

（二）操作题

在 SCOTT 模式下，写出完成如下操作的 SQL 语句。

1. 查询工龄最长的 10 名员工。（提示：hiredate 列表示雇佣日期）
2. 查询员工的员工号、姓名、部门名称、工作及收入，并按收入降序排序。（提示：收入是工资 sal 和佣金 comm 的和）
3. 查询都有哪些工作岗位。（提示：job 存储的是工种）
4. 查询哪个部门的平均工资最高。
5. 查询哪个部门的平均工资最低。
6. 查询每位员工的工资等级，输出员工号、姓名、工资等级。
7. 查询每个部门工资最高的员工，给出员工号、姓名、部门名称及工资。
8. 将工作地点在“NEW YORK”的员工的工资（sal）提高 500 元。（提示：工作地点信息存储在 dept 表的 LOC 列）
9. 创建一个表 EMP_SALES，该表中只包含“SALES”部门员工信息。

第 7 章

PL/SQL 程序设计

学习目标

✧ 掌握 PL/SQL 数据类型、常量、变量。
✧ 熟悉 PL/SQL 程序控制结构、异常处理。
✧ 掌握游标的作用、创建与使用。
✧ 掌握存储过程的创建与调用。
✧ 了解触发器的功能、创建与使用。
✧ 了解程序包的创建与使用。
✧ 能够应用 PL/SQL 编码实现实务操作。

7.1 PL/SQL 基础

7.1.1 PL/SQL 概述

PL/SQL（procedure language/structured query language），是由 PL（过程语言）与 SQL（结构化查询语言）结合而成的一种高级数据库编程语言，是 Oracle 公司对标准数据库语言的扩展。其特点主要包括以下 5 个方面。

（1）与 SQL 紧密集成。

PL/SQL 支持所有 SQL 数据类型和函数，同时支持所有 Oracle 对象类型。这意味着开发人员可以在 PL/SQL 中直接使用 SQL 语句进行数据库操作。

（2）流程控制能力强。

PL/SQL 支持条件语句、循环语句，因此可以控制程序的过程流，决定是否或何时执行 SQL 或其他行动。这使得 PL/SQL 在处理复杂的逻辑流程时具有很高的灵活性。

（3）可移植性强。

因为 PL/SQL 是 Oracle 的主语言，所以程序可移植至支持 Oracle 和 PL/SQL 的任何操作系统平台上。这使得使用 PL/SQL 开发的程序具有很好的可移植性。

（4）安全性高。

通过 PL/SQL 存储过程可以实现：对客户端和服务器之间的应用程序进行逻辑分隔；操纵敏感的 Oracle 数据；仅允许被授权用户操纵数据。这种机制有效提高了数据库的安全性。

（5）高性能。

PL/SQL 是一种高性能的基于事务处理的语言，一次可以处理一个语句块，减少了应用程序和 Oracle 服务器之间进行通信所花费的时间。同时，存储过程经过编译后会存储在服务器端，有效提升了过程调用和执行效率。

7.1.2　PL/SQL 块

1. PL/SQL 块的结构

PL/SQL 程序是按照块结构进行划分的，块是 PL/SQL 程序的基本单位。完整的 PL/SQL 程序块包含三个基本部分：声明部分、执行部分和异常处理部分。其基本结构如下。

```
DECLARE
    /*声明部分：变量 常量 游标 类型 异常*/
BEGIN
    /*执行部分：用于实现应用模块功能，包含了要执行的 PL/SQL 语句和 SQL 语句*/
EXCEPTION
    /*异常处理部分：处理运行错误*/
END;   /*块结束标志*/
```

【例 7-1】 使用 scott 模式下的 emp 表，根据输入的员工号，查询员工的名字。

```
DECLARE
    v_ename varchar2(20);
BEGIN
    SELECT ename INTO v_ename FROM scott.emp WHERE empno=&员工号;
    dbms_output.put_line('员工名：'||v_ename);
EXCEPTION
    WHEN no_data_found THEN
       dbms_output.put_line('该员工号不存在！');
END;
```

上述代码执行办法：

第 1 步：打开 PL/SQL Developer，新建一个“SQL 窗口”；

第 2 步：输入以上 PL/SQL 块；

第 3 步：单击工具栏上的“执行”按钮，此时会弹出窗口，要求输入“员工号”。输入“7369”进行测试。如图 7-1 所示。

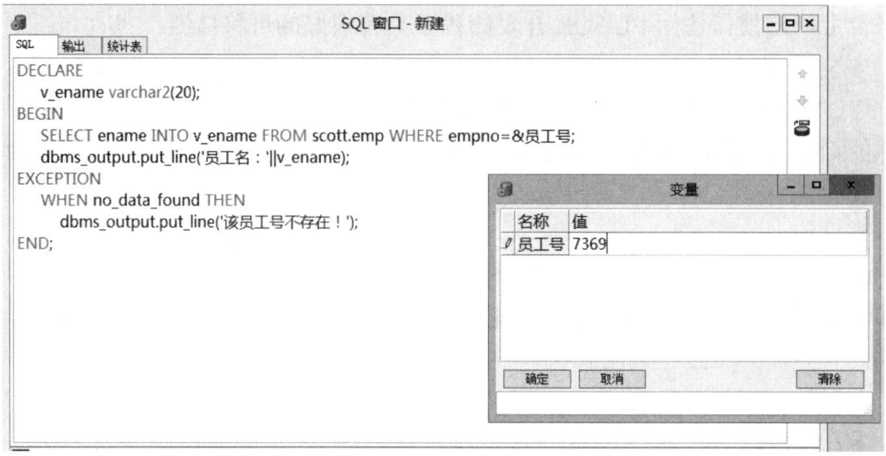

图 7-1　PL/SQL 块示例

第 4 步：切换到“输出”窗口（或“Output”窗口）查看结果，如图 7-2 所示。

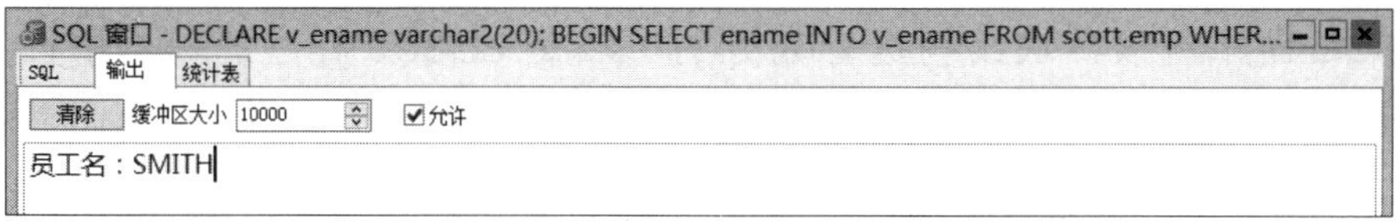

图 7-2　例 7-1“输出”窗口

注：代码中的“&”符号表示替换变量，在执行时，系统会提示用户为该变量提供一个具体的值，并将该值代入代码中执行。

2. 代码注释

注释用于对程序代码进行解释说明，其主要作用是增加程序的可读性，使程序更易于理解，以便于后期系统的运行维护。注释不是可执行语句，只是对代码起说明作用，编译时会忽略掉。

1）单行注释

单行注释由两个连接字符“--”开始，后面紧跟注释内容。

例如：
```
DECLARE
    v_ename varchar2(20); --该变量用于保存员工姓名
```

2）多行注释

多行注释由“/*”开头，以“*/”结尾，中间部分即为注释内容。

例如：
```
/*以下代码的功能：根据员工号，查询该员工的工资*/
```

7.1.3　数据类型、常量、变量

1. 数据类型

PL/SQL 中常用的数据类型见表 7-1。

表 7-1 PL/SQL 中常用的数据类型

数据类型	说明
VARCHAR2(n)	用于定义可变长度的字符串，其中 n 用于指定字符串的最大长度，其最大值为 32 767 个字节
CHAR(n)	定义固定长度的字符串，其中 n 最大值为 32 767 个字节。如果不指定 n 的值，n 默认值为 1
NUMBER(p,s)	定义固定长度的整数和浮点数，其中 p 用于指定数字的总位数；s 用于指定小数点后的数字位数
DATE	定义日期和时间类型，其数据长度固定为 7 个字节长度
TIMESTAMP	定义日期和时间数据。赋值方法和 DATE 类型的赋值方法一致，但当显示 TIMESTAMP 变量数据时，不仅会显示日期，而且还会显示时间、上下午标志和时区
BOOLEAN	定义布尔变量，其变量的值为 TRUE、FALSE 或 NULL

2. 常量

常量分为字面常量和符号常量。

1）字面常量

字面常量直接表示具体的数值或守符，主要包括以下 4 种类型。

数字常量：包括整数和实数，如 25、−25、0.01、3.4e+5、6E−3。

字符和字符串常量：使用单引号将字符（字符串）括起来，如‘a’、‘hello world !’。

布尔常量：系统预定义的布尔值，包括 TRUE、FALSE 和 NULL。

日期常量：Oracle 能够识别的日期格式，要放在单引号内，如‘23−11 月−2023’。

2）符号常量

符号常量通过声明语句定义，语法格式如下：

```
DECLARE 常量名 CONSTANT 数据类型:=初值;
```

例如：

```
DECLARE rate CONSTANT NUMBER := 5;
```

3. 变量

使用变量前，首先要声明变量。声明变量的基本格式：

```
DECLARE 变量名 数据类型 [:=初值];
```

例如：

```
DECLARE
    n NUMBER(3) := 1;
    v_address  VARCHAR2(100);
    birth DATE;
```

变量命名规则：

（1）变量名首字符必须是英文字母，其后可以是字母、数字或者特殊字符（$、#、_）；

（2）变量名长度不超过 30 个字符；

（3）变量名中不能有空格；

（4）不能使用 Oracle 关键字做变量名，如 SELECT、IF 等。

4. 特殊数据类型

为提升编程效率和解决复杂业务逻辑需求，PL/SQL 语言除了可以使用基本数据类型外，还可以使用%TYPE 和%ROWTYPE 来声明变量的数据类型，而不必为其指定特定的数据类型。

1）%TYPE 类型

%TYPE 可以声明一个与指定列相同的数据类型，通常跟在指定的列名后面。

【例 7–2】 使用 scott 模式下的 emp 表，根据输入的员工号，查询员工的名字和岗位。

```
DECLARE
    v_ename scott.emp.ename%TYPE;
    v_job scott.emp.job%TYPE;
BEGIN
    SELECT ename,job INTO v_ename,v_job FROM scott.emp WHERE empno=&员工号;
    dbms_output.put_line('员工名：'||v_ename);
    dbms_output.put_line('岗位：'||v_job);
EXCEPTION
    WHEN no_data_found THEN
       dbms_output.put_line('该员工号不存在！');
END;
```

运行结果如图 7–3 所示。

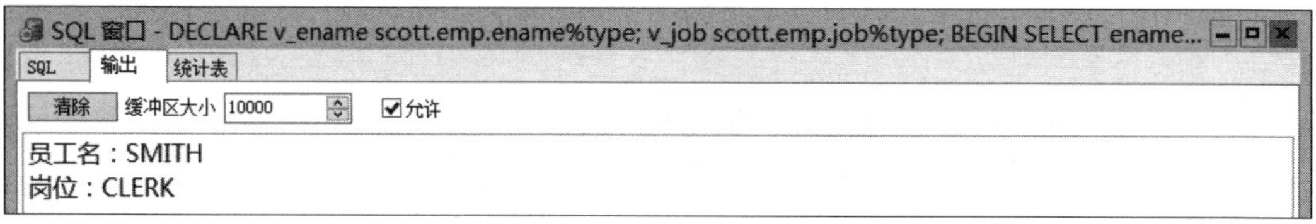

图 7–3　例 7–2 输出窗口

2）%ROWTYPE 类型

%ROWTYPE 可以声明一个与表、视图或游标结构相同的记录类型。

【例 7–3】 查询指定员工号的员工所在的部门信息。

```
DECLARE
    dep scott.dept%ROWTYPE;
BEGIN
    SELECT * INTO dep FROM scott.dept
    WHERE deptno=(SELECT deptno FROM scott.emp WHERE empno=&员工号);
    dbms_output.put_line('部门编号：'||dep.deptno);
    dbms_output.put_line('部门名称：'||dep.dname);
    dbms_output.put_line('部门地点：'||dep.loc);
EXCEPTION
```

```
    WHEN no_data_found THEN
        dbms_output.put_line('该员工号不存在! ');
END;
```

运行结果如图 7-4 所示。

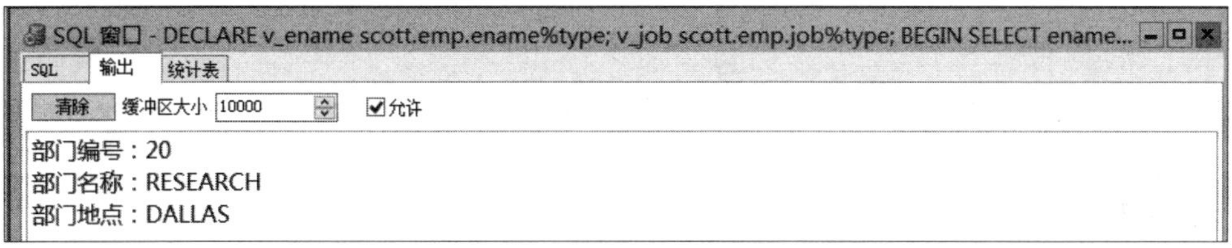

图 7-4　例 7-3 输出窗口

7.1.4　控制语句

程序控制语句包含赋值语句、选择语句、循环控制语句。

1. 赋值语句

给变量赋值有以下两种方式。

【格式 1】

变量名 := 表达式;

【格式 2】

```
SELECT 列或表达式[, …] INTO 变量名[, …]
FROM 表/视图/dual;
```

例如：

```
SELECT sysdate INTO today;
```

等价于： `today := sysdate;`

如果是将查询结果赋给某个变量，则必须使用 SELECT INTO。

例如：

```
SELECT avg(sal), sum(sal) INTO avg_sal, sum_sal FROM emp;
```

【例 7-4】 假设税率为 3%，计算员工应缴纳的工资所得税。

```
DECLARE
    v_ename   emp.ename%TYPE;          --记录员工姓名
    v_sal    emp.sal%TYPE;            --记录员工工资
    tax_rate CONSTANT NUMBER(3,2):=0.03;    --设置所得税税率
    tax_sal  v_sal%TYPE;                   --工资所得税
BEGIN
   /*  输入员工号，通过计算输出员工所得税  */
    SELECT ename, sal INTO v_ename, v_sal
    FROM emp WHERE empno=&员工号;
```

```
    tax_sal := v_sal*tax_rate;
    dbms_output.put_line('员工名: '||v_ename);
    dbms_output.put_line('员工工资: '||v_sal);
    dbms_output.put_line('所得税: '||tax_sal);
END;
```

2. 选择语句

可以通过 IF 语句和 CASE 语句实现选择结构程序设计。

1）IF 语句

【格式】

```
IF 条件表达式 THEN
    语句 1
[ [ELSIF 条件 2  THEN
    语句 2
… ]
ELSE
    语句 n]
END IF;
```

【说明】根据代码需要，[ ] 中的内容可以省去。

【例 7-5】 在 hospital 模式下，根据处方号查询该处方的总价、医保金额、个人支付金额。

思路：首先在诊断表“ZDB”根据处方编号 CFBH，查询病人编号；在病人信息表“BRXXB”中，根据病人编号找是否医保“SFYB”。将“处方表”“药品信息表”两个表进行连接查询。

```
DECLARE
    v_brbh BRXXB.BRBH%type;
    v_cfbh ZDB.CFBH%type;
    v_sfyb BRXXB.SFYB%type;
    ybzf number(10,2);        --医保支付
    grzf number(10,2);        --个人支付
    zj number(10,2);          --总价
BEGIN
    v_cfbh := '&处方编号';
    SELECT BRBH INTO v_brbh FROM ZDB WHERE CFBH=v_cfbh;
    SELECT SFYB INTO v_sfyb FROM BRXXB WHERE BRBH=v_brbh;
    SELECT  sum(t1.YPSL*t2.LSJG)  ,  sum(t2.LSJG*t1.YPSL*t2.YBBXBL/100)  ,
sum(t2.LSJG*t1.YPSL* (1-t2.YBBXBL/100))  into zj, ybzf, grzf
    FROM CFB t1 JOIN YPXXB  t2 ON t1.ypbh=t2.ypbh
    WHERE  t1.cfbh=v_cfbh  ;
    IF (v_sfyb='是') THEN
```

```
      dbms_output.put_line('总额: ' || zj);
      dbms_output.put_line( '医保报销: ' || ybzf);
      dbms_output.put_line('个人支付: ' || grzf);
    ELSE
      dbms_output.put_line('总额: ' || zj);
      dbms_output.put_line( '医保报销: 0');
      dbms_output.put_line('个人支付: ' || zj);
    END IF;
END;
```

如果输入处方编号为 A100101，则输出结果如图 7-5 所示。

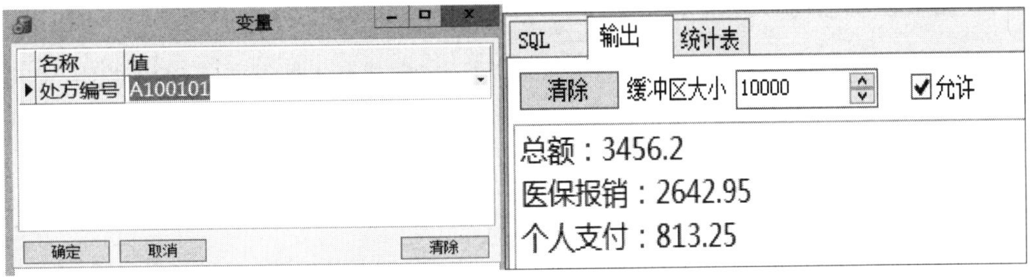

图 7-5　例 7-5 输出窗口

2）CASE 语句

CASE 语句有两种格式，一种是带有选择器，按值进行比较；另一种不带选择器。

【格式 1】

```
CASE 表达式
    WHEN 表达式 1 THEN 语句 1;
    WHEN 表达式 2 THEN 语句 2;
    …
    WHEN 表达式 n THEN 语句 n;
    [ELSE 其他语句;]
END CASE;
```

【格式 2】

```
CASE
   WHEN (条件表达式 1) THEN 语句 1;
   WHEN (条件表达式 2) THEN 语句 2;
   WHEN (表达式条件 3) THEN 语句 3;
   …
   ELSE    其他语句;
END CASE;
```

【例 7-6】 统计 hospital 模式下，药品信息表中医保可报销的药品比例。

```
SELECT (CASE WHEN YBBXBL=0 THEN '非医保报销' WHEN YBBXBL>0 THEN '医保报销' ELSE
'未确定' END) as 药品类型, count(*) as 数量
```

```
FROM hospital.ypxxb
GROUP BY (CASE WHEN YBBXBL=0 THEN '非医保报销' WHEN YBBXBL>0 THEN '医保报销'
ELSE '未确定' END) ;
```

运行结果如图 7-6 所示。

	药品类型	数量
1	医保报销	10
2	非医保报销	1

图 7-6 例 7-6 运行结果

3. 循环控制语句

循环控制语句,用于重复执行一系列语句。循环结构共有 3 种类型:LOOP 循环、WHILE 循环和 FOR 循环。

1) LOOP 循环

【格式】

```
LOOP
    语句组;
    EXIT WHEN 结束循环的条件
END LOOP;
```

【例 7-7】 建测试用表 test,使用 PL/SQL 为测试表插入任意多条行记录。

第 1 步:建表。

```
CREATE TABLE testTable(
  id NUMBER(8,0),
  name VARCHAR2(20),
  sex NUMBER(1,0),
  birth DATE,
  phone CHAR (11)
)
```

第 2 步:数据准备。

针对 testTable 的每个字段(id 除外),可以使用随机数的方式进行生成。

Oracle 的 DBMS_RANDOM 包中,提供了生成随机数和随机字符串的多种方法:

小数(0–1):`dbms_random.value`

指定范围内的实数:`dbms_random.value(low, high)`

指定范围内的整数:`trunc(dbms_random.value(low, high))`

随机字符串:`dbms_random.string('opt', len)`

使用 dbms_random.string('opt', len)可生成随机字符串,使用不同的 opt 参数可生成不同形式的字符串,见表 7-2。

表 7-2 随机字符串生成参数取值

opt 取 值	含 义
'u'或'U'	返回一个由大写字母组成的字符串
'l'或'L'	返回一个由小写字母组成的字符串
'a'或'A'	返回一个由大写字母和小写字母组成的字符串
'x'或'X'	返回一个由大写字母和数字组成的字符串
'p'或'P'	返回一个由任意的可打印字符组成的字符串

生成随机的由字母组成的字符串：dbms_random.string('a',20)

生成手机号：dbms_random.value(起始数,终止数)。例如：

```
SELECT trunc(dbms_random.value(10000000000, 19999999999)) FROM dual;
```

第 3 步：编写 PL/SQL 块，并执行。

```
DECLARE
   i number(4,0) ;  --用于计数
   v_phone testTable.phone% type;
   v_birth date;
   v_name varchar2(20);
   n number(4,0);
BEGIN
  i := 1;
  LOOP
    n := trunc(dbms_random.value(1,1000));  --生成 1-1000 之间的随机整数
    v_phone :=  trunc(dbms_random.value(10000000000,19999999999)) ;
    v_birth := sysdate-trunc(dbms_random.value(365, 10000));
    v_name := dbms_random.string('a',20);
    INSERT INTO testTable(id, name, sex, birth, phone)
    VALUES(i, v_name, mod(n,2), v_birth, v_phone);
    i := i+1;
    IF mod(i,100) = 0 THEN COMMIT;  END IF;
  EXIT WHEN i>1000;
 END LOOP;
 COMMIT;
END;
```

2）WHILE 循环

【格式】

```
WHILE 条件表达式
LOOP
    执行语句
END LOOP
```

【例 7-8】 使用 WHILE 循环完成例 7-7 中的代码。

```
DECLARE
    i number(4,0) ;  --用于计数
    v_phone testTable.phone% type;
    v_birth date;
    v_name varchar2(20);
    n number(4,0);
BEGIN
   i := 1;
   WHILE i<1000 LOOP
     n := trunc(dbms_random.value(1,1000));  --生成 1-1000 之间的随机整数
     v_phone :=  trunc(dbms_random.value(10000000000,19999999999)) ;
     v_birth := sysdate-trunc(dbms_random.value(365, 10000));
     v_name := dbms_random.string('a',20);
     INSERT INTO testTable(id, name, sex, birth, phone)
     VALUES(i, v_name, mod(n,2), v_birth, v_phone);
     i := i+1;
     IF mod(i,100) = 0 THEN COMMIT;  END IF;
  END LOOP;
  COMMIT;
END;
```

3）FOR 循环

【格式】

```
FOR 循环变量 IN 初值..终值
LOOP
    循环语句
END LOOP;
```

【例 7-9】 使用 FOR 循环实现例 7-7 中测试表记录的生成，变量的声明相同。

```
BEGIN
   FOR i IN 1..1000 LOOP
     n := trunc(dbms_random.value(1,1000));  --生成 1-1000 之间的随机整数
     v_phone :=  trunc(dbms_random.value(10000000000,19999999999)) ;
     v_birth := sysdate-trunc(dbms_random.value(365, 10000));
     v_name := dbms_random.string('a',20);
     INSERT INTO testTable(id, name, sex, birth, phone)
     VALUES(i, v_name, mod(n,2), v_birth, v_phone);
     IF mod(i,100) = 0 THEN COMMIT;  END IF;
  END LOOP;
  COMMIT;
END;
```

7.1.5 异常处理

PL/SQL 中将程序运行时的错误称为异常。异常可能是由系统错误、用户错误或应用程序错误导致的。默认情况下，当发生异常时会终止 PL/SQL 的执行。通过引入异常处理机制，可使程序能够在发生异常的情况下继续执行并正常结束。

Oracle 数据库内置了多种预定义异常，用于在程序中对错误进行处理，使程序可以正常结束，见表 7-3。

表 7-3 系统预定义异常

预定义异常名	描 述
ACCESS_INTO_NULL	试图给一个没有初始化的对象赋值
CURSOR_ALREADY_OPEN	试图打开一个已经打开的游标
DUP_VAL_ON_INDEX	试图在一个有唯一约束的字段中存储重复的值
INVALID_CURSOR	试图执行一个无效的游标
LOGIN_DENIED	用一个无效的用户名或口令登录
NO_DATA_FOUND	查询语句没有返回数据
NOT_LOGGED_ON	连接数据库失败
PRAGMA_ERROR	PL/SQL 内部问题，需要重装数据字典和 PL/SQL 系统包
ROWTYPE_MISMATCH	主游标变量与 PL/SQL 游标变量的返回类型不兼容
SUBSCRIPT_OUTSIDE_LIMIT	元素下标超过嵌套表或数组类型变量的最大值
SUBSCRIPT_BEYOND_COUNT	使用嵌套表或数组类型变量时，将下标指定为负数
TOO_MANY_ROWS	查询语句返回多行数据
VALUE_ERROR	变量转换时形成无效值
ZERO_DIVIDE	被零除

【例 7-10】 将查询的多个结果放入一个变量中，观察是否会出现异常。

```
DECLARE
   empname scott.emp.ename%type;
BEGIN
   SELECT ename INTO empname FROM scott.emp WHERE job='CLERK';
   dbms_output.put_line('员工姓名为：'||empname);
EXCEPTION
   WHEN too_many_rows THEN
      dbms_output.put_line('实际返回的值太多');
   WHEN no_data_found THEN
      dbms_output.put_line('没有找到符合条件的记录');
END;
```

执行上述代码，发现因为 job='CLEARK' 的员工太多，所以会触发异常，在“输出”页面可以看到输出内容：“实际返回的值太多”。

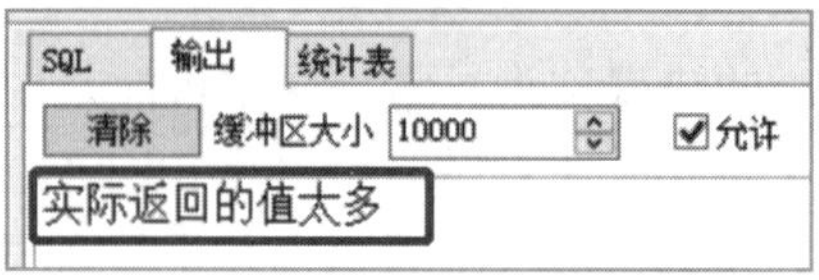

图 7-7　例 7-10 运行结果

7.2 游　标

7.2.1 游标概述

1. 游标的概念

游标（cursor）是一种用于遍历结果集的用户自定义数据类型。当在 PL/SQL 块中执行查询语句时，Oracle 会在内存中分配一个缓冲区，其中包含了处理过程的信息，如查询语句返回的结果集和数据行数等，该缓冲区称为上下文区。而游标本质上是一个指向上下文区的指针。

游标通常用于存储过程和函数，以便在处理结果集时能够逐行处理数据；游标提供了在逐行的基础上操作表中数据的方法；游标可以指向结果中的任何位置，然后允许用户对指定位置的数据进行处理。

2. 游标工作原理

就本质而言，游标实际上是一种能从包含多条数据记录的结果集中逐条提取记录的数据库机制。游标始终与一条 SQL 选择语句相关联，因为游标由结果集和结果集中指向特定记录的指针组成。当决定对结果集进行处理时，必须声明一个指向该结果集的游标。如图 7-8 所示。

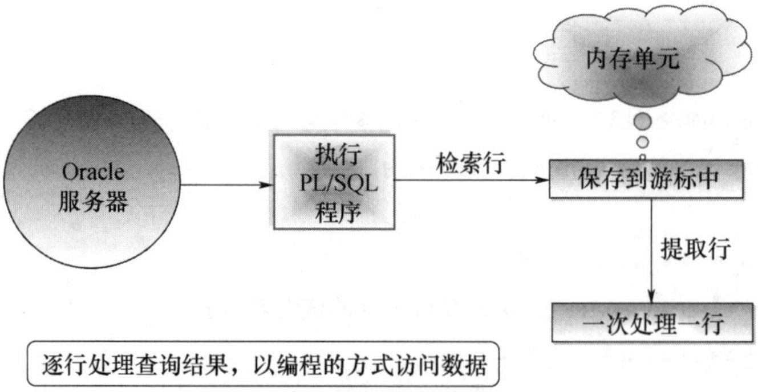

图 7-8　游标工作原理

3. 游标分类

游标分为显示游标、隐式游标、循环游标。

7.2.2　显式游标

显式游标是在 PL/SQL 块中，由用户声明和操作的一种游标，通常用于操作查询结果集（SELECT 语句返回的查询结果）。

显式游标的操作过程包括定义（声明）游标、打开游标、读取游标、关闭游标 4 个步骤，如图 7–9 所示。

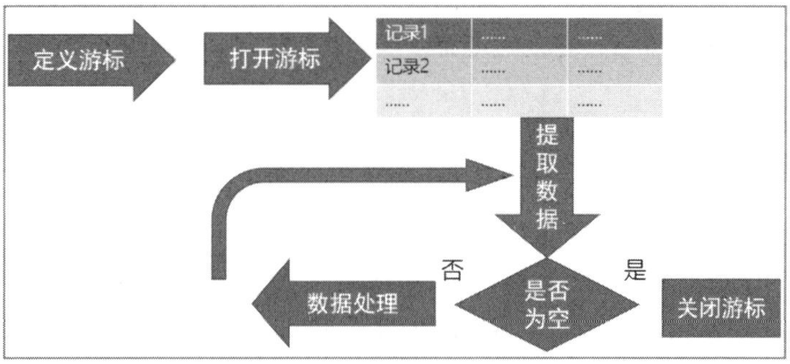

图 7–9　显示游标操作过程

1. 定义游标

【格式】

```
DECLARE
    CURSOR 游标名称[(参数 )]
    IS
        SELECT 语句
```

【例 7–11】 定义一个游标，用来读取 emp 表中职务为'MANAGER '的雇员信息。

```
DECLARE
CURSOR cur_emp
IS SELECT empno, ename, sal FROM scott.emp  WHERE job = 'MANAGER';
```

2. 打开游标

在定义游标后，游标必须打开才能使用。

【格式】`OPEN 游标名称[(参数…)]`

【说明】打开游标就是执行定义的 SELECT 语句，将查询结果装入内存，游标指针指向查询结果的首部。

【例 7–12】 打开例 7–11 定义的游标。

```
OPEN cur_emp;
```

3. 读取游标

读取游标，就是提取数据到指定的变量中。

【格式】FETCH 游标名称 INTO 变量列表/游标型变量

【例 7-13】 读取例 7-12 打开的游标。

```
DECLARE emp1 cur_emp%rowtype;  --声明变量用来保存从游标中提取的记录
FETCH cur_emp INTO emp1;
```

4. 关闭游标

在游标使用完毕后，必须关闭游标。游标关闭后，所占用的资源将被释放。

【格式】CLOSE 游标名称

【例 7-14】 关闭例 7-11 定义的游标。

```
CLOSE cur_emp;
```

5. 游标属性

游标自身有多种属性，常用的有以下 3 种。

（1）%FOUND%NOTFOUND：用于判断最近一次使用 FETCH 语句时，是否从缓冲区检索到了数据，如果检索到了数据，则%FOUND 为 TRUE，否则为 FALSE；%NOTFOUND 与%FOUND 值相反。

（2）%ROWCOUNT：从游标缓冲区检索到的记录个数，如果没有成功，%ROWCOUNT 的值为 0，同时产生一个异常 NO_DATA_FOUND。

（3）%ISOPEN：用于判断游标是否已经打开。

【例 7-15】 在 scott 模式下，逐条显示岗位是‘MANAGER’的员工信息。

```
DECLARE
  CURSOR cur_emp
  IS SELECT empno, ename, sal FROM scott.emp WHERE job = 'MANAGER';
  emp1 cur_emp%rowtype;
BEGIN
  OPEN cur_emp;
  LOOP
    FETCH cur_emp INTO emp1;
    EXIT WHERN cur_emp%NOTFOUND;
    DBMS_OUTPUT.PUT_LINE(cur_emp%ROWCOUNT||' 雇员编号：'||emp1.empno || ','
|| '雇员姓名：'|| emp1.ename || ',' ||'薪水：'|| emp1.sal);
  END LOOP;
  CLOSE cur_emp;
END;
```

运行结果如图 7-10 所示。

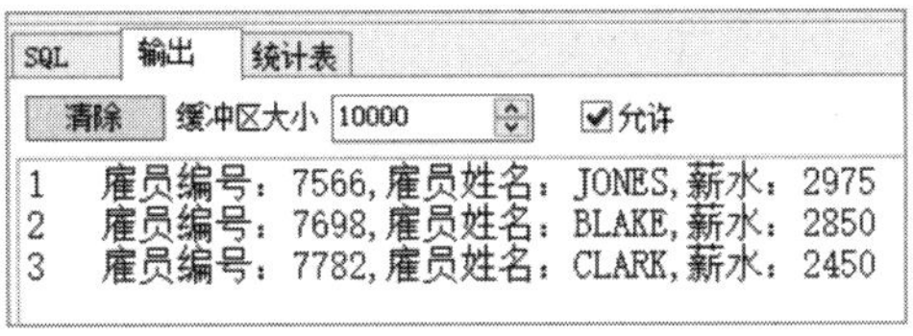

图 7-10 例 7-15 运行结果

【例 7-16】 带参数的游标：给游标传递参数并输出内容。

```
DECLARE
   CURSOR cur_emp(p_job varchar2) IS
      SELECT empno, ename, sal FROM scott.emp WHERE job=p_job;
   emp1 cur_emp%rowtype;
BEGIN
   OPEN cur_emp('SALESMAN');
   LOOP
      FETCH cur_emp INTO emp1;
      EXIT WHEN cur_emp%NOTFOUND;
      DBMS_OUTPUT.PUT(cur_emp%ROWCOUNT|| ' 工号：'  || emp1.empno );
      DBMS_OUTPUT.PUT_LINE('  姓名：' || emp1.ename);
        DBMS_OUTPUT.PUT_LINE('  薪水：' || emp1.sal);
   END LOOP;
   CLOSE cur_emp;
END;
```

输出结如图 7-11 所示。

图 7-11 例 7-16 运行结果

7.2.3 隐式游标

当执行 SELECT INTO、INSERT、UPDATE 和 DELETE 命令时，Oracle 会自动创建一个隐式游标。这个游标是内存中处理该语句的工作区域，其执行周期由 Oracle 自动管理。与显式游标不同，隐式游标在执行语句时自动打开，执行完成后自动关闭。隐式游标有一个统一的名字——SQL。

和显式游标一样，隐式游标也有内置属性，包括：

（1）SQL%FOUND：SQL 语句影响了一行或多行时为 TRUE；

（2）SQL%NOTFOUND：SQL 语句没有影响任何行时为 TRUE；

（3）SQL%ROWCOUNT：SQL 语句影响的行数。

【例 7-17】 修改指定工号员工的工资。

```
BEGIN
    UPDATE scott.emp SET sal=sal+200
    WHERE empno=&员工号;
    COMMIT;
    IF SQL%FOUND THEN
       DBMS_OUTPUT.PUT_LINE('该员工工资已更新');
    ELSE
       DBMS_OUTPUT.PUT_LINE('指定工号的员工不存在');
END IF;
END;
```

执行后，让用户输入“员工号”，输入 7369 和 9999 进行测试。如果输入 7369，那么输出“该员工工资已更新”；如果输入 9999，那么输出“指定工号的员工不存在”。

7.2.4 循环游标

循环游标简化了显式游标的处理代码。

【格式】

```
FOR record_name IN cursor_name
LOOP
      statements
END LOOP
```

循环游标的特性主要有以下 4 点。

（1）循环开始时，游标被自动打开。

（2）每次循环迭代都取出一行，置入记录中，供处理使用。

（3）在从游标中提取了所有记录之后，游标会自动关闭，循环终止。

（4）循环游标不需要再用到 OPEN、FETCH 和 CLOSE 命令，因为这些动作都是自动完成的。

【例 7-18】 使用循环游标显示部门信息。

```
DECLARE
    CURSOR cur_dept
    IS
        SELECT dname, count(empno) as cnt_emp
        FROM scott.dept d left join scott.emp e on d.deptno=e.deptno
        GROUP BY dname;
   row_dept cur_dept%rowtype;
BEGIN
    FOR row_dept IN cur_dept
    LOOP
        DBMS_OUTPUT.PUT('部门名称：' || row_dept.dname );
```

```
        DBMS_OUTPUT.PUT_LINE('   部门人数: ' || row_dept.cnt_emp);
    END LOOP;
END;
```

输出结果如图 7-12 所示。

图 7-12　使用游标显示部门信息

7.3 存储过程

7.2 节讲述的 PL/SQL 块都是匿名的，其中包含的代码无法保存到 Oracle 数据库中。但是有很多时候，需要保存 PL/SQL 块，以便在需要时能够调用或引用它。为此，Oracle 支持将命名的 PL/SQL 块编译并存储在数据库中，主要提供了 4 种可以存储的 PL/SQL 块，分别是存储过程、函数、触发器和程序包（包）。

本节将学习存储过程的相关知识，包括存储过程的概念与作用、创建存储过程、执行存储过程、管理存储过程。

7.3.1　存储过程概述

存储过程简称过程，是执行特定任务的子程序，是被命名的 PL/SQL 块，以编译的形式存储在数据库中，可在不同的应用程序中被多次调用。

将商业逻辑和业务规则集成到服务器的存储过程中，可以简化客户端的开发和维护，并提高应用程序的性能。

此外，通过存储过程向外提供接口能力，可以显著提高数据库的安全性。

7.3.2　创建存储过程

使用 CREATE PROCDURE 命令创建存储过程。

【格式】

```
CREATE [OR REPLACE] PROCEDURE [方案名.]过程名
[(
  参数名 参数类型 数据类型 DEFAULT 默认值,
  …
)]
{IS | AS }
```

```
[变量声明]
BEGIN
 过程体（PL/SQL 语句）;
END [过程名];
```

【说明】参数类型有 3 种：

- IN：输入参数，是参数的默认模式，在函数体中不能对其赋值；
- OUT：输出参数，将该值返回给调用程序；
- IN OUT：输入输出参数，用于接收值并返回调用后更新的值。

【例 7–19】 在 scott 模式下，根据员工号查询员工入职日期。

分析：查询 emp 表，员工号是输入参数，如果查询到该员工，则输出员工姓名和雇佣日期，如果没有查询到则显示“查无此人”。

```
CREATE OR REPLACE PROCEDURE scott.queryHiredate
(v_empno number)
AS
   v_hiredate date;
   v_ename varchar2(20);
BEGIN
   SELECT ename, hiredate into v_ename, v_hiredate
   FROM scott.emp
   WHERE empno=v_empno;
   DBMS_OUTPUT.PUT_LINE('姓名: '||v_ename);
   DBMS_OUTPUT.PUT_LINE ('    雇佣日期: '|| v_hiredate);
   EXCEPTION
       WHEN no_data_found THEN
          dbms_output.put_line('查无此人! ');
       WHEN others THEN
          dbms_output.put_line('查询出现错误! ');
END;
```

注：默认参数类型是输入参数 IN，该存储过程 v_empno 是输入参数，所以在此省略了 IN 选项。

7.3.3 执行存储过程

方式 1：在 PL/SQL Developer 中使用 CALL 命令。

```
CALL scott.queryHiredate(7369);
```

方式 2：在 PL/SQL 块中调用。

```
BEGIN
    scott.queryHiredate(7369);
END
```

方式 3：在命令窗口中使用 EXEC 命令。

```
SQL> SET SERVEROUTPUT ON;  --打开服务器的窗口输出功能
SQL> EXEC scoot.queryHiredate(7369);
```

执行结果如图 7-13 所示。

```
SQL> set serveroutput on;
SQL> exec scott.queryHiredate(7369);

姓名：SMITH      雇佣日期：17-12月-80

PL/SQL procedure successfully completed

SQL>
```

图 7-13　执行存储过程

【例 7-20】 在 scott 模式下，根据部门编号查询部门名称和地址。

分析：部门编号为输入参数，部门名称和地址是输出参数。

```
CREATE OR REPLACE PROCEDURE scott.queryDept
(v_deptno IN number,
v_dname OUT scott.dept.dname%type,
v_loc OUT scott.dept.loc%type
)
AS
BEGIN
   SELECT dname, loc INTO v_dname, v_loc
   FROM scott.dept
   WHERE deptno=v_deptno;
   EXCEPTION
       WHEN no_data_found THEN
          dbms_output.put_line('无此编号的部门！');
       WHEN others THEN
          dbms_output.put_line('查询出现错误！');
END;
```

使用 PL/SQL 块，调用上面创建的存储过程。

```
DECLARE
      deptno scott.dept.deptno%type;
      deptname scott.dept.dname%type;
      deptloc  scott.dept.loc%type;
BEGIN
       deptno := &部门编号;
       scott.queryDept(deptno, deptname, deptloc);
       IF (deptname is not null ) THEN
       DBMS_OUTPUT.PUT_LINE('部门名称：' || deptname);
       DBMS_OUTPUT.PUT_LINE('地址：' || deptloc);
       END IF;
```

```
END;
```

执行该 PL/SQL 块时，提示输入部门编号，如果输入 20，则输出结果如图 7–14 所示；如果输入 60，则运行结果如图 7–15 所示。

图 7–14　例 7–20 输出结果 1

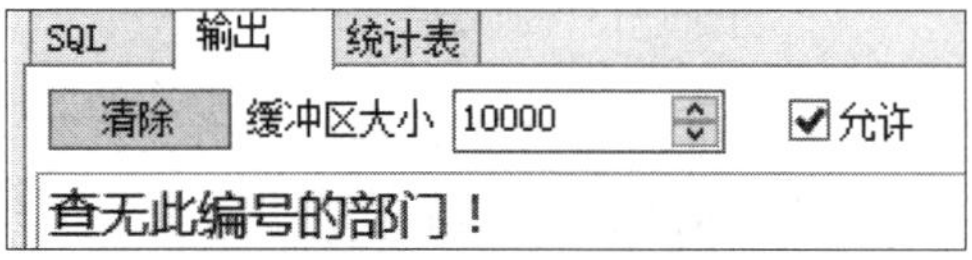

图 7–15　例 7–20 输出结果 2

7.3.4　管理存储过程

1. 查看存储过程定义信息

在 PL/SQL Developer 窗口中，右击某个存储过程，从出现的快捷菜单中选择“查看”，存储过程的代码将显示在窗口中，代码只能查看，不能修改。如图 7–16 所示。

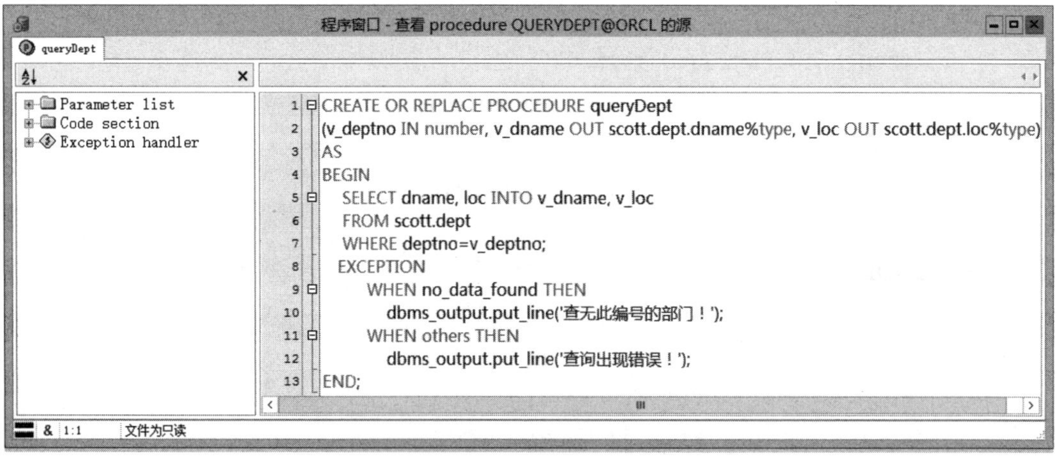

图 7–16　查看存储过程定义信息

2. 修改存储过程

右击某个存储过程，从出现的快捷菜单中选择“编辑”，如图 7–17 所示。代码将显示在右侧窗口中，可以对代码进行修改，修改后重新执行代码，则会重新生成存储过程。

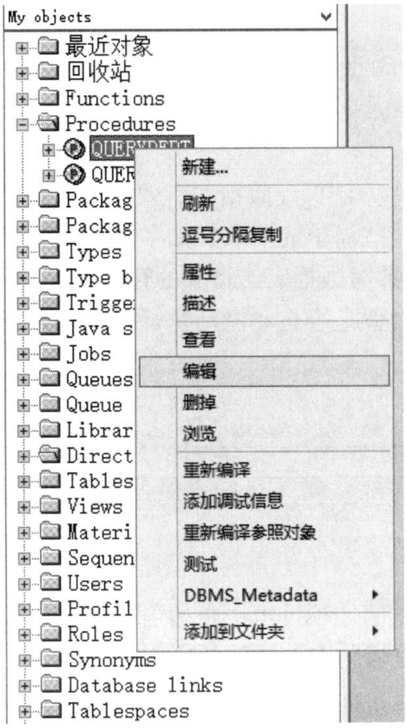

图 7-17 修改存储过程

3. 删除存储过程

使用 SQL 语句“DROP PROCEDURE 过程名”。或者右击某个存储过程，在快捷菜单中选择“删除”即可。

知识拓展

创建函数的语法格式：

```
create or replace function 函数名
[(
  参数名 参数类型 数据类型 DEFAULT 默认值,
  …
)]
RETURN 返回值类型
{IS | AS }
[变量声明]
BEGIN
    函数体(PL/SQL 语句);
 END 过程名;
```

注：函数与存储过程相似，区别在于函数必须返回一个值。在此不再赘述。

7.4 触 发 器

在 Oracle 中，可以用两种方法保证数据的有效性和完整性：约束和触发器。约束直接设置于数据表内，只能实现一些简单的要求，如字段数据的默认值、字段的取值范围、唯一性、主键、外键等。触发器是针对数据表的特殊的存储过程，当对某个表执行诸如 INSERT、UPDATE、DELETE 操作的时候，会自动激活执行，处理一些复杂操作，以保证数据处理的业务规则。

7.4.1 触发器概述

1. 触发器的概念和功能

触发器是关系数据库提供的一项技术，是指当在特定对象上出现特定事件时，由系统自动触发执行的代码块。触发器与存储过程的区别在于：存储过程要由用户或应用程序显式调用，而触发器是满足特定事件时在数据库后台自动执行。

触发器有以下 4 个功能。

（1）强制数据一致性：通过触发器可以保证数据的一致性，例如在数据修改前进行数据校验，或者在数据修改后进行数据同步。

（2）提供审计和日志记录：触发器可以用于记录数据的修改历史，以便进行审计和日志记录。

（3）防止无效的事务处理：通过在触发器中加入适当的逻辑，可以防止无效的事务处理。

（4）启用复杂的业务逻辑：触发器可以用于启用复杂的业务逻辑，例如在数据修改前进行数据校验，或者在数据修改后进行数据同步。

需要注意的是，Oracle 触发器虽然具有以上功能，但是其也有一些限制。例如，触发器不能阻止正在进行的操作，也不能回滚已经提交的事务。此外，如果触发器的执行时间过长，可能会影响数据库的性能。因此，在使用触发器时需要谨慎考虑其利弊。

2. 触发器的基本语法

【格式】

```
CREATE [OR REPLACE] TRIGGER 触发器名
{BEFORE | AFTER | INSTEAD OF} {INSERT | UPDATE | DELETE} ON 表名
[REFERENCING OLD AS old NEW AS new]
[FOR EACH ROW]
[WHEN (条件)]
DECLARE
-- 声明变量和常量
BEGIN
```

```
-- 触发器的操作
EXCEPTION
-- 异常处理
END;
```

【说明】

- BEFORE、AFTER 和 INSTEAD OF 用于指定触发器在事件之前、之后或替代事件时被激活。
- INSERT、UPDATE 和 DELETE 分别表示触发器在插入、更新和删除数据时被激活。
- REFERENCING 用于指定新旧数据的别名。
- FOR EACH ROW 表示触发器对每一行数据都执行一次。
- WHEN 子句用于指定触发器的限制条件，条件为真时执行才运行。

3. 触发器的类型

Oracle 有不同类型的触发器，可以完成不同的任务。按照触发事件和触发对象的不同，触发器一般分为以下 4 种。

（1）DML 触发器。触发对象为表，触发事件为 INSERT、UPDATE、DELETE。

（2）INSTEAD OF 触发器。触发对象为视图或表，触发事件为 INSERT、UPDATE、DELETE。

（3）DDL 触发器。触发对象为用户模式，触发事件为 CREATE、ALTER、DROP 等操作。

（4）系统触发器。触发对象是数据库，触发事件为 STARTUP、SHUTDOWN、LOGIN、LOGOUT 等。

7.4.2　DML 触发器

DML 触发器在对数据表执行 DML 操作（如插入、更新、删除）时会被自动激活，并执行相应的操作，该类触发器是使用最多的一类触发器。DML 触发器可以帮助实现数据的自动校验、自动计算、自动记录等，从而提高数据的完整性和准确性，减轻数据维护的工作量。

DML 触发器可以根据触发时机和触发级别进行分类。

根据触发时机，DML 触发器可以分为 BEFORE 触发器和 AFTER 触发器。BEFORE 触发器在 DML 操作执行之前被触发，可以用于数据的校验和修改；AFTER 触发器在 DML 操作执行之后被触发，可以用于数据的记录和处理。

根据触发级别，DML 触发器可以分为语句级触发器和行级触发器。语句级触发器对整个 SQL 语句只执行一次，不能访问修改前后的数据，但可以用于一些全局性的处理；行级触发器对每一行数据都执行一次，可以使用:old 和:new 伪记录变量来访问修改前后的数据。

在 DML 触发器中，到底是哪个操作激活了触发器的执行，可以通过 INSERTING、UPDATING、DELETING 3 个谓词来判断，当其值为 TRUE 时，则执行了相应的操作。

1. 语句级触发器

【例 7-21】 通过触发器跟踪 SCOTT 模式下 EMP 表的修改操作。当对该表进行插入、修改和删除操作时，要将相关操作的信息记录在一个日志表中，记录所执行的操作、操作时间、用户名。

第 1 步：为了避免对原表的信息修改，创建一个 EMP 表的副本，作为实验数据专用表。

```
CREATE TABLE EMP_COPY
AS
SELECT * FROM SCOTT.EMP;
```

第 2 步：创建一个日志信息表 logEmp，记录操作人、操作时间及所做的操作。

```
CREATE TABLE logEmp
(username varchar2(30),
opttime date,
action varchar2(20)
);
```

第 3 步：创建触发器。

```
CREATE OR REPLACE TRIGGER tri_emp
BEFORE INSERT OR UPDATE OR DELETE
ON emp_copy
DECLARE
   v_action logEmp.action%type;
BEGIN
   IF inserting THEN
      v_action := 'INSERT';
   ELSIF updating THEN
      v_action := 'UPDATE';
   ELSE
      v_action := 'DELETE';
  END IF;
  INSERT INTO logEmp(username, opttime, action) VALUES(user, sysdate, v_action);
END;
```

第 4 步：测试触发器的执行。

```
DELETE emp_copy WHERE empno=7369;
UPDATE emp_copy SET sal=sal+100 WHERE job='MANAGER';
```

第 5 步：查询 logEmp 中的记录。

```
SELECT * FROM logEmp;
```

运行结果如图 7-18 所示。

USERNAME	OPTTIME	ACTION
SCOTT	2023/11/27 15:18:39	DELETE
SCOTT	2023/11/27 15:20:15	UPDATE

图 7-18 语句级触发器执行后的结果

2. 行级触发器

行级触发器是指每操作一行记录，触发器就执行一次。在行级触发器中引入了:old 和:new 标识符作为记录修改前后的备份。

:old 和:new 的结构与触发器表的结构是完全一致的。对于插入操作来说，:new 中存放插入的新记录；对于删除操作来说，:old 中存放删除的记录；对于更新操作来说，:old 中存放更新前的记录，:new 中存放更新后的记录。见表 7-4。

表 7-4 :old 和:new 标识符的含义

触 发 语 句	:new	:old
INSERT	存放新增的记录	无定义
DELETE	无定义	存放被删除的记录
UPDATE	存放更新后的记录	存放更新前的记录

【例 7-22】 使用触发器模拟银行的取款机系统。

每个银行卡会有一条账户信息表，包括账号、姓名、账户余额；还有一个交易信息表，记录账户的交易信息，包括账号、交易时间、交易类型（存入或支取）、交易金额等。

在进行取款或存款的时候，将交易信息记录到交易信息表中（即向交易信息表插入记录），同时需要自动修改账户信息表的余额，这个业务使用触发器就可以很好解决这类问题。如图 7-19 所示。

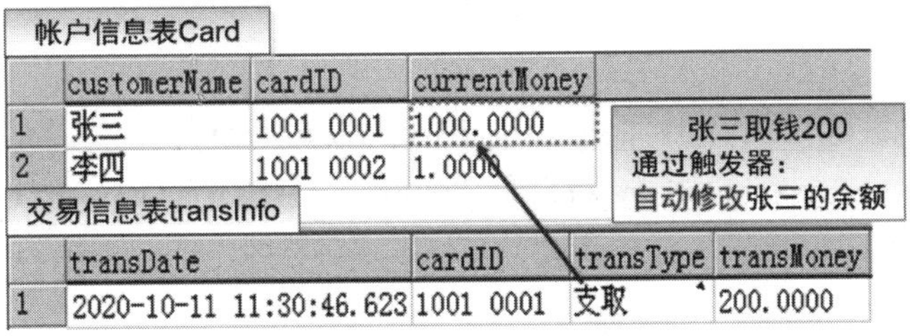

图 7-19 取款机业务示意图

第 1 步：创建银行卡信息表 card。

```
--银行卡信息表 card 包含： 账号、姓名、余额
 CREATE TABLE CARD
 (cardId char(10) PRIMARY KEY,
  customerName VARCHAR2(20),
  balance NUMBER(10,2)
  );
```

第 2 步：创建交易信息表 transInfo。

```
--交易信息包括：卡号、 交易时间、交易类型（取出或存入）、交易金额。
  CREATE TABLE transInfo
  (cardId char(10),
   transDate date,
   transType char(4),
   transMoney NUMBER(10,2)
  );
```

第 3 步：记录插入到 card 表中。

```
INSERT  INTO  card(cardId,customerName,balance)  VALUES('1001001',' 张三 ',
1000);
INSERT INTO card(cardId, customerName, balance) VALUES('1001002','李四',1);
COMMIT;
```

第 4 步：对 transInfo 表创建 insert 触发器，实现根据交易类型，自动修改账户余额。

```
CREATE OR REPLACE TRIGGER tri_transInfo
BEFORE INSERT ON transinfo
FOR EACH ROW
DECLARE
    v_balance card.balance%type;
BEGIN
     SELECT balance INTO v_balance FROM card WHERE cardId = :NEW.cardid;
     IF (:NEW.transtype='取出') THEN
        IF (v_balance>:NEW.transmoney) THEN
           UPDATE card SET balance=balance-:NEW.transmoney
              WHERE cardId = :NEW.cardid;
           DBMS_OUTPUT.PUT_LINE('取款完成');
        ELSE
           DBMS_OUTPUT.PUT_LINE('余额不足，取款失败');
           raise_application_error(-20001, '余额不足');
       END IF;
    ELSE
        UPDATE   card   SET   balance=balance+:NEW.transmoney   WHERE   cardId
= :NEW.cardid;
        DBMS_OUTPUT.PUT_LINE('存入完成');
    END IF;
END;
```

第 5 步：测试触发器的执行。

```
INSERT INTO transinfo(cardid, transdate, transtype, transmoney)
VALUES('1001001',SYSDATE, '取出', 200);
INSERT INTO transinfo(cardid, transdate, transtype, transmoney)
```

```
VALUES('1001002',SYSDATE, '存入', 3000);
```

查询表中的记录，可以看到 card 表中的余额发生了改变。如图 7-20 所示。

```
SELECT * FROM transinfo;
SELECT * FROM card;
```

	CARDID	TRANSDATE	TRANSTYPE	TRANSMONEY
1	1001001	2023/11/27 19:09:15	取出	200.00
2	1001002	2023/11/27 19:12:35	存入	3000.00

	CARDID	CUSTOMERNAME	BALANCE
1	1001001	张三	800.00
2	1001002	李四	3001.00

图 7-20　行级触发器执行效果

7.4.3　INSTEAD OF 触发器

INSTEAD OF 触发器也称为替代触发器，主要定义在视图上。假如有一个视图是基于多表的连接查询得到的，如果修改操作会影响多个基表的数据，则这种修改是不被允许的，这种情况下，可以定义一个触发器绑定在对视图的修改、插入或删除操作上，将对视图的操作，转换为对多个表的操作。INSTEAD OF 触发器是行级触发器。

【例 7-23】 在 SCOTT 模式下，创建一个包含部门信息和雇员信息的视图，通过创建 INSTEAD OF 触发器，完成雇员信息和部门信息的添加记录。

第 1 步：创建视图。

如果 SCOTT 用户没有创建视图的权限，需要首先进行授权。如图 7-21 所示。

```
SQL> CONN system/orcl
Connected to Oracle Database 11g Enterprise Edition Release 11.2.0.4.0
Connected as system

SQL> GRANT CREATE VIEW TO SCOTT;

Grant succeeded
```

图 7-21　给 SCOTT 用户授权

```
CREATE OR REPLACE VIEW view_emp_dept
AS
SELECT empno, ename,  job, hiredate, d.deptno, dname
FROM emp e JOIN dept d ON e.deptno=d.deptno;
```

第 2 步：如果直接向该视图中插入新记录，则会报错。如图 7-22 所示。

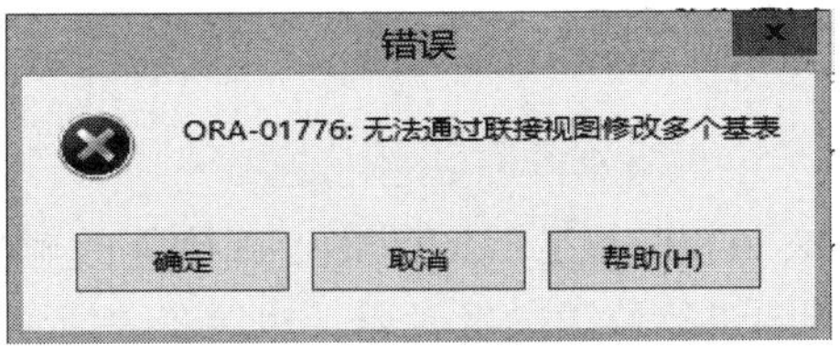

图 7-22　报错提示

```
INSERT INTO view_emp_dept(empno, ename,  job, hiredate, deptno, dname)
VALUES(9000, 'ROSE', 'SALESMAN', SYSDATE, 30,'SALES' );
```

第 3 步：创建 INSTEAD OF 触发器，将对视图的修改替换为对每个基表的修改。

```
CREATE OR REPLACE TRIGGER tri_view_emp_dept
INSTEAD OF INSERT
ON view_emp_dept
FOR EACH ROW
DECLARE
    rowcnt number;
BEGIN
    SELECT COUNT(*) INTO rowcnt FROM dept where deptno=:new.deptno;
    IF rowcnt=0 THEN
       INSERT INTO dept(deptno,dname) VALUES(:NEW.deptno, :NEW.dname);
   END IF;
   INSERT INTO emp(empno, ename, job, hiredate, deptno)
   VALUES( :NEW.empno, :NEW.ename, :NEW.job, :NEW.hiredate, :NEW.deptno);
END;
```

第 4 步：重新执行（2）插入记录，查看 emp 表，可以看到新记录已经插入到 emp 表。如图 7–23 所示。

	EMPNO	ENAME	JOB	MGR	HIREDATE	SAL	COMM	DEPTNO
1	9000	ROSE	SALESMAN		2023/11/27 21:34:27			30
2	7369	SMITH	CLERK	7902	1980/12/17	800.00		20
3	7499	ALLEN	SALESMAN	7698	1981/2/20	1600.00	300.00	30

图 7–23　记录插入到 emp 表中

7.4.4　管理触发器

1. 激活和禁用触发器

在数据维护或初始化过程中，特别是执行大批量数据导入时，需要暂时禁用触发器，等数据维护或初始化过程结束后，再重新激活触发器。

（1）禁用触发器。

```
ALTER TRIGGER 触发器名 DISABLE;
```

（2）激活触发器。

```
ALTER TRIGGER 触发器名 ENABLE;
```

2. 修改触发器

可以使用 CREATE OR REPLACE TRIGGER 直接修改触发器主体内容。也可以在 PL/SQL Developer 中，选择要进行修改的触发器，然后在快捷菜单中选择“编辑”，即可打开触发器的编辑窗口，进行相应的修改即可。

3. 删除触发器

删除触发器的语句：

```
DROP TRIGGER 触发器名
```

也可以在 PL/SQL Developer 中，选择要删除的触发器，然后在快捷菜单中选择“删除”。

7.5 程 序 包

7.5.1 程序包概述

程序包将 PL/SQL 一系列对象（如公共常量、变量、游标、存储过程、函数等）组织成一个完整的单元，编译后存储在服务器中，供应用程序调用，充分体现了模块化编程的优势。

Oracle 有一些内置的程序包，如 DBMS_OUTPUT、DBMS_RANDOM 等。

程序包具有以下优点。

（1）代码重用。通过创建程序包，可以将一些通用的功能和逻辑封装在一起，并在需要时反复调用。这样可以避免重复编写相同的代码，提高代码的复用性和可维护性。

（2）模块化设计。程序包使逻辑上相关联的类型、存储过程、函数等封装进一个 PL/SQL 组织单元，每个程序包都可以执行特定的任务，并且可以在其他程序包中被调用。这种模块化设计使得程序更易于理解和修改。

（3）可扩展性。Oracle 程序包是可扩展的，这意味着可以在现有的程序包基础上添加新的功能或修改现有的功能。这种可扩展性使得程序包能够适应不断变化的需求和技术环境。

（4）性能优化。Oracle 程序包可以优化性能。由于程序包是预编译的，所以在执行时不需要重新编译。这可以提高执行效率，减少运行时间。

7.5.2 创建程序包

程序包的结构包括两个部分：程序包规范说明部分和程序包主体部分。其中，程序包规范不包含任何代码，只包含程序包元素的有关信息，类似于接口，用户可以对程序包的部件进行简单说明；程序包主体，包含程序包规范中所声明的游标、存储过程、函数的实现代码。

1. 创建程序包规范

【格式】

```
create or replace package 程序包名
{ IS | AS }
    类型、变量、常量的声明;
```

```
    游标的声明;
    存储过程的声明;
    函数的声明;
END [程序包名];
```

2. 创建程序包主体

【格式】

```
create or replace package body 程序包名
{IS | AS }
    存储过程实现代码;
    函数的实现代码;
END [程序包名];
```

【例 7-24】 在 hospital 模式下，创建名称为 pkg_hospital 的程序包。该包中包含：

根据适应症查找药品的存储过程；

根据病人身份证号码查找就诊信息的存储过程；

根据处方编号，给出处方总价的函数。

第 1 步：创建程序包规范。

```
create or replace package pkg_hospital
is
   procedure queryPatientRecord(v_id varchar2);
   procedure queryMedicine(v_syz varchar2);
   function queryTotalExpense(v_cfbh varchar2) return number;
end pkg_hospital;
```

第 2 步：创建程序包主体。

```
create or replace package body pkg_hospital
as
   --根据适应症查找药品的存储过程。
procedure queryMedicine(v_syz varchar2)
    is
       cursor cur_yp
       is
          select ypbh, ypmc, sccj, ybbxbl, syz
          from YPXXB
          where syz like ('%'||v_syz||'%');
       yp cur_yp%rowtype;
    begin
       open cur_yp;
       loop
          fetch cur_yp into yp;
          exit when cur_yp%notfound;
```

```
        dbms_output.put('药品编号:' || yp.ypbh);
        dbms_output.put('  药品名称:' || yp.ypmc);
        dbms_output.put('  生产厂家:' || yp.sccj);
        dbms_output.put('  医保报销比例:' || yp.ybbxbl);
        dbms_output.put_line('    适应症:' || yp.syz);
    end loop;
    close cur_yp;
  end queryMedicine;
  --根据病人身份证号码查找就诊信息的存储过程。
  procedure queryPatientRecord(v_id varchar2)
  is
    cursor cur_rec
    is
      select t1.brbh, t1.brxm, t2.zdrq, t2.brzz
      from BRXXB t1 join ZDB t2 on t1.brbh=t2.brbh
      where brsfzh=v_id
      order by zdrq;
    rec cur_rec%rowtype;
  begin
    open cur_rec;
    loop
        fetch cur_rec into rec;
        exit when cur_rec%notfound;
        dbms_output.put('病人编号: ' || rec.brbh);
        dbms_output.put('  病人姓名: ' || rec.brxm);
        dbms_output.put('  诊断日期: ' || rec.zdrq);
        dbms_output.put_line('  病症: ' || rec.brzz);
    end loop;
    close cur_rec;
  end queryPatientRecord;

--根据处方编号，给出处方总价的函数
  function queryTotalExpense(cf varchar2)
  return number
  as
    cfzj NUMBER;
  begin
    select sum(t1.ypsl*t2.lsjg) into cfzj
    from cfb t1 join ypxxb t2 on t1.ypbh=t2.ypbh
    where t1.cfbh = v_cfbh;
```

```
        return cfzj;
    end queryTotalExpense;
end pkg_hospital;
```

7.5.3 执行程序包

执行程序包中的存储过程或者函数，与执行独立的存储过程和函数的方式相同，只需要在存储过程名前加上包名即可。

例如：

```
call pkg_hospital.queryMedicine('胃炎');
call pkg_hospital. queryPatientRecord('37230119920109571X');
SELECT pkg_hospital.queryTotalExpense('A100103') FROM dual;
```

7.5.4 管理程序包

在 PL/SQL Developer 中，展开“Packages”或“Package bodies”，右击需要管理的包，可以查看、编辑或者删除包和包的主体。如图 7-24 所示。

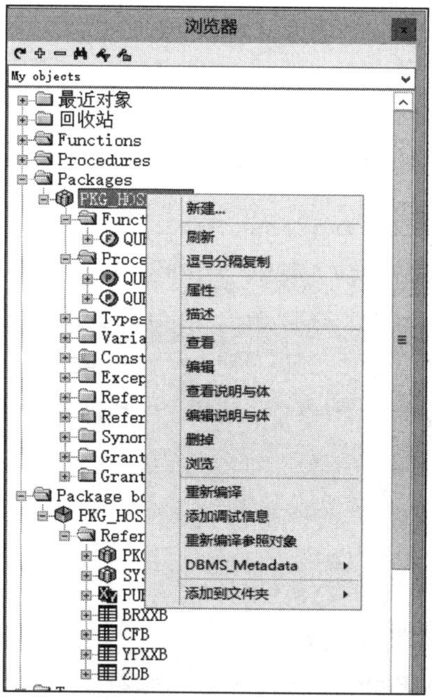

图 7-24 管理程序包

删除程序包也可以使用 SQL 语句：

```
DROP PACKAGE BODY 程序包名;
DROP PACKAGE 程序包名;
```

习　　题

（一）选择题

1. 阅读下面的 PL/SQL 程序块：

```
BEGIN
INSERT INTO employee(salary,last_name,first_name)
VALUES(35000, 'Wang', 'Fred');
SAVEPOINT save_a;
INSERT INTO employee(salary,last_name,first_name)
VALUES(40000, 'Woo', 'David');
SAVEPOINT save_b;
DELETE FROM employee WHERE dept_no=10;
SAVEPOINT save_c;
INSERT INTO employee(salary,last_name,first_name)
VALUES(25000, 'Lee', 'Bert');
ROLLBACK TO SAVEPOINT save_c;
INSERT INTO employee(salary,last_name,first_name)
VALUES(32000, 'Chung', 'Mike');
ROLLBACK TO SAVEPOINT save_b;
COMMIT;
END;
```

运行上面的程序，哪两个更改会永久保存到数据库？（　　）

A. `DELETE FROM employee WHERE dept_no=10;`

B. `INSERT INTO employee(salary,last_name,first_name)`
`VALUES(32000,'Chung','Mike');`

C. `INSERT INTO employee(salary,last_name,first_name)`
`VALUES(35000,'Wang','Fred');`

D. `INSERT INTO employee(salary,last_name,first_name)`
`VALUES(40000,'Woo','David');`

2. 在 Oracle 中，关于 PL/SQL 下列描述正确的是（　　）。

A. PL/SQL 代表 Power Language/SQL

B. PL/SQL 不支持面向对象编程

C. PL/SQL 块包括声明部分、可执行部分和异常处理部分

D. PL/SQL 提供的四种内置数据类型是 character、integer、float、boolean

3. 在 Oracle 中，阅读下列 PL/SQL 块：

```
DECLARE
v_lower NUMBER:=2;
v_upper NUMBER:=100;
```

```
v_count NUMBER:=1;
BEGIN
FOR i IN v_lower..v_upper LOOP
INSERT INTO test(results) VALUES (v_count);
v_count := v_count +1;
END LOOP;
END;
```

请问 FOR LOOP 循环体执行了（　　）次。

A. 99　　B. 2　　C. 98　　D. 100

4. 在 Oracle 中，关于子程序的描述不正确的是（　　）。

A. 子程序是已命名的 PL/SQL 块，可带参数并可在需要时随时调用

B. 子程序可以具有声明部分、可执行部分和异常处理部分

C. 子程序参数的模式只有 IN 和 OUT 两种模式

D. 子程序可分为过程和函数两种类型

5. 在 Oracle 中，不属于游标属性的是（　　）。

A. %NOTFOUND　　B. %ISCLOSE　　C. %FOUND　　D. %ISOPEN

6. 在 Oracle 中，在 SQL 提示符下不能调用 PL/SQL 过程是（　　）。

A. 使用 CALL 命令　　B. 使用 EXECUTE 命令

C. 使用 EXEC 命令　　D. 直接使用过程名

7. 在 Oracle 中，定义了一个过程，过程的头部如下：

```
CREATE OR REPLACE PROCEDURE test(a IN VARCHAR2, b IN OUT NUMBER, c OUT VARCHAR2)
```

假定使用的变量都已定义，下面对过程 test 的调用语法正确的是（　　）。

A. `test('String1',50,v_str2)`

B. `test(v_str1,v_num1,'String2')`

C. `test('String1',v_num1,v_str2)`

D. `test(v_str1,20,v_str2)`

8. 在 Oracle 中，事务中使用下列 SQL 语句不会引起锁定（　　）。

A. SELECT　　B. INSERT　　C. UPDATE　　D. DELETE

9. 在 Oracle 中，PL/SQL 块中定义了一个带参数的游标：

```
CURSOR emp_cursor(dnum NUMBER) IS
SELECT ename, sal, comm FORM emp WHERE deptno=dnum;
```

那么正确打开此游标的语句是（　　）。

A. `OPEN emp_cursor(20);`　　B. `OPEN emp_cursor FOR 20;`

C. `OPEN emp_cursor USING 20;`　　D. `OPEN CURSOR emp_cursor(20);`

10. 在 Oracle 中，下列（　　）命令不能用于控制游标。

A. OPEN　　B. CREATE　　C. FETCH　　D. CLOSE

11. 在 Oracle 中，在执行 SQL 语句时，你不小心使用 Update 命令将所有的 ID 值设置成了 11111，那么使用（　　）命令可以取消这一操作。

A. EXIT　　B. COMMIT　　C. ROLLBACK　　D. UNDO

12. Oracle 程序包中不能包含的元素为（　　）。

A. 函数　　　　B. 表　　　　C. 存储过程　　　　D. 游标

（二）操作题

1. SCOTT 模式下 EMP 表的结构如下：

列　名	数 据 类 型
EMPNO	NUMBER(4)
ENAME	VARCHAR2(10)
JOB	VARCHAR2(9)
MGR	NUMBER(4)
HIREDATE	DATE
SAL	NUMBER(7,2)
COMM	NUMBER(7,2)
DEPTNO	NUMBER(2)

（1）创建存储过程，查找低于指定最低工资标准的员工人数、差额总数，并逐个输出员工号、员工姓名及比最低工资低多少（提示：SAL 列保存的是员工工资，最低工资是输入参数）。

（2）假设最低工资标准是 1 800，调用上述存储过程，给出运行结果的截图。

2. 对 hospital 模式下的药品信息表如下图所示，完成如下操作。

名称	类型	可为空	默认	存储	注释
YPBH	VARCHAR2(16)	☐			药品编号
YPMC	VARCHAR2(128)	☑			药品名称
SCCJ	VARCHAR2(50)	☑			生产厂家
CD	VARCHAR2(64)	☑			产地
SYXB	VARCHAR2(10)	☑			适应性别。限定：男/女/不区分
SYNLD	VARCHAR2(20)	☑			适应年龄段。限定：1）1岁到3岁；2）3
SYZ	VARCHAR2(256)	☑			适应症
JHJG	NUMBER(10,2)	☑			进货价格
LSJG	NUMBER(10,2)	☑			零售价格
GJJYBZJ	NUMBER(10,2)	☑			国家介入标准价
YBBXBL	NUMBER(3,1)	☑			医保报销比例

（1）创建存储过程，查找药品价格超过国家介入标准价的药品有哪些，依次输出药品编号、药品名称、价格、国家介入标准价、差额。

（2）调用上述存储过程，并将运行结果截图。

第8章

安全管理

学习目标

- ✧ 了解数据库安全管理概念及 Oracle 的认证方式。
- ✧ 掌握用户的创建与管理。
- ✧ 掌握用户权限的授予与回收。
- ✧ 掌握角色的创建与权限分配。
- ✧ 了解概要文件的创建与管理。

8.1 数据库安全管理概述

8.1.1 数据库安全管理概念

Oracle 数据库的安全管理是从用户登录数据库开始的。在用户登录数据库时，系统会对用户身份进行验证；在对数据库进行操作时，系统将检查用户的操作是否具有相应权限，并限制用户对存储空间和系统资源的使用。安全性是评估一个数据库的重要指标，Oracle 数据库从以下 3 个层次上采取安全控制策略。

1. 系统安全性

Oracle 在系统级别上控制数据库的存取和使用机制，包括有效的用户名和口令、是否可以连接数据库、用户可以进行哪些系统操作等。

2. 数据安全性

Oracle 在数据库模式对象级别上控制数据库的存取和使用机制。用户要对某个模式对象进行操作，必须要有操作的权限。

3. 网络安全性

Oracle 通过分发 Wallet、数字证书、SSL 安全套接字和数据密钥等办法来保证数据库的网络传输安全性。

数据库的安全性主要从以下几个方面进行管理：用户管理、权限和角色管理、概要文件管理及用户身份认证方式管理。

8.1.2　Oracle 的身份认证方式

在 Oracle 数据库中，有 3 种不同的用户身份认证方式：本地操作系统认证、口令认证和外部认证，每种认证方式都有其独特的优点和适用场景。

1. 本地操作系统认证

在本地操作系统认证模式下，Oracle 数据库通过操作系统身份验证来验证客户端对数据库的访问请求。这种模式依赖于客户端所在的操作系统对于此数据库账户的认证状态，只有处于正常状态的有效账户才能成功连接、授权并执行数据库操作。

2. 口令认证

在该种认证方式下，Oracle 数据库通过其本身的身份验证来验证客户端对于数据库的访问请求。用户要访问数据库，首先需要输入数据库账号和密码进行身份验证，只有通过身份验证的用户才能连接数据库并执行相应的操作。

3. 外部认证

Oracle 数据库中的外部认证方式需要使用一个外部程序来验证用户身份。该程序可以是自定义程序，也可以是支持 Oracle 外部认证的第三方程序。

8.2　用户、权限与角色管理

8.2.1　用户的创建与管理

在 Oracle 数据库中，用户是允许访问数据库系统的有效账号，是可以对数据库资源进行有效访问的实体。Oracle 数据库通过创建用户并为其授予相应的权限，实现对数据库访问和操作的控制。因此，用户管理也是 Oracle 数据库安全管理的一项重要工作。

要创建一个数据库用户，必须由具备 DBA 权限的用户来执行；如果由其他用户执行，则该用户需要具备 CREATER USER 权限。

创建用户时，数据库管理员主要对用户作以下设置。

（1）指定用户的身份认证方式。一般选择 Oracle 数据库认证方式，同时为新用户指定口令。

（2）设置用户的默认表空间和临时表空间。创建数据库用户时，通常为其指定一个默认的用户表空间用来保存该用户的永久数据库对象；并指定一个临时表空间用来保存该用户进行排序、汇总、分组等操作时产生的临时数据。如果没有指定，系统会将数据库的默认表空间和默认临时表空间作为该新建用户的默认表空间及临时表空间。

（3）指定表空间配额。指明用户在某个表空间中所能使用的存储空间大小。如果没有为用户指定配额，则用户在特定表空间上的配额为 0，用户将不能在相应表空间上建立数据对象。

（4）设置概要文件。设置用户资源限制的环境文件。也可以不设置概要文件，直接使用'DEFAULT'。

（5）设置账户状态。这里的账户状态主要指的是用户的口令是否锁定及是否过期等。

对用户的创建与管理可以采用以下两种方式：利用 OEM 进行创建管理和使用 SQL 语句进行创建管理。

1. 使用 OEM 进行用户的创建与管理

1）使用 OEM 进行用户的创建

【例 8-1】 使用 OEM 创建用户 USERA，指定口令为 usera，默认表空间和临时表空间取默认值即可，用户使用表空间的配额为 100 MB。具体操作步骤如下。

第 1 步：使用 sys 用户以 SYSDBA 连接身份登录到 OEM；如果使用 system 用户，连接身份可以为“NORMAL”。登录界面如图 8-1 所示。

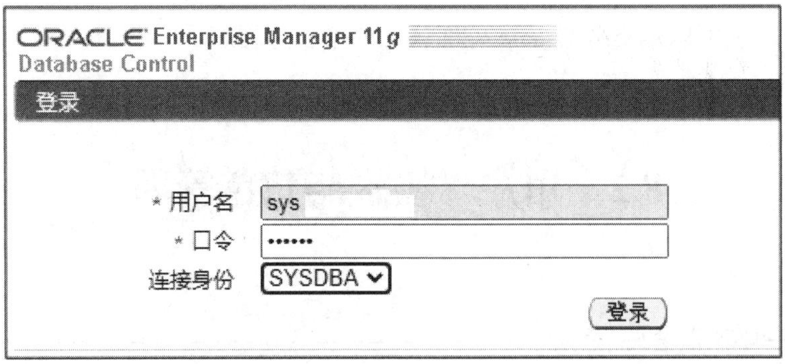

图 8-1　登录界面

第 2 步：单击“登录”按钮，进入 OEM 主目录，选择“服务器”选项卡，如图 8-2 所示。

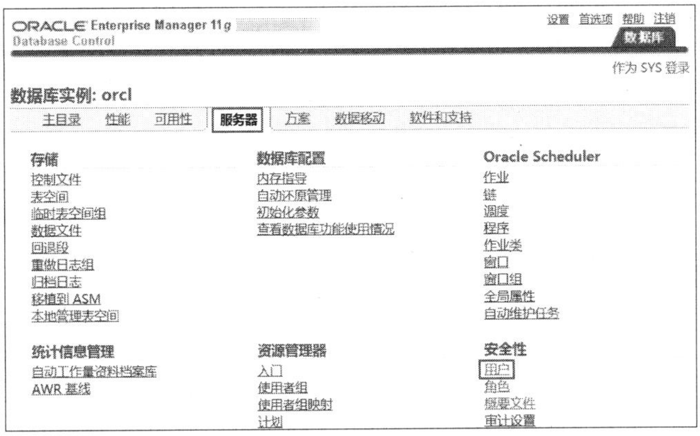

图 8–2 “服务器”选项卡

第 3 步：单击“安全性”标题下的“用户”选项，出现如图 8–3 所示对话框。

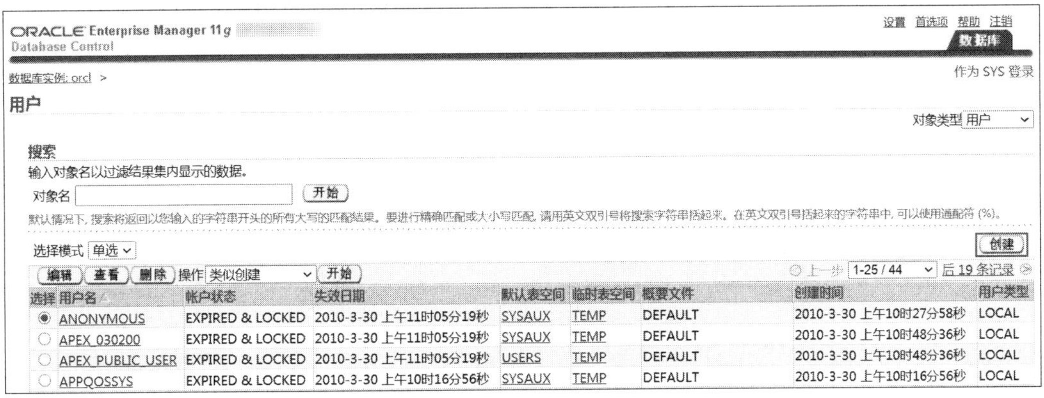

图 8–3 “用户”对话框

第 4 步：单击图 8–3 中的“创建”按钮，进入“创建 用户”界面，如图 8–4 所示；在该界面中的“一般信息”选项卡中，可以设置用户名称、概要文件、口令、默认表空间等信息；其中，默认表空间的设置，可以单击右侧手电筒图标，会打开如图 8–5 所示的对话框，进行默认表空间的选择。

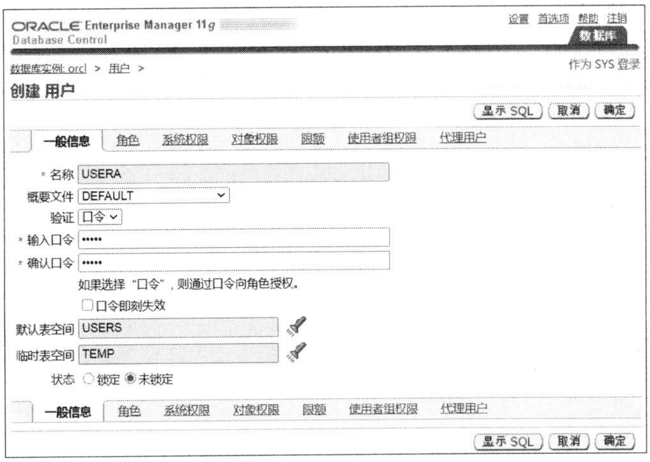

图 8–4 “创建 用户”界面

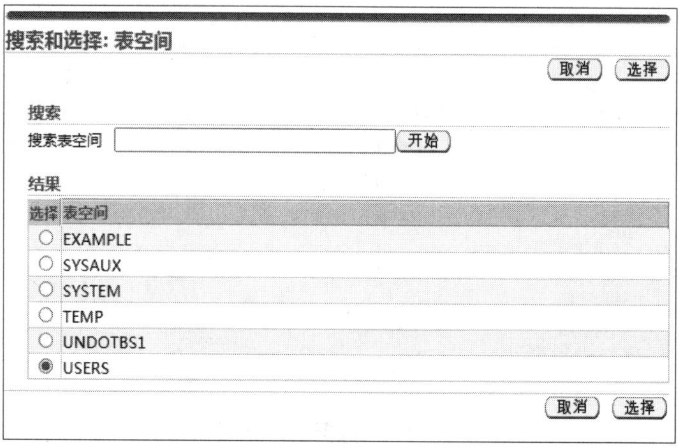

图 8-5　选择表空间对话框

第 5 步：选择图 8-4 所示的“限额”选项卡，可以进行表空间配额的设置，如图 8-6 所示。

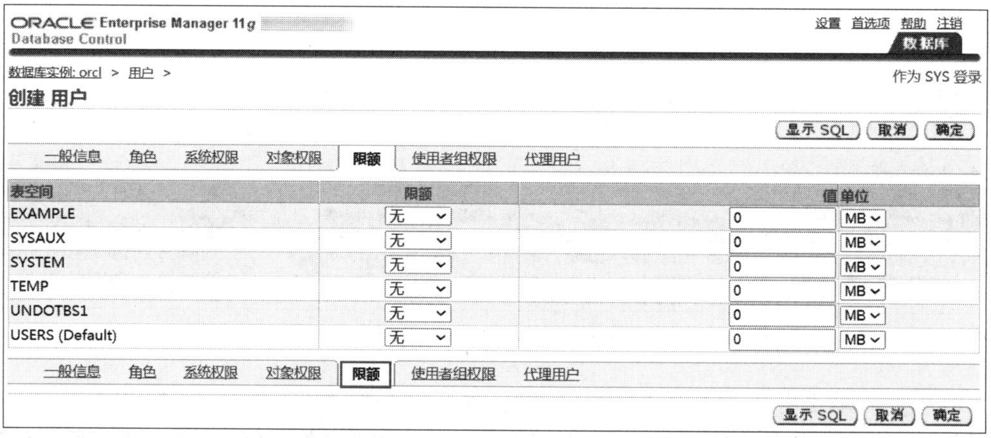

图 8-6　“限额”选项卡

第 6 步：设置完成后，单击“确定”按钮，返回“用户”对话框，完成用户 USERA 的创建，如图 8-7 所示。

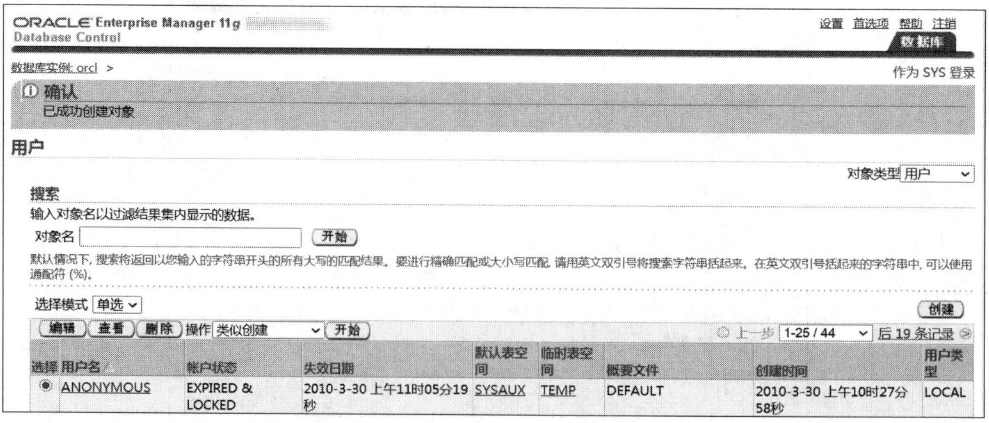

图 8-7　完成用户创建界面

2）使用 OEM 查看用户

进入 OEM 首页后，选择“服务器”选项卡，单击“安全性”标题下的“用户”，出现如图 8-3 所示的对话框。在该对话框中的文本框中输入要查找的对象名，单击“开始”按钮，找到对应的用户，如图 8-8 所示。单击该页面中的“查看”按钮可以查看用户的详细信息。

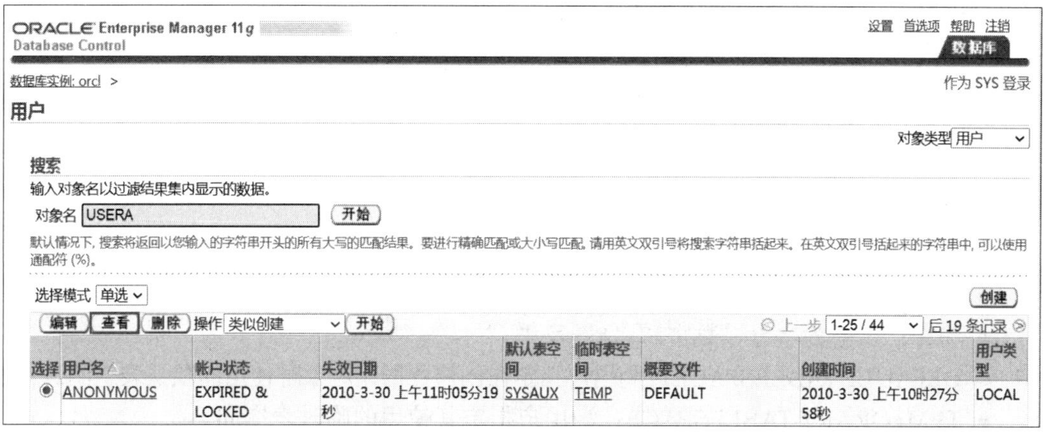

图 8-8　搜索用户

3）使用 OEM 修改用户

如果要对用户进行修改，找到对应的用户，单击图 8-8 中的“编辑”按钮，可以对用户进行编辑，如图 8-9 所示。

图 8-9　“编辑 用户”界面

4）使用 OEM 删除用户

如果要对用户进行删除，在“用户”对话框，找到对应的用户后，单击“删除”按钮，可以对用户进行删除，此处不再赘述。

2. 使用 SQL 语句进行用户的创建与管理

1）使用 SQL 语句创建用户

【格式】

```
CREATE USER 用户名 IDENTIFIED BY 口令
 [DEFAULT TABLESPACE 默认表空间名]
 [TEMPORARY TABLESPACE 默认的临时表空间名]
 [QUOTA[interger [K|M]|UNLIMITED]] ON 表空间名
 [PROFILES 概要文件名]
 [PASSWORD EXPIRE]
 [ACCOUNT LOCK|UNLOCK]
```

【说明】

- 用户名：一般为字母、数字和“#”及“_”。
- 口令：一般为字母、数字和“#”及“_”。
- DEFAULT TABLESPACE：为用户指定在创建数据库对象时使用的默认表空间。
- TEMPORARY TABLESPACE：为用户指定其使用的临时表空间。
- QUOTA：主要用来为用户在默认表空间中分配存储空间配额。
- PROFILES：为用户指定概要文件。
- PASSWORD EXPIRE：设置密码为立即失效状态。
- ACCOUNT：设置账户锁定/不锁定状态。如果没有设置，默认情况是不锁定状态。

【例 8-2】 创建用户 USERB，指定口令为 USERB，默认表空间为 USERS，临时表空间为 TEMP，指定用户使用默认表空间的配额为 100 MB。代码及运行结果如图 8-10 所示。

```
SQL> CREATE USER USERB IDENTIFIED BY USERB
  2  DEFAULT TABLESPACE USERS
  3  TEMPORARY TABLESPACE TEMP
  4  QUOTA 100M ON USERS;

用户已创建。
```

图 8-10　创建用户

创建用户时需要注意以下两点。

（1）新建立的用户没有任何权限，不能执行任何操作，所以，用户如果想连接到数据库，则必须为其授予相应的权限，关于权限的授予，后面的章节会详细介绍。

（2）建立用户时，如果不指定默认表空间和临时表空间，Oracle 会将 SYSTEM 表空间作为用户的默认表空间，将 TEMP 作为该用户的临时表空间。

2）使用 SQL 语句修改用户

用户创建完成后，管理员可以对用户进行修改，包括修改用户的状态、密码、表空间、配额等信息。修改用户的语法格式跟创建用户的语法格式基本类似，只不过需要把创建用户语法格式中的 CREATE 命令换成 ALTER，具体语法不再赘述。下面将通过几个例子来介绍几种常见的修改用户参数的情况。

【例 8-3】 将用户 USERB 的口令修改为 ABC，默认表空间为 EXAMPLE，指定用户使用默认表空间的配额为 200 MB。代码及运行结果如图 8-11 所示。

```
SQL> ALTER USER USERB IDENTIFIED BY ABC
  2  DEFAULT TABLESPACE EXAMPLE
  3  QUOTA 200M ON EXAMPLE;

用户已更改。
```

图 8-11　修改用户表空间

【例 8-4】 使用 ALTER USER 命令，将用户 USERB 修改为锁定状态。代码及运行结果如图 8-12 所示。(说明：如果修改用户为解锁状态，只需将 LOCK 改为 UNLOCK 即可。)

```
SQL> ALTER USER USERB ACCOUNT LOCK;

用户已更改。
```

图 8-12　修改用户状态

3）使用 SQL 语句删除用户

删除用户可以使用 DROP USER 命令实现。

【格式】DROP USER 用户名 [CASCADE]

【说明】CASCADE：表示级联删除，指的是如果用户包含数据库对象，则必须加上 CASCADE 选项，此时删除用户的同时会将该用户下的所有对象一起删除。

【例 8-5】 删除用户 USERB，并将该用户拥有的对象一起删除。代码及运行结果如图 8-13 所示。

```
SQL> DROP USER USERB CASCADE;

用户已删除。
```

图 8-13　删除用户

4）查看用户信息

如果需要查看用户信息，则可以通过数据字典视图进行查看，见表 8-1。

表 8-1　查看用户信息的相关数据字典信息表

数据字典名称	含　义
DBA_USERS	数据库中所有用户的信息
ALL_USERS	可被当前用户看到的所有用户信息
USER_USERS	当前用户的信息
DBA_TS_QUOTAS	用户的表空间信息
USER_PASSWORD_LIMITS	分配给该用户的的口令配置文件参数信息
USER_RESOURCE_LIMITS	当前用户的资源信息

【例 8-6】 查看用户 USERA 的用户名、用户标识、账户状态、默认表空间信息。代码及运行结果如图 8-14 所示。

```
SQL> SELECT USERNAME, USER_ID, ACCOUNT_STATUS, DEFAULT_TABLESPACE
  2  FROM DBA_USERS
  3  WHERE USERNAME='USERA';

USERNAME        USER_ID ACCOUNT_STATUS   DEFAULT_TABLESPACE
---------- ---------- ---------------- ------------------
USERA              111 OPEN             USERS
```

图 8-14　查看用户信息

8.2.2　权限管理

权限主要指的是能够在数据库中执行某种操作或者对数据库中的某个对象（如表、视图、存储过程等）进行操作的权利。不同的用户拥有不同的权限，权限可以控制用户对于数据库对象的操作，包括读取、修改、删除等。通过权限管理可以控制用户对于数据的访问权限，避免未授权用户获取敏感数据，保障数据系统层的安全性。因此，用户在 Oracle 数据库中能够执行什么操作，都是通过授权管理的。

Oracle 中的权限主要分为两种：系统权限和对象权限。数据库权限的授予与回收是通过角色或用户来实现的。对权限的管理操作，主要指的是对权限的授予和回收。对权限的管理可以采用两种方式：使用 OEM 进行权限管理及使用 SQL 语句进行权限管理。下面将分别采用这两种方式来详细介绍系统权限和对象权限的管理。

1. 系统权限管理

系统权限是在系统层面对数据库进行存取和使用的机制，主要分为两大类：一类是数据库级别的某种操作能力，如创建表空间、创建用户等；另一类是对数据库某一类对象的操作能力。常见的系统权限见表 8-2。

表 8-2　Oracle 系统常见的系统权限

类　型	系 统 权 限	所能实现的操作
数据库权限	ALTER DATABASE	更改数据库配置
会话权限	CREATE SESSION ALTER SESSION	连接到数据库 运行 ALTER SESSION 语句，更改会话属性
表空间权限	CREATE TABLESPACE ALTER TABLESPACE DROP TABLESPACE	创建表空间 修改表空间 删除表空间
索引权限	CREATE ANY INDEX ALTER ANY INDEX DROP ANY INDEX	创建索引 修改索引 删除索引
过程权限	CREATE PROCEDURE CREATE ANY PROCEDURE ALTER ANY PROCEDURE DROP ANY PROCEDURE EXECUTE ANY PROCEDURE	在自有模式中创建存储的过程、函数和包 在任何模式中创建存储的过程、函数和包 编译任何模式中的任何存储的过程、函数或包 删除任何模式中的任何存储的过程、函数或包 执行或引用任何过程或函数（独立的或成组的）

续表

类　　型	系 统 权 限	所能实现的操作
角色权限	CREATE ROLE ALTER ANY ROLE DROP ANY ROLE GRANT ANY ROLE	创建角色 修改任何角色 删除任何角色 向其他角色或用户授予任何角色
序列权限	CREATE［ANY］SEQUENCE ALTER ANY SEQUENCE DROP ANY SEQUENCE SELECT ANY SEQUENCE	在自有模式或任何模式中创建序列 在任何模式中创建任何序列 在任何模式中删除任何序列 在任何模式下选择任何序列
表权限	CREATE［ANY］TABLE ALTER ANY TABLE DROP ANY TABLE COMMENT ANY TABLE SELECT ANY TABLE INSERT ANY TABLE UPDATE ANY TABLE DELETE ANY TABLE	在自有模式或任何模式中创建表 修改任何模式中的任何表 删除或截断任何模式中的任何表 对任何模式中的任何表、视图或列进行注释 对任何模式中的任何表、视图或快照进行查询 把行插入到任何模式中的任何表或视图中 修改任何模式中的任何表或视图中的行 删除任何模式中的任何表或视图中的行
触发器权限	CREATETRIGGER ALTER ANY TRIGGER DROP ANY TRIGGER	在自有模式或任何模式中创建触发器 启用、停用或编译任何模式中的任何触发器 删除任何模式中的任何触发器
用户权限	CREATE USER ALTER USER DROP USER	创建用户 修改任意用户的口令、表空间等 删除另一个用户
视图权限	CREATE VIEW CREATE［ANY］VIEW DROP ANY VIEW	在自有模式中创建、更改和删除视图 在任意模式中创建视图 在任意模式中删除视图
专用权限	SYSOPER	系统操作员权限，能够进行数据库的启动、关闭，备份数据库，恢复数据库，改变数据库归档模式
	SYSDBA	系统管理员权限，是 Oracle 数据库中的一种重要权限，其允许用户执行各种数据库操作并具有完全控制数据库的能力

1）使用 OEM 授予和回收系统权限

【例 8-7】 使用 OEM 为用户 USERA 授予 CREATE SESSION 及 CREATE TABLE 的系统权限。操作步骤如下。

第 1 步：使用 sys 用户以 SYSDBA 连接身份登录 OEM 首页后，选择“服务器”选项卡，找到“安全性”，单击“安全性”标题下的“用户”，出现用户管理界面，如图 8-15 所示。

图 8-15　用户管理界面

第 2 步：找到要授权的用户名 USERA，单击“编辑”按钮，出现“编辑 用户”界面，如图 8-16 所示。

图 8-16　“编辑 用户”界面

第 3 步：选择“系统权限”选项卡，如图 8-17 所示。

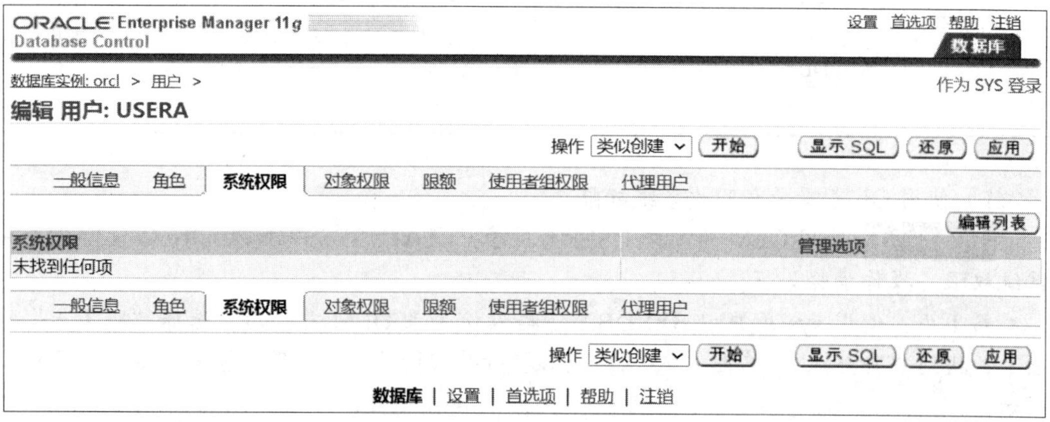

图 8-17　“系统权限”选项卡

第 4 步：单击“编辑列表”按钮，进入“修改系统权限”界面，界面左侧列表列出了可用的系统权限，选择需要授予的系统权限，单击“移动”按钮，系统权限就添加在“所选系统权限”列表内了，同样，也可以单击“移去”回收已添加的系统权限，如图 8-18 所示。

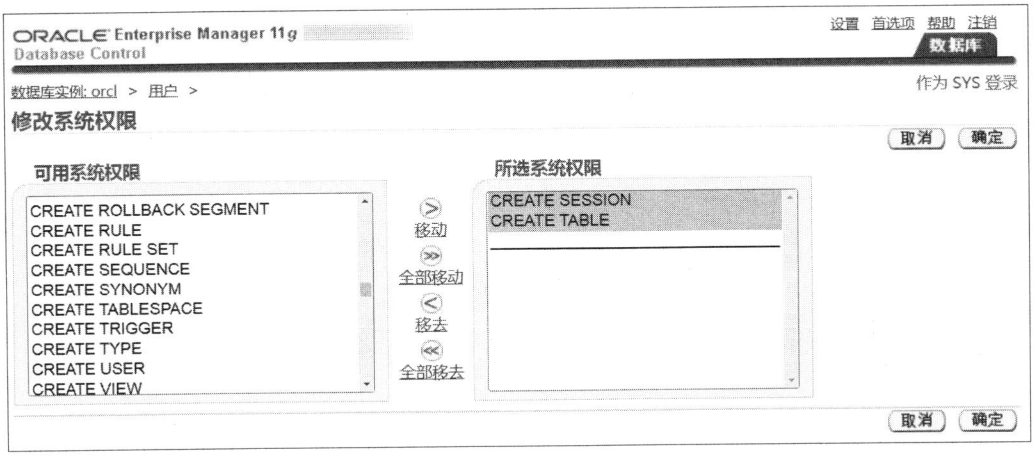

图 8-18 “修改系统权限”界面

第 5 步：单击“确定”按钮，返回“编辑用户”界面，可以发现该用户具有了“CREATE SESSION”“CREATE TABLE”权限，如图 8-19 所示；如果勾选了某个权限后面的“管理选项”复选框，则该用户可以将此权限授予其他用户。

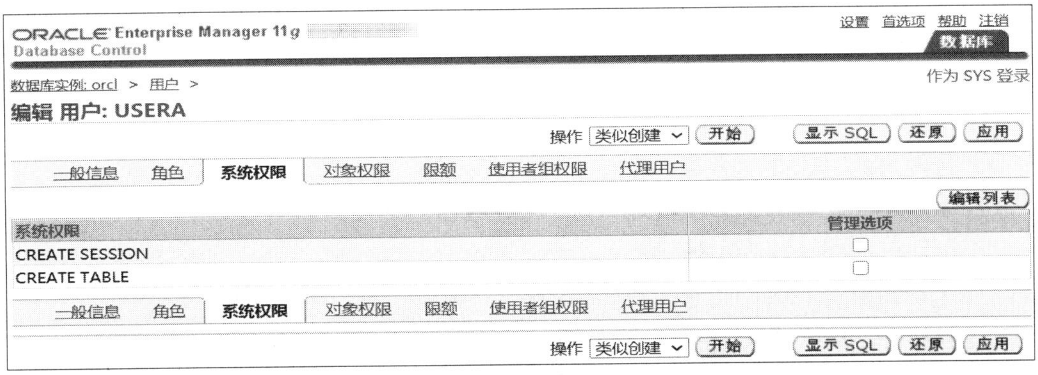

图 8-19 完成权限授予界面

第 6 步：单击“应用”按钮，弹出“已成功修改用户 USERA”的消息。

2）使用 SQL 语句授予系统权限

【格式】

```
GRANT 系统权限 1[,系统权限 2,...]
TO [PUBLIC|ROLE|用户 1[, 用户 2...]]
[WITH ADMIN OPTION]
```

【说明】

- PUBLIC：系统中的所有用户。
- ROLE：被授权的角色名称。
- WITH ADMIN OPTION：可选项，表示被授权的用户、角色可以将相应的系统权限授予其他用户，即系统权限的传递性。

【例 8-8】 创建用户 USERB，并为 USERB 授予连接数据库和创建表的权限。代码及运行结果如图 8-20 所示。

```
SQL> CREATE USER USERB IDENTIFIED BY USERB;

用户已创建。

SQL> GRANT CREATE SESSION, CREATE TABLE TO USERB;

授权成功。

SQL> CONN USERB/USERB
已连接。
SQL>
```

图 8-20 创建用户并授权

【例 8-9】 使用管理员用户为 SCOTT 用户授予创建用户的权限，并可传递授权。代码及运行结果如图 8-21 所示。

```
SQL> GRANT CREATE USER TO SCOTT WITH ADMIN OPTION;

授权成功。

SQL> CONN SCOTT/tiger
已连接。
SQL> GRANT CREATE USER TO USERB;

授权成功。

SQL> CONN USERB/USERB
已连接。
SQL> CREATE USER USERC IDENTIFIED BY USERC;

用户已创建。
```

图 8-21 为用户授权

3）使用 SQL 语句回收系统权限

【格式】

```
REVOKE 系统权限 1[,系统权限 2,...]
FROM [PUBLIC|ROLE|用户 1[, 用户 2...]]
```

【说明】使用 REVOKE 关键字可以回收已授予用户（角色）的系统权限，执行回收系统权限操作的用户必须同时具有授予相同系统权限的能力。

【例 8-10】 回收授予用户 USERB 创建表的权限。代码及运行结果如图 8-22 所示。

```
SQL> REVOKE CREATE TABLE FROM USERB;

撤销成功。

SQL> CONN USERB/USERB
已连接。
SQL> CREATE TABLE TB
  2  (ID  NUMBER);
CREATE TABLE TB
*
第 1 行出现错误:
ORA-01031: 权限不足
```

图 8-22 回收用户系统权限

注：回收授予用户 USERB 创建表的权限后，发现使用用户 USERB 登录到数据库，执行创建表操作时，会提示权限不足。

2. 对象权限管理

在 Oracle 数据库中，对象权限是指访问其他用户模式对象的权利。这里的对象主要指表、视图、索引、序列、同义词、存储过程、函数、包、触发器等。对象权限总共可以分为 9 种，不同类型的对象有不同的对象权限，常用的对象权限主要包括对某个数据库对象中的数据进行查询、修改、插入、删除等权限。常见对象具有的对象权限见表 8-3。

表 8-3　常见对象的对象权限

对象权限	表	视图	序列	过程
INSERT	√	√		
DELETE	√	√		
UPDATE	√	√		
SELECT	√	√		
ALTER	√		√	√
EXECUTE				√
REFERENCES	√			
INDEX	√			
READ				

1）使用 OEM 授予用户对象权限

与授予用户系统权限类似，通过 OEM 授予用户对象权限的操作可以在新建用户时进行，也可以在编辑已有用户的相关信息时进行。

【例 8-11】 授予用户 USERB 查询、SCOTT 模式下 EMP 表的记录插入权限，并且 USERB 用户可以将查询 EMP 表的权限授予其他用户。具体操作步骤如下。

第 1 步：使用 sys 用户以 SYSDBA 连接身份登录到 OEM，选择“服务器”选项卡（图 8-2），单击“安全性”标题下方的“用户”，进入“用户”对话框（见图 8-3），找到“USERB”用户。

第 2 步：单击“编辑”按钮，出现“编辑 用户”界面（见图 8-9），选择“对象权限”选项卡，如图 8-23 所示。

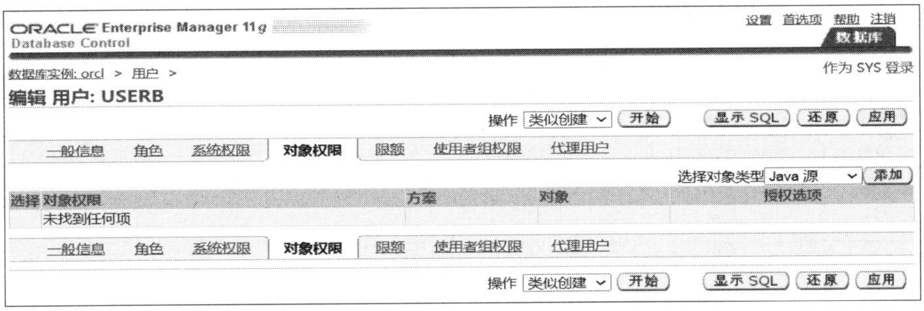

图 8-23　“对象权限”选项卡

第 3 步：单击“选择对象类型”下拉框，选择“表”（根据题目要求，需要为用户 USERB 授予访问 SCOTT 模式下 EMP 表的权限，因此，此处选择对象类型为表），然后单击“添加”按钮，如图 8-24 所示。

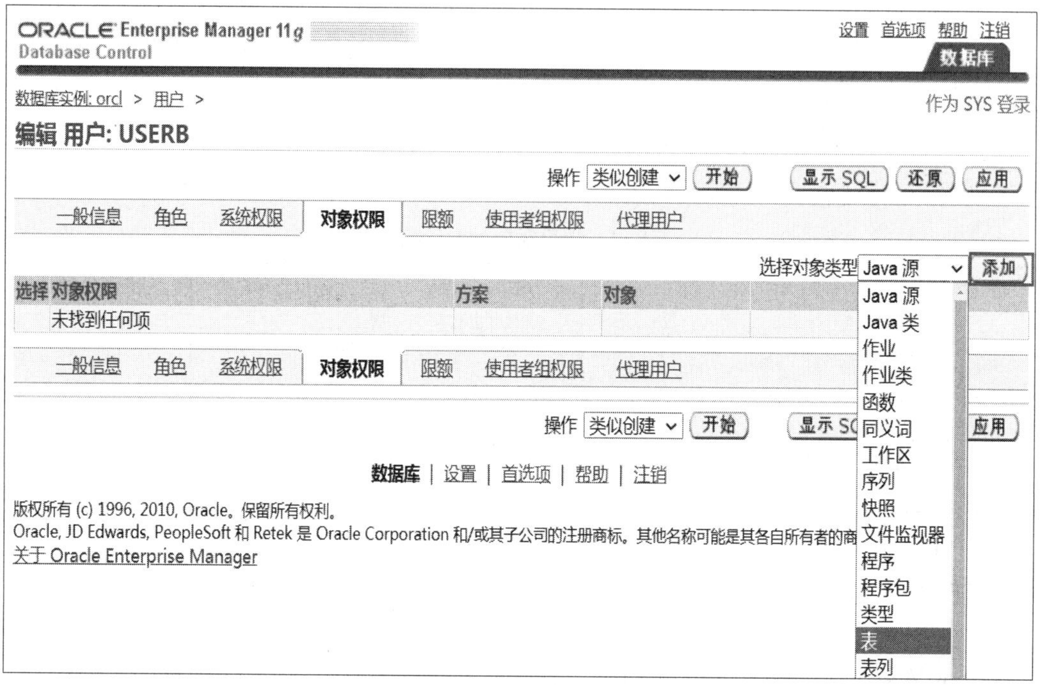

图 8-24 “选择对象类型”界面

第 4 步：弹出“添加 表 对象权限”界面，如图 8-25 所示；在该界面中，首先选择表对象，单击界面中的手电筒图标，弹出“选择 表 对象”界面，如图 8-26 所示，或者直接输入 SCOTT.EMP。

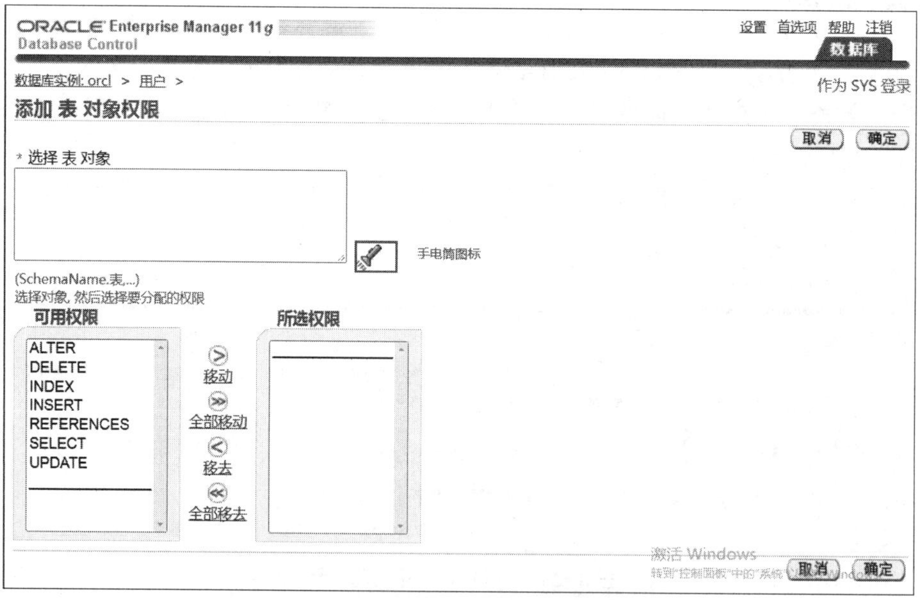

图 8-25 “添加 表 对象权限”界面

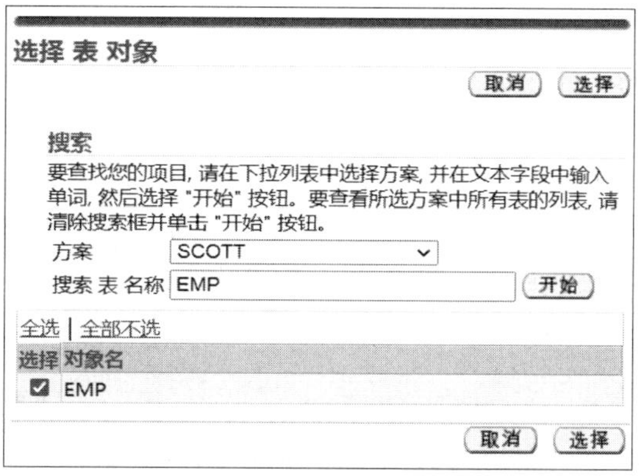

图 8-26　“选择 表 对象”界面

第 5 步：单击“选择”按钮后，返回“添加表对象权限”界面，在界面下方的“可用权限”列表中，选择需要授予的权限，然后单击“移动”，如图 8-27 所示。

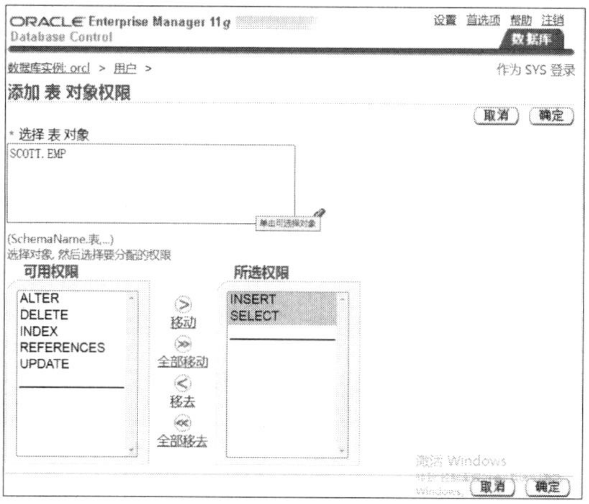

图 8-27　选择对象权限界面

第 6 步：单击“确定”按钮，返回“编辑 用户”界面；在该界面中，选中“SELECT”权限后面的“授权选项”复选框（根据题目要求，USERB 用户可以将查询 EMP 表的权限授予其他用户）。这样，用户 USERB 就可以将查询 EMP 表的权限授予其他用户了；单击“应用”按钮，对象权限授予完成，如图 8-28 所示。

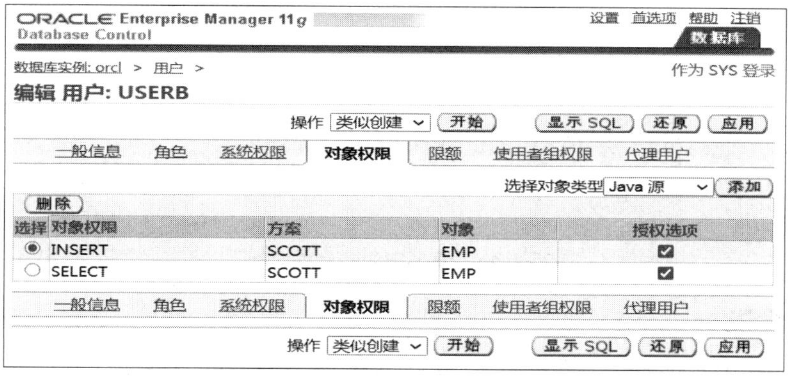

图 8-28　设置“授权选项”界面

2）使用 OEM 回收用户对象权限

【例 8-12】 回收用户 USERB 查询 SCOTT 模式下 EMP 表的权限。具体操作步骤如下。

使用拥有回收权限的特权用户登录，这里使用 sys 用户登录到 OEM，选择“服务器”选项卡，单击“安全性”标题下方的“用户”，进入“用户”界面；选择 USERB 用户，单击“编辑”按钮，选择“对象权限”选项卡；在“对象权限”选项卡中选中“SELECT”，然后单击“删除”按钮，再单击“应用”按钮，如图 8-29 所示。

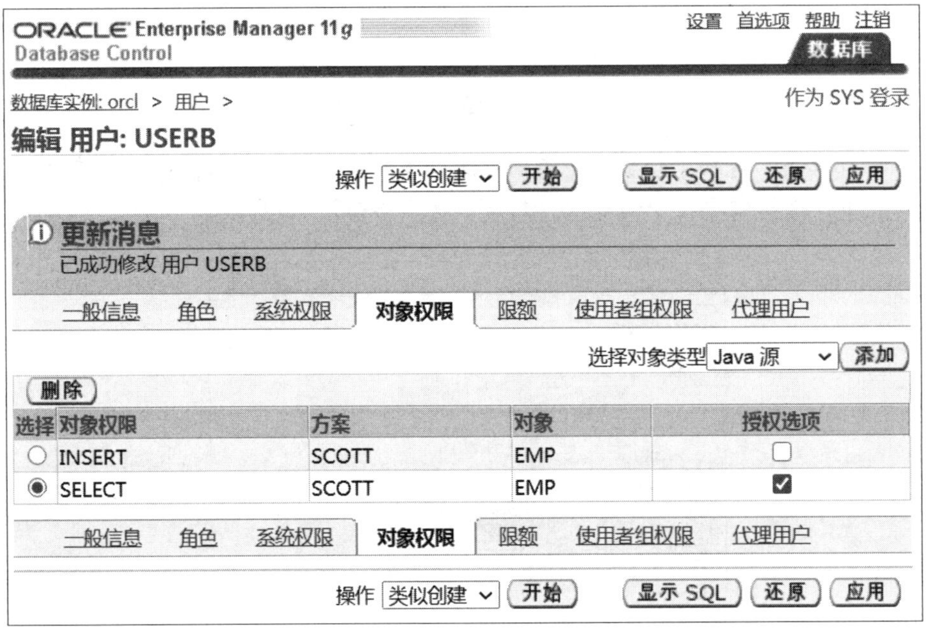

图 8-29　用户 USERB 的“对象权限”界面

3）使用 SQL 语句授予用户对象权限

【格式】

```
GRANT 对象权限1[,对象权限2...]|ALL ON [方案.]对象
TO PUBLIC|角色1|用户1[,PUBLIC|角色2|用户2...]
[WITH GRANT OPTION]
```

【例 8-13】 将 SCOTT 模式下 DEPT 表的删除权限授予用户 USERB，代码及运行结果如图 8-30 所示。

```
SQL> CONN SCOTT/tiger
已连接。
SQL> GRANT DELETE ON DEPT TO USERB;

授权成功。
```

图 8-30　授予用户对象权限 1

【例 8-14】 将 SCOTT 模式下 DEPT 表的查询权限授予用户 USERB，并且 USERB 可以将该权限授予其他用户，代码及运行结果如图 8-31 所示。

```
SQL> CONN SCOTT/tiger
已连接。
SQL> GRANT SELECT ON DEPT TO USERB WITH GRANT OPTION;

授权成功。

SQL> CONN USERB/USERB
已连接。
SQL> GRANT SELECT ON SCOTT.DEPT TO USERA;

授权成功。
```

图 8-31　授予用户对象权限 2

注：
- SCOTT 用户为 USERB 用户授予权限时，添加了 WITH GRANT OPTION 选项，表示 USERB 用户也具有了授予其他用户查询 SCOTT 模式下 DEPT 表的权限。
- USERB 用户为 USERA 用户授予查询 SCOTT 模式下 DEPT 表的权限时，注意写法是 SCOTT.DEPT。

4）使用 SQL 语句回收用户对象权限

【格式】

```
REVOKE 对象权限 1[,对象权限 2...]|ALL ON [方案.]对象
FROM PUBLIC|角色 1|用户 1[,PUBLIC|角色 2|用户 2...]
```

【例 8-15】 回收授予用户 USERB 可以删除 SCOTT 模式下 DEPT 表的权限，代码及运行结果如图 8-32 所示。

```
SQL> CONN SCOTT/tiger
已连接。
SQL> REVOKE DELETE ON DEPT FROM USERB;

撤销成功。
```

图 8-32　回收用户对象权限

注： SCOTT 用户回收 USERB 用户查询 DEPT 的权限后，USERB 用户则不再具有查询 DEPT 表的权限，此时 USERA 用户也受到影响，其所具有的对象权限也立即失效。这一点跟回收级联授权的系统对象权限有区别，大家需要注意。

3. 查询权限信息

如果需要查看系统权限相关的信息，可以通过表 8-4 列举的数据字典视图进行查看。如果需要查看对象权限相关的信息，可以通过表 8-5 列举的数据字典视图进行查看。

表 8-4　与系统权限有关的数据字典视图

视　图	说　明
DBA_SYS_PRIVS	授予所有用户和角色的系统权限
USER_SYS_PRIVS	授予当前用户的系统权限
SESSION_PRIVS	当前会话可以使用的系统权限
V$PWFILE_USERS	所有被授予 SYSDBA 或 SYSOPER 系统权限的用户信息
SYSTEM_PRIVILEGE_MAP	所有系统权限，包括 SYSDBA 或 SYSOPER

表 8-5　与对象权限有关的数据字典视图

视　图	说　明
DBA_TAB_PRIVS	数据库中所有用户或角色的对象权限
ALL_TAB_PRIVS	当前用户或 PUBLIC 的对象权限
USER_TAB_PRIVS	列出当前用户的对象权限
DBA_COL_PRIVS	数据库中的所有用户或角色的列对象权限
ALL_COL_PRIVS	所有字段已授予的对象权限信息
USER_COL_PRIVS	当前用户所有字段已授予的对象权限

【例 8-16】 查询用户 USERB 具有的系统权限，代码及运行结果如图 8-33 所示。

```
SQL> CONN USERB/USERB
已连接。
SQL> SELECT * FROM USER_SYS_PRIVS;

USERNAME   PRIVILEGE                                  ADMIN_OPTION
---------- ---------------------------------------- ---------------
USERB      CREATE SESSION                             NO
USERB      CREATE USER                                NO
```

图 8-33　查询用户系统权限

【例 8-17】 查询用户 USERB 具有的对象权限，代码及运行结果如图 8-34 所示。

```
SQL> CONN SYSTEM/aaaaaa
已连接。
SQL> SELECT * from DBA_TAB_PRIVS WHERE GRANTEE='USERB';

GRANTEE    OWNER      TABLE_NAME GRANTOR    PRIVILEGE  GRA HIE
---------- ---------- ---------- ---------- ---------- --- ---
USERB      SCOTT      EMP        SCOTT      INSERT     NO  NO
USERB      SCOTT      EMP        SCOTT      SELECT     NO  NO
```

图 8-34　查询用户对象权限

8.2.3　角色管理

角色是介于权限和用户之间的一组权限集合。将角色授予某个用户，该用户就具有了这个角色下的所有权限。因此，Oracle 数据库中引入角色的概念，是为了简化数据库权限的管理。角色分为预定义角色和自定义角色。

所谓预定义角色是指 Oracle 数据库安装完成后由系统自动创建的一些常用角色。这些角色已经由系统授予了相应的权限，可由数据库管理员直接使用。Oracle 11g 中部分常用的预定义角色见表 8-6。

表 8-6　部分常用的预定义角色说明表

角　色　名	包 含 权 限
CONNECT	ALTER SESSION CREATE CLUSTER CREATE DATABASE LINK CREATE SEOUENCE CREATE SESSION CREATE SYNONYM CREATE TABLE CRATE VIEW
RESOURCE	CREATE CLUSTER CREATE INDEXTYPE CREATE OPERATOR CREATE PROCEDURE CREATE SEOUENCE CREATE TABLE CREATE TRIGGER CREATE TYPE
DBA	所有权限
EXP_FULL_DATABASE	SELECT ANY TABLE BACKUP ANY TABLE EXECUTE ANY PROCEDURE EXECUTE ANY TYPE ADMINISTER RESOURCE MANAGER
IMP_FULL_DATABASE	EXECUTE CATALOG ROLE SELECT CATALOG ROLE

不同版本的 Oracle 预定义的角色不同，如果需要查看系统中所有的预定义角色，可以通过 DBA_ROLES 数据字典查询相关信息。

【例 8-18】 查询当前数据库中所有的预定义角色，代码及部分运行结果如图 8-35 所示。

```
SQL> CONN SYS AS SYSDBA
输入口令:
已连接。
SQL> SELECT * FROM DBA_ROLES;

ROLE                           PASSWORD AUTHENTICAT
------------------------------ -------- -----------
CONNECT                        NO       NONE
RESOURCE                       NO       NONE
DBA                            NO       NONE
SELECT_CATALOG_ROLE            NO       NONE
EXECUTE_CATALOG_ROLE           NO       NONE
DELETE_CATALOG_ROLE            NO       NONE
EXP_FULL_DATABASE              NO       NONE
IMP_FULL_DATABASE              NO       NONE
LOGSTDBY_ADMINISTRATOR         NO       NONE
DBFS_ROLE                      NO       NONE
AQ_ADMINISTRATOR_ROLE          NO       NONE

ROLE                           PASSWORD AUTHENTICAT
------------------------------ -------- -----------
AQ_USER_ROLE                   NO       NONE
DATAPUMP_EXP_FULL_DATABASE     NO       NONE
DATAPUMP_IMP_FULL_DATABASE     NO       NONE
ADM_PARALLEL_EXECUTE_TASK      NO       NONE
GATHER_SYSTEM_STATISTICS       NO       NONE
JAVA_DEPLOY                    NO       NONE
RECOVERY_CATALOG_OWNER         NO       NONE
SCHEDULER_ADMIN                NO       NONE
HS_ADMIN_SELECT_ROLE           NO       NONE
HS_ADMIN_EXECUTE_ROLE          NO       NONE
HS_ADMIN_ROLE                  NO       NONE
```

图 8-35　查询数据库中的预定义角色

在实际应用中，如果预定义角色不能满足用户需要，DBA 可以创建新的角色进行权限的集中管理和授权，这些角色称为自定义角色。创建和管理角色的方式有两种：使用 OEM 创建管理角色及使用 SQL 语句创建管理角色。

1. 使用 OEM 进行角色的创建与管理

1）使用 OEM 创建角色

【例 8-19】 创建一个名为 WORKER 的角色，口令为 123456，同时为 WORKER 角色授予 CREATE SESSION、CREATE TABLE 的系统权限及查询 SCOTT 模式下 EMP 表的权限。具体操作步骤如下。

第 1 步：使用 sys 用户以 SYSDBA 连接身份登录 OEM 后，选择“服务器”选项卡，找到“安全性”，单击“安全性”标题下的“角色”，进入“角色”界面，如图 8-36 所示。

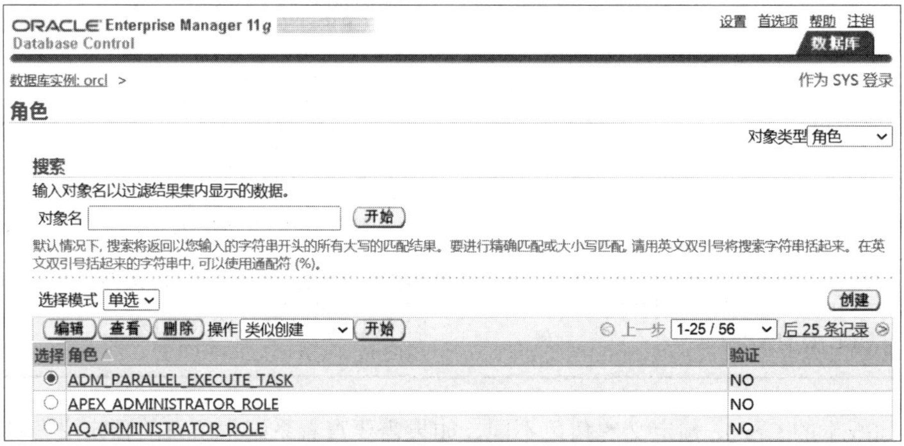

图 8-36 “角色”界面

第 2 步：单击“角色”界面的“创建”按钮，进入“创建 角色”界面，如图 8-37 所示；在该界面中的“一般信息”选项卡中，输入角色名称，验证方式选择“口令”验证并输入口令。

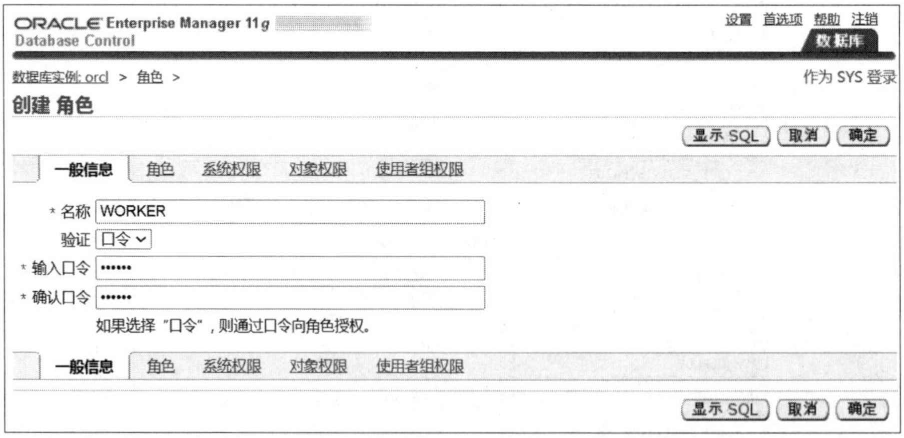

图 8-37 “创建 角色”界面

第 3 步：选择“创建 角色”界面中的“系统权限”选项卡，进入“系统权限”选项卡，如图 8-38 所示。

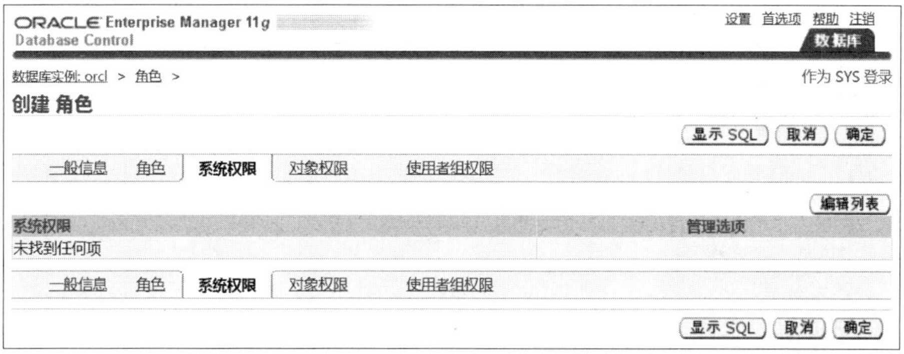

图 8-38　“系统权限”选项卡

第 4 步：单击“编辑列表”进入“修改系统权限”界面，在“可用系统权限”列表内选择 CREATE SESSION、CREATE TABLE 系统权限，并移动至“所选系统权限”列表，如图 8-39 所示。

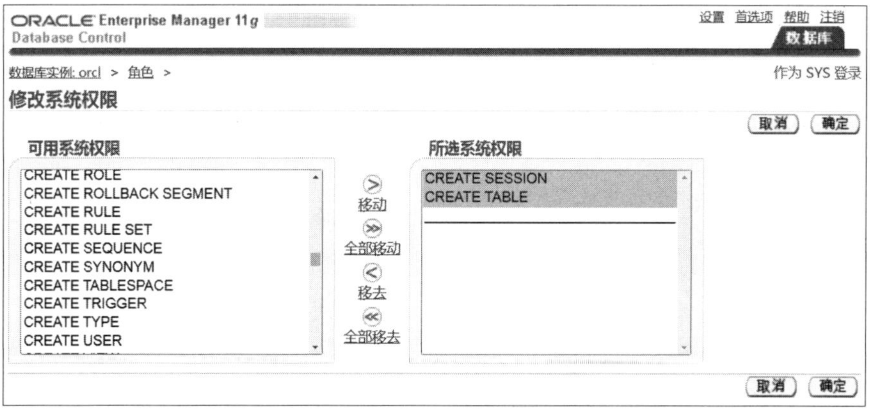

图 8-39　“修改系统权限”界面

第 5 步：单击“确定”按钮，返回“创建 用户”界面，并选择“对象权限”选项卡，如图 8-40 所示。

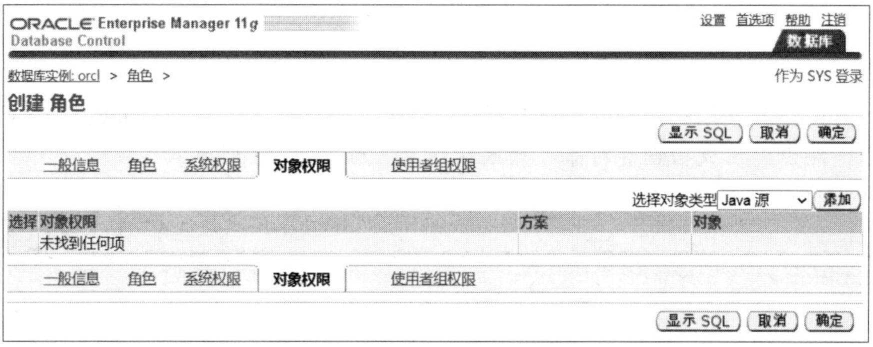

图 8-40　“对象权限”选项卡

第 6 步：单击“选择对象类型”下拉框，选择“表”，单击“添加”按钮，进入“添加表 对象权限”界面，如图 8-41 所示。

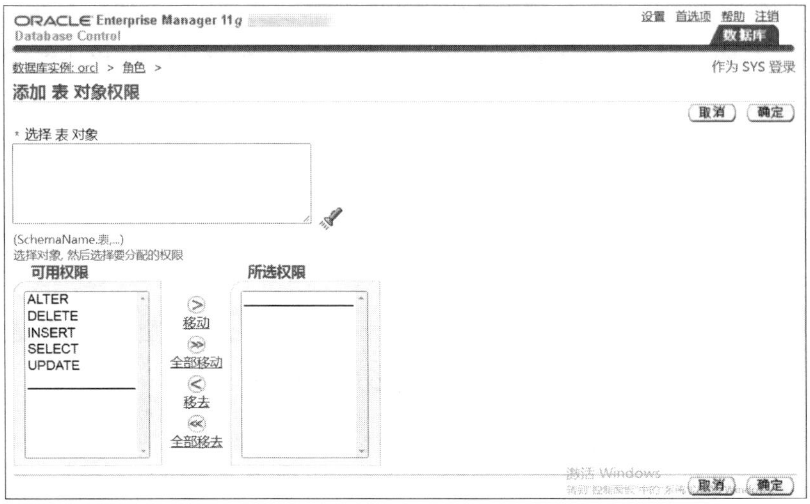

图 8-41 “添加 表 对象权限”界面

第 7 步：选择表对象 EMP，并在下方的“可用权限”中选择“SELECT”权限移动至右侧的“可选权限”列表中，如图 8-42 所示。

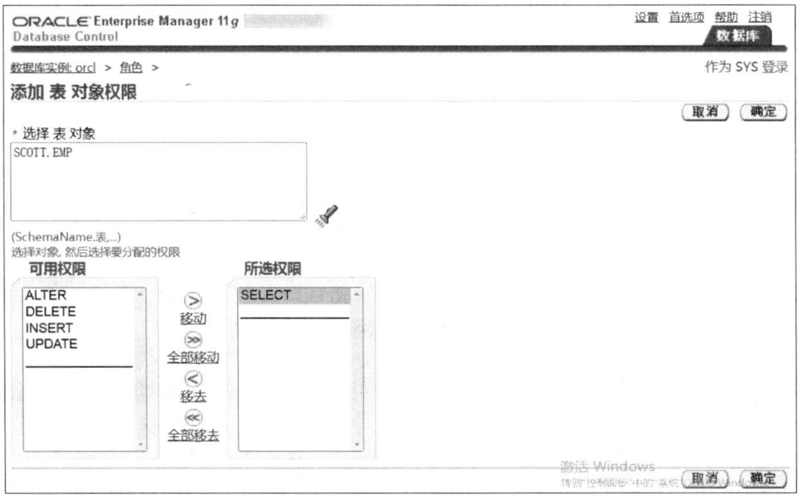

图 8-42 “添加表 对 象权限”选择权限界面

第 8 步：单击“确定”按钮，返回“创建 角色”页面，单击“创建 角色”页面中的“确定”按钮，弹出“已成功创建对象”的确认信息，如图 8-43 所示。

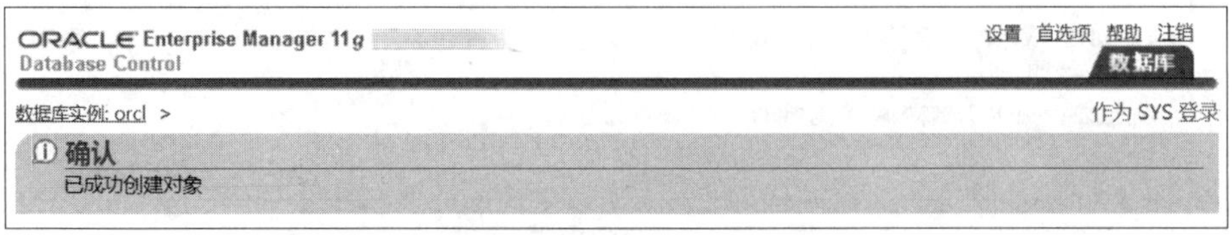

图 8-43 “确认”界面

2）使用 OEM 管理角色

使用 sys 用户以 SYSDBA 连接身份登录 OEM 后，选择“服务器”选项卡，找到“安全性”，单击“安全性”标题下的“角色”，进入“角色”界面，选中要进行编辑、查看或者删除的角色，分别单击该界面中的“编辑”“查看”“删除”按钮，执行相关操作。

2. 使用 SQL 语句进行角色的创建与管理

1）使用 SQL 语句创建角色

【格式】`CREATE 角色名 [NOT IDENTIFIED | IDENTIFIED BY 口令]`

【说明】

- NOT IDENTIFIED：表示该角色生效不需要口令。
- IDENTIFIED BY 口令：设置角色的口令。

【例 8-20】 创建一个名为 EMPLOYEE 的角色，口令为 aaaaaa。同时为 EMPLOYEE 角色授予 CREATE SESSION、CREATE TABLE 的系统权限及删除 SCOTT 模式下 EMP 表的权限。并将该新建的角色授权给用户 USERA。代码及运行结果如图 8-44 所示。

```
SQL> CONN SYS AS SYSDBA
输入口令:
已连接。
SQL> CREATE ROLE EMPLOYEE IDENTIFIED BY aaaaaa;

角色已创建。

SQL> GRANT CREATE SESSION,CREATE TABLE TO EMPLOYEE;

授权成功。

SQL> GRANT DELETE ON SCOTT.EMP TO EMPLOYEE;

授权成功。

SQL> GRANT EMPLOYEE TO USERA;

授权成功。
```

图 8-44　创建角色并授予相应权限

注：在同一条 GRANT 语句中，可以同时为用户授予系统权限和角色，但是不能使用同一条 GRANT 语句授予对象权限和角色。

2）使用 SQL 语句管理角色

利用 SQL 的 ALTER ROLE、GRANT ROLE 和 REVOKE 命令可以管理角色，但是操作者必须被授予 ADMIN OPTION 或 ALTER ANY ROLE 系统权限。

【格式】`ALTER ROLE 角色名 [NOT IDENTIFIED|IDENTIFIED BY 口令]`

【说明】

- 使用 REVOKE 语句可以回收已经授予用户（角色）的角色，执行回收角色操作的用户必须同时具有授予相同角色的能力；如果想删除角色，可以使用 DROP ROLE 命令。

【例 8-21】 取消 EMPLOYEE 角色的口令，代码及运行结果如图 8-45 所示。

```
SQL> CONN SYS AS SYSDBA
输入口令:
已连接。
SQL> ALTER ROLE EMPLOYEE NOT IDENTIFIED;

角色已丢弃。
```

图 8-45　修改角色

【例 8-22】 回收已经授予用户 USERA 的 EMPLOYEE 角色，代码及运行结果如图 8-46 所示。

```
SQL> REVOKE EMPLOYEE FROM USERA;

撤销成功。
```

图 8-46　回收角色

【例 8-23】 删除角色 EMPLOYEE，代码及运行结果如图 8-47 所示。

```
SQL> DROP ROLE EMPLOYEE;

角色已删除。
```

图 8-47　删除角色

3. 查询角色信息

如果需要查看角色相关的信息，可以通过表 8-7 列举的数据字典视图进行查看。

表 8-7　角色相关的数据字典视图

视　图	说　明
DBA_ROLES	当前数据库中存在的所有角色
SESSION_ROLES	用户当前启用的角色
ROLE_ROLE_PRIVS	角色与权限授予情况，以及是否有传递权限情况
DBA_ROLE_PRIVS	用户（或角色）与角色之间的授予关系
USER_ROLE_PRIVS	用户授予的角色
ROLE_SYS_PRIVS	系统权限授予情况
DBA_SYS_PRIVS	每种角色拥有的权利

【例 8-24】 查询用户 USERA 的角色信息，代码及运行结果如图 8-48 所示。

```
SQL> CONN USERA/usera
已连接。
SQL> SELECT USERNAME, GRANTED_ROLE, ADMIN_OPTION FROM  USER_ROLE_PRIVS;

USERNAME   GRANTED_ROLE                      ADMIN_OPTION
---------- --------------------------------- ---------------
USERA      CONNECT                           NO
```

图 8-48　查询用户具有的角色信息

【例 8-25】 查询 WORKER 角色包含的权限信息，代码及运行结果如图 8-49 所示。

```
SQL> CONN SYS AS SYSDBA
输入口令:
已连接。
SQL> SELECT ROLE,PRIVILEGE FROM ROLE_SYS_PRIVS WHERE ROLE='WORKER';

ROLE                              PRIVILEGE
--------------------------------- --------------------
WORKER                            CREATE TABLE
WORKER                            CREATE SESSION
```

图 8-49　查询角色包含的权限信息

8.3　概要文件管理

对于 Oracle 这种大型数据管理系统来说，数据库用户众多，且不同用户担负着不同的管理任务。为有效利用服务器资源，Oracle 系统提出了概要文件的概念。

8.3.1　概要文件概述

概要文件是一份描述如何使用系统资源的配置文件。在安装数据库时，Oracle 会自动建立名为 DEFAULT 的默认概要文件，如果没有为新建用户指定概要文件，Oracle 则会自动为该用户指定 DEFAULT 为默认的概要文件。

概要文件主要有两方面的功能：口令管理和资源管理。

1. 使用概要文件进行口令管理

使用概要文件进行口令管理可以实现的管理功能有账户锁定、设置口令过期时间、设置口令历史及口令复杂度。Oracle 为这些口令管理提供了以下参数。

（1）FAILED_LOGIN_ATTEMPTS：该参数用于设置用户在登录 Oracle 数据库时允许失败的次数；一旦用户尝试登录失败的次数达到该值，系统将锁定账户。

（2）PASSWORD_LOCK_TIME：该参数用于设置账户被锁定的天数。

（3）PASSWORD_LIFE_TIME：该参数用于设置口令的有效期（天），即多少天后口令失效，默认为 UNLIMITED。

（4）PASSWORD_GRACE_TIME：该参数用于设置口令失效后的“宽限时间”，即口令失效后，还可以继续使用的时间。

（5）PASSWORD_REUSE_TIME：该参数用于设置口令可重新使用的时间。

（6）PASSWORD_REUSE_MAX：该参数用于设置口令在重新使用之前，必须改变的次数。

（7）PASSWORD_VERIFY_FUNCTION：该参数用于对用户设置的口令进行复杂性及格式验证。

2. 使用概要文件进行资源管理

使用概要文件可以对系统资源进行管理，主要包括 CPU 时间、逻辑读次数、用户的并发会话数、会话空闲时间、会话可持续时间及会话所使用的 SGA 空间等。Oracle 为这些资源管理提供了以下参数。

（1）CPU_PER_SESSION：用户在一次数据库会话期间可以使用的 CPU 时间，单位为（s/100）。

（2）CPU_PER_CALL：用户每条 SQL 语句可以使用的 CPU 时间，单位为（s/100）。

（3）CONNECT_TIME：每个用户连接到数据库的最长时间，单位为 min。

（4）IDLE_TIME：每个会话连接到数据库的最长时间，单位为 min；超过该时间，系统会终止会话。

（5）SESSIONS_PER_USER：每个用户运行建立的最大并发会话数目。

（6）LOGICAL_READS_PER_SESSION：每个连接会话所能读取的数据块数。

（7）LOGICAL_READS_PER_CALL：每条 SQL 语句所能读取的数据块数。

（8）PRIVATE_SGA：每个会话分配的私有 SGA 的大小（以字节为单位）；该参数只对共享服务器模式有效。

（9）COMPOSITE_LIMIT：用于设置“组合资源限制”。

8.3.2 创建与管理概要文件

在 Oracle 数据库中，概要文件也是一种资源，数据库管理员可以通过相应的方式对其进行管理，包括创建概要文件、修改概要文件、删除概要文件、启用和禁用概要文件。下面将详细介绍使用 OEM 及 SQL 语句这两种方式对概要文件进行创建与管理。

1. 概要文件的创建

1）使用 OEM 创建概要文件

【例 8-26】 使用 OEM 创建概要文件 PRO_TEST，具体要求如下：

每个用户最多可创建 10 个并发会话；

每个会话能连接到数据库的最长时间为 120 min；

每个会话所能使用 CPU 的时间为 60 s；

每个会话运行的最大空闲时间为 15 min；

每条 SQL 语句占用 CPU 时间总量不超过 10 s；

口令有效期为 120 d，最大锁定天数为 30 d；

如果用户连续 6 次登录失败，则锁定该账户，10 d 后自动解锁。

具体操作步骤如下：

第 1 步：使用 sys 用户以 SYSDBA 连接身份登录 OEM 后，选择“服务器”选项卡，找到“安全性”，单击“安全性”标题下的“概要文件”，进入“概要文件”界面，如图 8-50 所示。

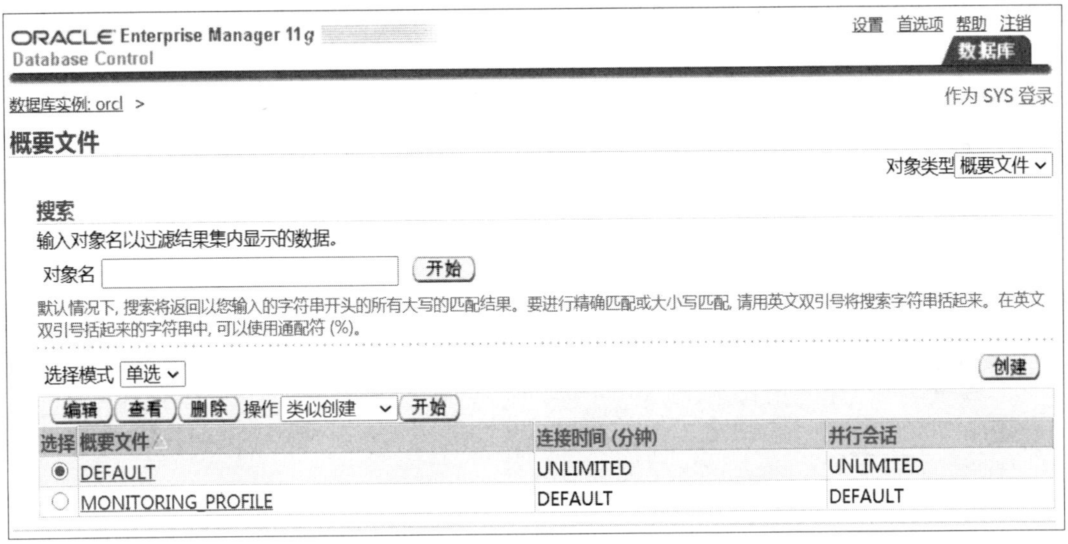

图 8-50　“概要文件”界面

第 2 步：单击“概要文件”界面的“创建”按钮，进入“创建 概要文件”界面，在“一般信息”选项卡，输入概要文件名称，单击手电筒图标，选择相应的配置参数，如图 8-51 所示。

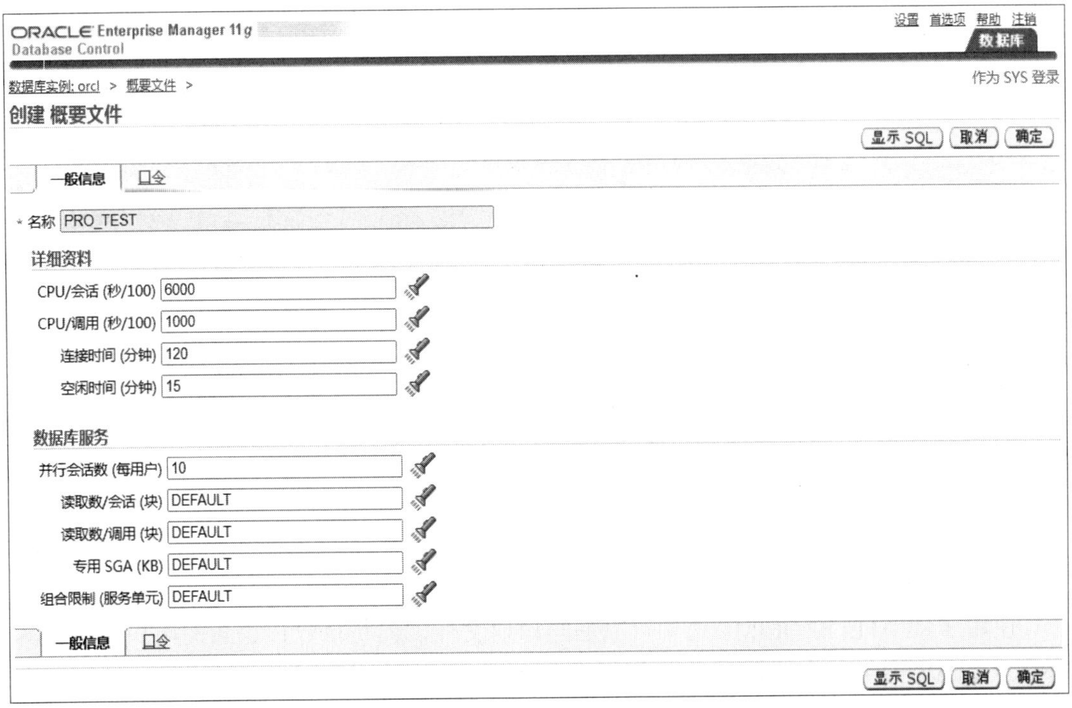

图 8-51　“创建 概要文件”中的“一般信息”选项卡

第 3 步：选择“创建 概要文件”界面上的“口令”选项卡，进入“口令”选项卡，设置口令管理的相关参数，如图 8-52 所示。

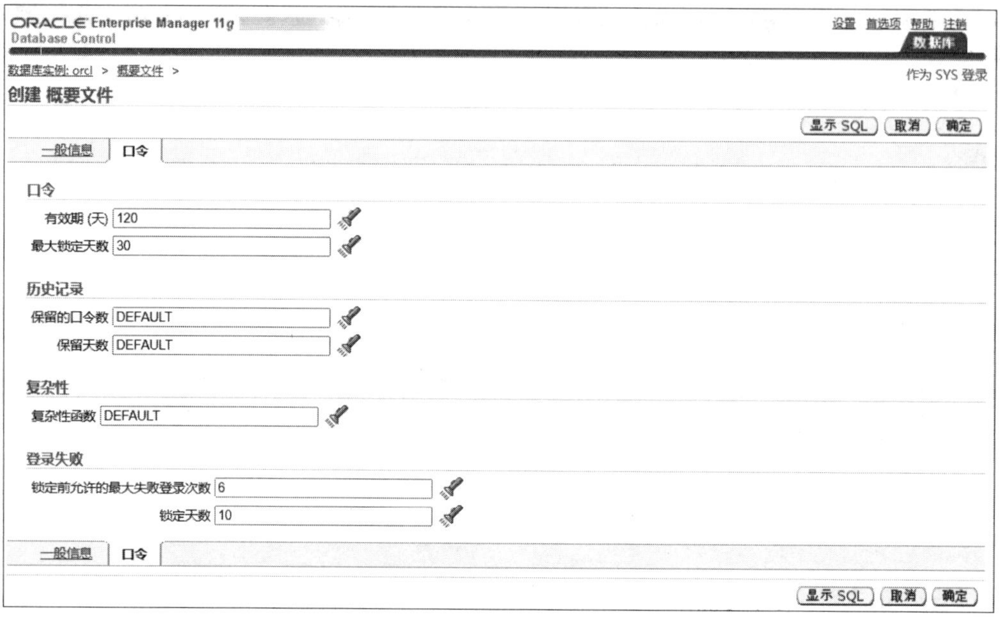

图 8-52　“创建 概要文件”中的“口令”选项卡

第 4 步：单击“确定”按钮，弹出“已成功创建对象”提示信息，概要文件 PRO_TEST 创建成功，如图 8-53 所示。

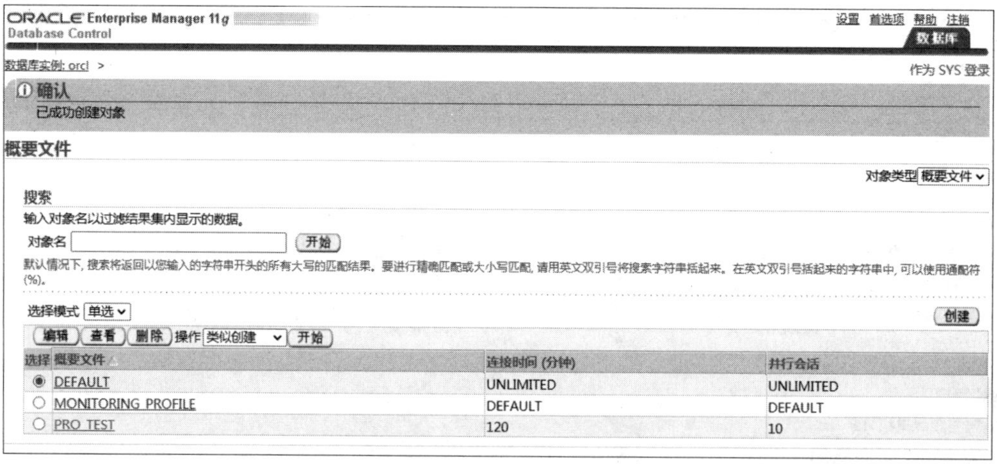

图 8-53　“确认”界面

2）使用 SQL 语句创建概要文件

使用 CREATE PROFILE 语句可以创建概要文件，但是执行该语句的用户必须具备 CREATE PROFILE 的系统权限。

【格式】

```
CREATE PROFILE 概要文件名  LIMIT
资源限制参数|口令参数
```

【说明】

- 资源限制参数表达式包括：

```
[CPU_PER_SESSION integer|UNLIMITED|DEFAULT]
[CPU_PER_CALL integer|UNLIMITED|DEFAULT]
[CONNECT_TIME integer|UNLIMITED|DEFAULT]
[IDLE_TIME UNLIMITED|DEFAULT]
[SESSIONS_PER_USER integer|UNLIMITED|DEFAULT]
[LOGICAL_READS_PER_SESSION integer|UNLIMITED|DEFAULT]
[LOGICAL_READS_PER_CALL integer|UNLIMITED|DEFAULT]
[PRIVATE_SGA integer {K|M}|UNLIMITED|DEFAULT]
[COMPOSITE_LIMIT integer|UNLIMITED|DEFAULT]
```

- 口令参数表达式包括：

```
[PASSWORD_LIFE_TIME expression|UNLIMITED|DEFAULT]
[PASSWORD_GRACE_TIME expression|UNLIMITED|DEFAULT]
[PASSWORD_REUSE_MAX expression|UNLIMITED|DEFAULT]
[[PASSWORD_REUSE_TIMEexpression|UNLIMITED|DEFAULT]
[PASSWORD_LOCK_TIME expression|UNLIMITED|DEFAULT]
[FAILED_LOGIN_ATTEMPTS expression|UNLIMITED|DEFAULT]
[PASSWORD_VERIFY_FUNCTION expression|UNLIMITED|DEFAULT]
```

【例 8-27】 将例 8-26 的任务用 SQL 语句实现，代码与运行结果如图 8-54 所示。

```
SQL> CREATE PROFILE PRO_TEST LIMIT
  2   CPU_PER_SESSION 6000
  3  CPU_PER_CALL 1000
  4  CONNECT_TIME 120
  5  IDLE_TIME 15
  6  SESSIONS_PER_USER 10
  7  PASSWORD_LIFE_TIME 120
  8  PASSWORD_GRACE_TIME 30
  9  PASSWORD_LOCK_TIME 10
 10  FAILED_LOGIN_ATTEMPTS 6;

配置文件已创建
```

图 8-54　使用 SQL 语句创建概要文件

注：

- 执行该操作语句使用的账户是特权用户 sys；
- 在用 SQL 语句创建概要文件 PRO_TEST 之前，例 8-26 创建的概要文件应已被删除。

2. 概要文件的管理

1）使用 OEM 管理概要文件

使用 sys 用户以 SYSDBA 连接身份登录 OEM 后，选择“服务器”选项卡，找到“安全性”，单击“安全性”标题下的“概要文件”，进入“概要文件”界面。选中要进行编辑、查看或者删除的概要文件，分别单击该页面中的“编辑”“查看”“删除”按钮，执行相关操作。

2）使用 SQL 语句管理概要文件

利用 ALTER PROFILE 可以修改概要文件，利用 DROP PROFILE 可以删除概要文件。执行 ALTER PROFILE 命令和 DROP PROFILE 命令的用户必须具备 ALTER PROFILE 系统权限及 DROP PROFILE 系统权限。另外，使用 DROP PROFILE 删除概要文件时，如果该概要文件已经分配给了用户，则需要在 DROP PROFILE 语句中使用 CASCADE 关键字。

（1）修改概要文件。

【格式】ALTER PROFILE 概要文件名 LIMIT 资源限制参数|口令参数

【说明】这里的资源限制参数及口令参数与创建概要文件时的含义一致。

【例 8-28】 修改概要文件 PRO_TEST，口令有效期为 180 天，代码与运行结果如图 8-55 所示。

```
SQL> ALTER PROFILE PRO_TEST LIMIT
  2  PASSWORD_LIFE_TIME 180;

配置文件已更改
```

图 8-55　使用 SQL 语句修改概要文件

（2）删除概要文件。

【格式】DROP PROFILE 概要文件名 CASCADE

【例 8-29】 删除概要文件 PRO_TEST，代码与运行结果如图 8-56 所示。

```
SQL> DROP PROFILE PRO_TEST CASCADE;

配置文件已删除。
```

图 8-56　使用 SQL 语句删除概要文件

8.3.3　查询概要文件

如果需要查看概要文件相关的信息，可以通过表 8-8 列举的数据字典视图进行查看。

表 8-8　概要文件相关的数据字典视图

视　　图	说　　明
USER_PASSWORD_LIMITS	分配给该用户的口令配置文件参数情况
USER_RESOURCE_LIMITS	某用户的资源限制情况
DBA_PROFILES	当前数据库下的所有的用户资源限制信息

【例 8-30】 查看当前数据库下所有的用户资源限制信息，代码与运行结果如图 8-57 所示。

```
SQL> SELECT * FROM DBA_PROFILES;

PROFILE                   RESOURCE_NAME             RESOURCE LIMIT
------------------------- ------------------------- -------- ------------------
MONITORING_PROFILE        COMPOSITE_LIMIT           KERNEL   DEFAULT
DEFAULT                   COMPOSITE_LIMIT           KERNEL   UNLIMITED
MONITORING_PROFILE        SESSIONS_PER_USER         KERNEL   DEFAULT
DEFAULT                   SESSIONS_PER_USER         KERNEL   UNLIMITED
MONITORING_PROFILE        CPU_PER_SESSION           KERNEL   DEFAULT
DEFAULT                   CPU_PER_SESSION           KERNEL   UNLIMITED
MONITORING_PROFILE        CPU_PER_CALL              KERNEL   DEFAULT
DEFAULT                   CPU_PER_CALL              KERNEL   UNLIMITED
MONITORING_PROFILE        LOGICAL_READS_PER_SESSION KERNEL   DEFAULT
DEFAULT                   LOGICAL_READS_PER_SESSION KERNEL   UNLIMITED
MONITORING_PROFILE        LOGICAL_READS_PER_CALL    KERNEL   DEFAULT

PROFILE                   RESOURCE_NAME             RESOURCE LIMIT
------------------------- ------------------------- -------- ------------------
DEFAULT                   LOGICAL_READS_PER_CALL    KERNEL   UNLIMITED
MONITORING_PROFILE        IDLE_TIME                 KERNEL   DEFAULT
DEFAULT                   IDLE_TIME                 KERNEL   UNLIMITED
MONITORING_PROFILE        CONNECT_TIME              KERNEL   DEFAULT
DEFAULT                   CONNECT_TIME              KERNEL   UNLIMITED
MONITORING_PROFILE        PRIVATE_SGA               KERNEL   DEFAULT
DEFAULT                   PRIVATE_SGA               KERNEL   UNLIMITED
MONITORING_PROFILE        FAILED_LOGIN_ATTEMPTS     PASSWORD UNLIMITED
DEFAULT                   FAILED_LOGIN_ATTEMPTS     PASSWORD 10
MONITORING_PROFILE        PASSWORD_LIFE_TIME        PASSWORD DEFAULT
DEFAULT                   PASSWORD_LIFE_TIME        PASSWORD 180
```

图 8-57　查看用户资源限制信息

习　题

（一）选择题

1. 执行下列语句后，USERA 可以（　　）。

```
GRANT ALL ON TABLEA TO USERA;
REVOKE UPDATE, DELETE ON TABLE FROM USERA;
```

A. 插入和删除 TABLEA 表中的记录　　B. 插入和查询 TABLEA 表中的记录
C. 将部分权限授予其他用户　　D. 查询和更新 TABLEA 表中的记录

2. （　　）决定了用户可以在数据库中删除和创建对象。

A. 语句权限　　B. 用户权限　　C. 系统权限　　D. 对象权限

3. 假设用户 A 将 SELETE ANY TABLE 的权限授予了用户 B，并且使用了 ADMIN OPTION 选项；用户 B 又将此权限授予用户 C，当 DBA 收回 A 的 SELECT ANY TABLE 权限后，下列描述正确的是（　　）

A. 只有用户 B 失去 SELETE ANY TABLE 的权限
B. 只有用户 C 失去 SELETE ANY TABLE 的权限
C. 用户 B 和 C 都失去 SELETE ANY TABLE 的权限
D. 没有用户失去 SELETE ANY TABLE 的权限

4. 回收系统权限用到的关键字是（　　）。

A. REVOKE　　B. GRANT　　C. ROLLBACK

5. 下列关于系统权限和对象权限的描述中，正确的是（　　）。

A. 系统权限是针对某个对象操作的权限，对象权限不与数据库中的具体对象关联

B. 系统权限和对象权限都是针对某个对象操作的权限

C. 系统对象与对象权限都不与数据库中的具体对象关联

D. 系统权限不与数据库中的具体对象关联，对象权限是针对某个对象操作的权限

6. 下列关于概要文件的描述中，正确的是（　　）。

A. 无法通过概要文件锁定用户账号

B. 无法通过概要文件限制用户资源

C. DBA 可以通过概要文件改变用户密码

D. DBA 可以通过概要文件设置密码的过期时限

7. 以下权限属于系统权限的是（　　）。

A. ALTER　　B. EXECUTE

C. SELECT　　D. CREATE ANY TABLE

8. 以下权限属于对象权限的是（　　）。

A. DROP USER　　B. SELECT

C. CREATE SESSION　　D. CREATE USER

9. 想在另外一个模式中创建表，用户至少应该具有（　　）系统权限。

A. CREATE TABLE　　B. CREATE ANY TABLE

C. RESOURCE　　D. DBA

10. 授予用户 USERA 在 SCOTT 模式中更新表 EMP 的更新权限语句是（　　）。

A. `GRANT CHANGE ON SCOTT.EMP TO USERA`

B. `GRANT UPDATE ON EMP TO USERA`

C. `GRANT UPDATE ON SCOTT.EMP TO USERA`

D. `GRANT MODIFY ON SCOTT.EMP TO USERA`

（二）操作题

1. 以 SYSTEM 用户登录到数据，建立以下数据库用户并授权。

（1）用户名：USERA；口令：usera；默认表空间 USERS，不分配空间配额。

（2）用户名：USERB；口令：userb；默认表空间 EXAMPLE，并且在该表空间上有 100 MB 的配额。

（3）为 USERA 用户授予系统权限 CREATE SESSION、CREATE TABLE，并带有 WITH ADMIN OPTION 选项。

2. 以 USERA 用户登录 OEM，执行以下操作。

（1）将 USERA 用户的口令更改为 abc。

（2）以 USERA 用户登录，为 USERB 用户授予 CREATE SESSION、CREATE TABLE 的权限。

（3）以 SCOTT 用户登录，授予 USERA 用户查询 DEPT 表的对象权限（并带有 WITH GRANT OPTION 选项）。

（4）以 USERA 用户登录，将查询 SCOTT 模式下 DEPT 表的权限授予用户 USERB。

（5）以 SCOTT 用户登录，回收 USERA 用户查询 DEPT 表的权限，并检查通过 USERB 用户登录数据库后，USERB 用户是否还可以查询 SCOTT 模式下的 DEPT 表数据。

第 9 章

备份与恢复

学习目标

✧ 理解数据备份与恢复的相关概念。
✧ 了解物理备份与恢复的相关概念和方法。
✧ 掌握逻辑备份与恢复的相关概念和方法。
✧ 掌握数据泵实现数据导入和导出的方法。
✧ 掌握传统工具实现数据导入和导出的方法。

9.1 备份与恢复概述

数据库系统在运行过程中，可能会由于事务内部故障、系统故障、系统软件和应用软件错误、环境因素、计算机病毒等产生故障，导致数据丢失或损坏，从而对正常工作造成严重影响。因此，数据库的备份与恢复对于数据库系统来说至关重要。

9.1.1 数据库常见故障

数据库故障是指在数据库系统运行过程中，由于各种原因导致的数据库无法正常工作或数据丢失的现象。数据库故障会对企业的正常运营和管理造成严重的影响，因此需要及时处理和恢复。导致数据库操作中止的故障主要包括 4 种类型，分别是语句故障、用户进程故障、实例故障和介质故障，如图 9-1 所示。

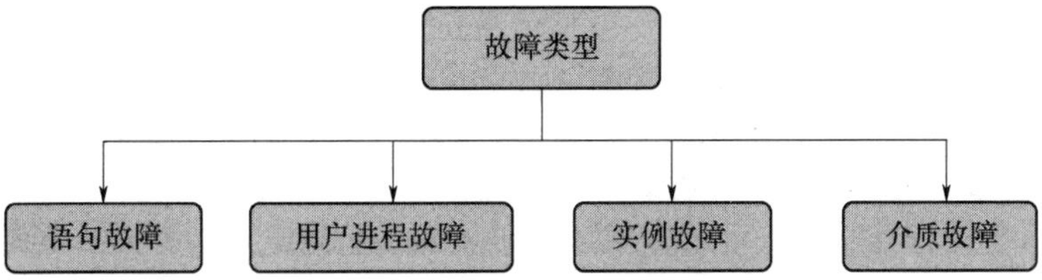

图 9-1　数据库常见故障类型

（1）语句故障：在执行 SQL 语句过程中发生的逻辑故障；如果用户编写的 SQL 语句无效，就会发生逻辑故障。

（2）用户进程故障：当用户程序出错而无法访问数据库时发生的故障；导致用户进程故障的原因是异常断开连接或异常终止进程。

（3）实例故障：当 Oracle 的数据库实例由于硬件或软件问题而无法继续运行时发生的故障。

（4）介质故障：在数据库无法正确读取或写入某个数据库文件时发生的故障。

数据是最重要的资产，对于企业、政府、个人和社会的各方面都具有至关重要的作用。为了保障数据的完整性、安全性和可靠性，避免各种故障导致的数据问题，制定合适的备份策略和恢复方案至关重要。

9.1.2 数据备份与恢复的类型

1. 数据备份与恢复的概念

数据备份就是把数据库复制到转储设备的过程。其中，转储设备是指用于放置数据库副本的磁带或磁盘。通常也将存放于转储设备中的数据库的副本称为原数据库的备份或转储。备份是一份数据副本。

恢复就是发生故障后，利用已备份的数据文件或控制文件，重新将数据恢复到之前备份时状态的过程。

备份与恢复机制可保证数据库的高可用性，能在数据库发生故障时完成对数据库的恢复操作，避免损失重要的数据资源。

2. 数据备份的分类

（1）根据备份方式的不同，Oracle 数据库的备份主要有物理备份和逻辑备份两种类型。

物理备份是对数据库的操作系统物理文件（如数据文件、控制文件和日志文件等）的备份。物理备份又可以分为脱机备份（冷备份）和联机备份（热备份），前者是在数据库处于关闭状态时进行的，后者是以归档日志的方式对运行中的数据库进行的备份。可以使用 Oracle 的恢复管理器（RMAN）或操作系统命令进行数据库的物理备份。

逻辑备份是对数据库逻辑组件（如表、视图和存储过程等数据库对象）的备份。逻辑备份的手段很多，如传统的 exp、数据泵（expdp）、数据库闪回技术等。

（2）从备份数据量的角度，备份可以分为完全备份、增量备份、差异备份三种类型。

完全备份：每次都对数据库进行完整备份；当发生数据丢失时，完全备份无需依赖其他信息即可实现 100%的数据恢复，其恢复时间最短且操作最方便。

增量备份：仅备份在上次完全备份或增量备份后被修改过的文件；优点是备份数据量小，需要的时间短；缺点是恢复的时候需要依赖以前的备份记录，发生问题的风险较高。

差异备份：备份自上次完全备份之后被修改过的文件；从差异备份中恢复数据的时间较短，因为只需要两份数据——最后一次完整备份和最后一次差异备份，缺点是每次备份需要的时间较长。

3. 数据恢复的分类

数据恢复分为实例恢复和介质恢复。

（1）实例恢复：当 Oracle 实例出现失败后，自动进行的恢复。

（2）介质恢复：当存放数据库的介质出现故障时所作的恢复；介质恢复又分为完全恢复和不完全恢复。

完全恢复是指将数据库恢复到数据库失败时的状态。这种恢复是通过装载数据库备份并应用全部的重做日志做到的。

不完全恢复是指将数据库恢复到数据库失败前的某一时刻的状态。这种恢复是通过装载数据库备份并应用部分的重做日志做到的。进行不完全恢复后，必须在启动数据库时用 resetlogs 选项重设联机重做日志。

4. 备份与恢复的方法

物理备份与恢复的方法，包括：

（1）基于命令行的冷备份与恢复；

（2）基于命令行的热备份与恢复；

（3）RMAN 备份与恢复。

逻辑备份与恢复的方法，包括：

（1）数据泵备份与恢复：expdp/impdp；

（2）数据导入导出实用程序：imp/exp；

（3）基于 PL/SQL Developer 工具实现备份与恢复。

9.1.3 数据备份与恢复要考虑的因素

Oracle 数据库作为企业级的关键应用系统，进行 Oracle 数据库备份与恢复时还要考虑以下 5 个方面。

1. 数据安全性保障

数据库要定期备份，可以将数据存储到其他安全的地方，确保即使发生意外情况，数据也能够得到恢复。

2. 业务连续性保障

在进行 Oracle 数据库备份的同时，还需要考虑数据的恢复能力。通过制定合适的备份策略，可以在最短的时间内将数据恢复到原始状态，确保业务的连续性和正常运行。

3. 数据恢复灵活性

Oracle 数据库的备份与恢复机制可以提供多种恢复选项，如全量恢复、增量恢复、差异恢复等。这使得在发生数据丢失或损坏时，可以根据具体情况选择最合适的恢复方式，提高数据恢复的成功率和效率。

4. 法规遵从和审计需求

许多行业和地区都有严格的法规要求，要求企业对其数据进行备份和保存。进行 Oracle 数据库备份可以帮助企业满足这些法规要求，确保在需要时能够提供完整的数据记录。

5. 数据库性能优化

通过定期进行 Oracle 数据库备份，可以清除不再需要的数据，优化数据库性能。同时，备份和恢复的过程也可以帮助数据库管理员发现和解决潜在的问题，提高数据库的稳定性和可靠性。

总之，Oracle 数据库备份与恢复对于确保数据的安全性、可靠性及业务的连续性具有重要意义。通过制定合适的备份策略和恢复方案，可以有效地保护企业关键数据，降低风险，满足法规要求，并提高数据库性能。

9.2 物理备份与恢复

9.2.1 数据库归档方式

1. 数据库归档方式介绍

数据库归档是将数据库中的数据进行整理、分类和存储的过程。数据库归档的主要目的是降低数据存储成本、提高数据检索效率及保证数据的完整性和可靠性；数据库归档还可以帮助企业实现数据保留策略，满足合规性要求；数据库归档可以防止数据丢失，并支持数据的长期备份和恢复。

Oracle 数据库常用的有两种归档方式：非归档日志方式和归档日志方式。

1）非归档日志方式

在非归档日志方式下，日志文件被循环使用，每当日志文件被填满时，下一个日志文件就会被重用。一旦日志文件被覆盖，介质恢复就只能恢复到上次完全备份时的状态。因此，此方式可保护数据库不会产生实例故障，但无法避免介质故障。

非归档日志方式下，备份和恢复的流程如图 9–2 所示，首先在所有表空间脱机的情况下完整备份（冷备份）所有文件（DBF、LOG、CTL），然后依次恢复表空间并重新将表空间联机。

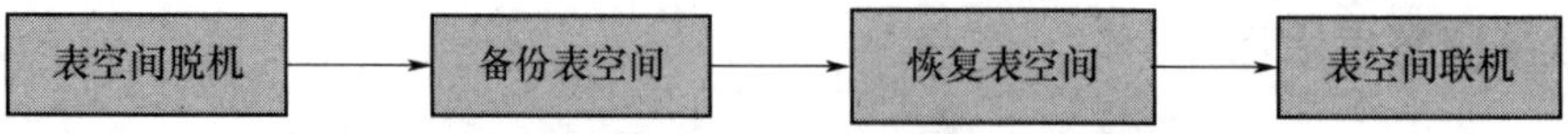

图 9–2　非归档日志方式下数据库的备份与恢复

非归档日志方式的优点：节省存储空间，降低数据管理复杂性；适用于开发和测试环境，方便进行数据库操作。

非归档日志方式缺点：故障恢复能力较弱，只能在静态数据上进行恢复；不利于数据的长期保存和完整性保障。

2）归档日志方式

在归档日志方式下，系统将持续产生归档日志，用户可以完全恢复数据库。原因是，日志文件被重用之前已经被归档进程（ARCH）写到外存上，成为归档日志。由于这些归档日志保存了系统最近的所有改变，所以可以实现介质和实例的完全恢复。此外，该模式还支持在数据库联机状态下进行备份，即热备份。

ARCH 主要负责在日志切换时进行归档，工作原理如图 9–3 所示。

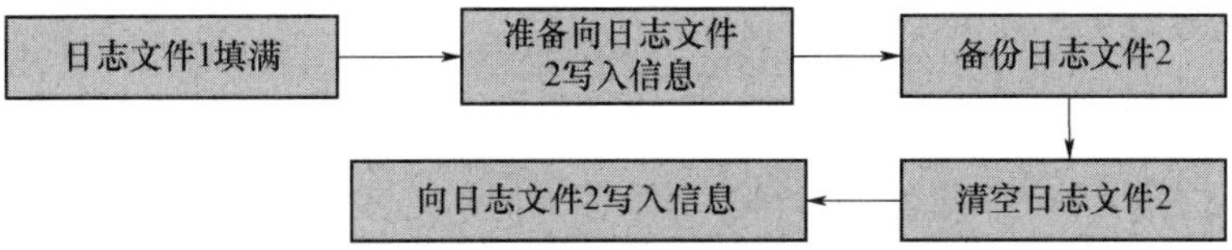

图 9–3　ARCH 的工作原理

Oracle 数据库的归档模式和非归档模式各自具有一定的优缺点。

归档日志方式的优点：提高了数据库的可恢复性，可以通过归档日志进行故障恢复；有利于数据完整性和可靠性的保障；可以与备份策略相结合，有效降低数据丢失风险。

归档日志方式的缺点：需要更多的存储空间来存放归档日志；管理复杂性较高，需要考虑备份策略和归档日志的管理。

总的来说，归档日志方式适用于生产环境，因为其具有更高的故障恢复能力和数据完整性保障。而非归档日志方式适用于开发和测试环境，主要是因为其节省了存储空间和管理复杂性。在实际应用中，需要根据具体需求选择合适的归档方式。

2. 配置归档日志方式

配置数据库在归档日志方式下运行，包括 3 个步骤，如图 9–4 所示。

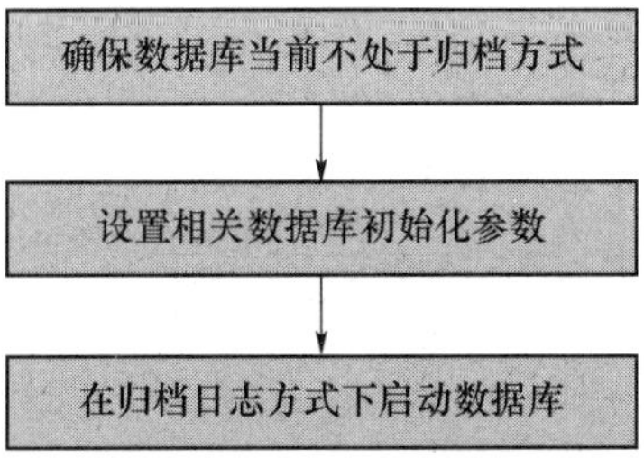

图 9–4　配置数据库归档日志方式步骤

【例 9–1】 配置 Oracle 归档日志方式。

配置 Oracle 归档日志方式，具体操作步骤包括以下 3 步。

第 1 步：查看当前数据库的归档方式。

运行 SQL Plus，以 sys 用户登录 Oracle，执行“archive log list”查看当前归档方式。如图 9–5 所示。

从图 9–5 可以看到目前 Oracle 实例处于非归档日志方式（非存档模式）。

第 2 步：开启归档日志方式。依次执行以下 4 个语句：

关闭数据库：

```
shutdown immediate;
```

启动数据库为 mount 模式：

```
startup mount;
```

修改归档模式：

```
alter database archivelog;
```

（如果改为非归档模式，参数是：noarchivelog）

开启数据库：

```
alter database open;
```

操作流程如图 9–6 所示。

```
PS C:\Users\Administrator> sqlplus sys/orcl as sysdba;

SQL*Plus: Release 11.2.0.4.0 Production on 星期五 10月 13 15:31:22 2023

Copyright (c) 1982, 2013, Oracle.  All rights reserved.


连接到:
Oracle Database 11g Enterprise Edition Release 11.2.0.4.0 - Production
With the Partitioning, OLAP, Data Mining and Real Application Testing options

SQL> archive log list;
数据库日志模式             非存档模式
自动存档             禁用
存档终点            USE_DB_RECOVERY_FILE_DEST
最早的联机日志序列     64
当前日志序列           66
SQL>
```

图 9–5　查看数据库归档方式

```
SQL> shutdown immediate;
数据库已经关闭。
已经卸载数据库。
ORACLE 例程已经关闭。
SQL> startup mount;
ORACLE 例程已经启动。

Total System Global Area 1071333376 bytes
Fixed Size                  1406436 bytes
Variable Size             520096284 bytes
Database Buffers          545259520 bytes
Redo Buffers                4571136 bytes
数据库装载完毕。
SQL> alter database archivelog;

数据库已更改。

SQL> alter database open;

数据库已更改。
```

图 9–6　配置数据库归档日志方式操作流程

重新使用“archive log list”命令查看数据库的归档方式，发现已经改为归档日志方式（存档模式），如图 9–7 所示。

```
SQL> archive log list;
数据库日志模式              存档模式
自动存档               启用
存档终点              USE_DB_RECOVERY_FILE_DEST
最早的联机日志序列       64
下一个存档日志序列     66
当前日志序列            66
```

图 9-7　数据库归档方式改为归档日志方式

第 3 步：获取归档日志信息，可以通过数据字典视图查看归档日志信息。

V$ARCHIVE_DEST：显示当前所有归档日志存储位置及其状态；

V$ARCHIVED_LOG：显示历史归档日志信息。

可执行以下 2 个 SQL 语句进行查询。

```
SELECT DEST_ID,NAME,ARCHIVED FROM V$ARCHIVED_LOG;
```

该 SQL 语句用于从 V$ARCHIVED_LOG 视图中检索归档日志信息，帮助管理员了解归档日志的相关情况。查询的字段含义如下：

DEST_ID：查询归档日志的目标数据库 ID；

NAME：查询归档日志的文件名；

ARCHIVED：查询归档日志的状态，如是否已经归档。

```
SELECT DEST_ID,DEST_NAME,STATUS,DESTINATION  FROM V$ARCHIVE_ DEST WHERE
STATUS='VALID';
```

该 SQL 查询语句用于从 V$ARCHIVE_DEST 视图中查询 Oracle 数据库中归档目标的状态和相关信息，帮助管理员了解归档目标的配置情况。查询的字段含义如下：

DEST_NAME：查询归档目标的名称；

STATUS：查询归档目标的状态，这里只返回状态为 'VALID' 的归档目标；

DESTINATION：查询归档目标的位置。

9.2.2　冷备份与热备份

1. 冷备份与恢复

Oracle 数据库冷备份是一种离线备份方式，通常需要在数据库完全停止的情况下进行。冷备份进行备份的数据库文件通常包括数据文件、控制文件、联机 REDO LOG 文件、init.ora 文件（可选）等。当数据库处于打开状态时，执行数据库文件系统冷备份是无效的。

1）冷备份的优缺点

冷备份的优点主要包括：

（1）备份速度快：冷备份只需拷贝关键性文件，速度较快。

（2）备份文件占用空间小：由于只需拷贝关键性文件，故备份文件通常较小。

（3）容易归档：备份过程简单，只需拷贝文件，易于归档。

（4）容易恢复到某个时间点：只需将备份文件恢复到原始位置，即可实现数据恢复。

冷备份不足之处主要包括：

（1）需要停止数据库服务：在进行冷备份时，数据库需要完全停止，这将影响生产环境。

（2）恢复时间较长：由于备份数据时数据库需要完全停止，恢复数据时需要重新启动数据库，时间较长。

（3）备份频率较低：冷备份通常不会频繁进行，因此备份文件可能不是最新的。

2）冷备份的操作步骤

（1）首先以管理员身份登录数据库，将数据库关闭：

```
SQL> shutdown normal;
```

（2）在关闭数据库之后，可以对其物理文件进行备份。首先，找到物理文件存放目录，然后在 Windows 命令行下使用复制命令，或者在 SQL 命令行中添加 host 关键字进行文件拷贝，例如：

```
SQL> host copy D:\oracle\product\10.1.0\oradata\test f:\backup\
```

冷备份的恢复十分方便，只要数据库处于关闭状态，将备份的文件复制到原来的位置即可。

2. 热备份与恢复

Oracle 数据库热备份也称为在线备份，是在数据库运行过程中进行的一种备份方式。热备份可以在不停止数据库服务的情况下对数据库进行备份，通常用于备份那些非常重要且不能中断的数据库，如 7×24 小时运行的生产系统。热备份可以保证在数据库出现问题时，能够通过归档日志恢复到任意一个时间点，从而避免数据丢失。

热备份的优点主要包括：

（1）热备份可以在数据库运行状态下进行，不需要停止数据库服务，对于 7×24 小时运行的重要数据库来说非常适用。

（2）实时性高，热备份可以实时捕捉数据库的当前状态，确保在故障恢复时数据的一致性。

（3）恢复灵活，热备份可以恢复到任意一个时间点，通过归档日志和备份文件实现，恢复过程相对较快。

（4）热备份过程通过备份工具自动完成，恢复时也只需要执行相应的 SQL 语句，操作较为简便。

热备份的不足主要体现在：

（1）由于热备份需要备份数据库的当前状态，因此备份文件通常较大，占用存储空间较多。

（2）热备份过程中数据库仍在运行，备份速度可能受到影响，尤其是在高峰时段，可能会对数据库性能产生一定影响。

（3）数据可能存在不一致风险，由于数据库在备份过程中仍然运行，因此存在数据不一致的风险，尽管这种风险相对较小。

（4）恢复时间不确定，在恢复过程中，需要根据故障发生时的情况来确定恢复的时间点，这可能导致恢复过程较长。

Oracle 的热备份和冷备份各有优缺点，在实际应用中，可以根据具体需求和情况选择合适的备份方式。

【例 9-2】 采用冷备份方式进行数据备份。

采用冷备份方式进行数据备份的具体操作步骤如下所示。

第 1 步：在进行日志模式切换之前，必须将运行的数据库正常关闭。因此，首先应该以管理员身份登录数据库，关闭数据库。

```
SQL> SHUTDOWN IMMEDIATE;
```

第 2 步：重新启动数据库实例，但是并不打开数据库。

```
SQL> START MOUNT;
```

第 3 步：利用 ALTER 命令将数据库切换到归档日志方式。

```
SQL> ALTER DATABASE ARCHIVELOG;
```

第 4 步：打开数据库，以便对数据库进行操作。

```
SQL> ALTER DATABASE OPEN;
```

第 5 步：利用 ARCHIVE LOG LIST 命令确认当前数据库处于归档日志方式。

```
SQL> ARCHIVE LOG LIST;
```

第 6 步：将数据库中的表空间 USERS 设置为备份模式。

```
SQL>ALTER TABLESPACE USERS BEGIN BACKUP;
```

第 7 步：复制实际的表空间的数据文件到备份目录下。

```
SQL>host copy D:\oracle\product\10.1.0\oradata\test\users01.dbf d:\back;
```

第 8 步：备份控制文件。

```
SQL> ALTER DATABASE BACKUP CONTROLFILE TO 'F:\backup\TEST_BACKUP' REUSE;
```

第 9 步：备份控制文件的创建脚本。

```
SQL> ALTER DATABASE BACKUP CONTROLFILE TO TRACE;
```

【例 9-3】 数据文件 D:\oracle\product\10.1.0\oradata\test\users01.dbf 损坏，在启动数据库时会抛出错误，请采用热备份的方式进行数据恢复。

进行数据恢复的操作步骤为：

第 1 步：将以前备份的数据文件复制到原目录中。

```
SQL>host copy f:\backup\users01.dbf D:\ORACLE\PRODUCT\10.1.0\ORADATA\TEST\
USERS01.DBF;
```

第 2 步：Oracle 在启动时，总是会检查控制文件中的标识（Checkpoint CNT 与 Checkpoint SCN）与数据文件中的标识是否相同。如果不同，则需要重新恢复数据文件，以同步控制文件中的标识与数据文件中的标识。恢复的命令如下：

```
SQL> RECOVER DATAFILE 'D:\ORACLE\PRODUCT\10.1.0\ORADATA\TEST\USERS01.DBF';
```

第 3 步：此时，Oracle 可能会要求用户指定归档日志。归档日志默认存储在{ORACLE_HOME}\flash_recovery_area\{DATABASE_NAME}\ARCHIVELOG\下，为 recover 命令选择最近的归档日志或使用 Oracle 建议的归档日志。

第 4 步：恢复成功之后，执行以下命令则可以成功打开数据库。

```
SQL> ALTER DATABASE OPEN;
```

9.2.3 RMAN 数据备份与恢复

1. RMAN 的概念

RMAN（recovery manager）是一种用于备份、还原和恢复 Oracle 数据库的工具。

RMAN 只能用于 Oracle 8 或更高的版本中。其能够备份整个数据库或数据库部件，如表空间、数据文件、控制文件、归档文件、spfile 参数文件等。

2. RMAN 的优势

（1）可使用 RMAN 进行增量备份。

（2）可联机修补数据文件的部分讹误数据块，不需要备份复原整个文件。

（3）RMAN 可自动记录所有备份文件的名称和位置，有效减少人为操作错误。

（4）通过单条命令，如 BACKUP DATABASE，就可以备份整个数据库，无需编写复杂的脚本。

（5）RMAN 具有块比较特性，允许在备份中跳过数据文件中从未使用过的数据块，从而节省存储空间和备份时间。

（6）RMAN 支持备份与恢复的自动化调度，并可并行执行备份与恢复会话，提升大规模数据处理效率。

3. RMAN 组件

RMAN 是执行备份和恢复操作的客户端应用程序。其基本组件包括 RMAN 命令执行器和目标数据库。当然，在比较复杂的 RMAN 中会涉及更多的组件，如图 9-8 所示。

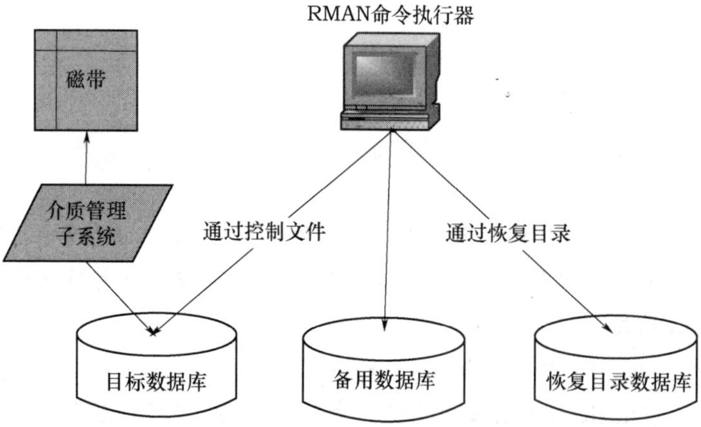

图 9-8　RMAN 运行组件

（1）目标数据库：RMAN 使用 TARGET 关键字连接的数据库。目标数据库是 RMAN 执行备份和恢复操作的数据库。目标数据库的控制文件会持续记录 RMAN 所有操作的元数据，这些元数据集合也称为 RMAN 仓库。

（2）RMAN 命令执行器：Oracle 数据库的可执行文件，用来解析命令，并指引服务器会话来执行这些命令，同时在目标数据库的控制文件中记录所有操作日志。RMAN 可执行程序随数据库默认安装，通常与其他可执行文件位于相同的目录。例如，在Linux系统中，RMAN客户端程序位于$ORACLE_HOME/bin。

（3）其他组件。

① 快速恢复区域：数据库可以存储和管理与备份和恢复相关的文件的磁盘位置。可以使用初始化参数DB_RECOVERY_FILE_DEST和DB_RECOVERY_ FILE_DEST_SIZE设置快速恢复区域的位置和大小。

② 恢复目录：一个单独的数据库模式，用来记录RMAN对一个或多个目标数据库的活动。如果控制文件丢失，恢复目录保留的RMAN仓库元数据能够让还原和恢复变得更容易。数据库可能会覆盖控制文件中的旧记录，但RMAN会在恢复目录中永久地维护记录直到用户删除为止。

③ 介质管理软件：是用于管理和控制备份/恢复操作中与磁带库或其他外部存储设备交互的工具，可将RMAN的逻辑备份指令转化为物理存储。

4. RMAN 通道

RMAN 通道是指由服务器进程发起并控制的目标数据库的文件与物理设备之间的字节流。一个通道即为一个会话，一个会话对应于一个服务器进程。所有的备份和恢复操作都是由RMAN连接的服务器进程完成的。RMAN在执行数据库备份与恢复操作时，都要使用服务器进程，启动服务器进程是通过分配通道来实现的，如图9-9所示。

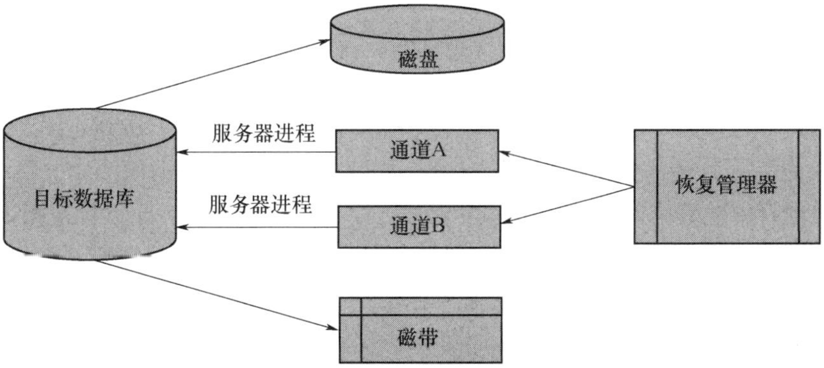

图9-9　分配RMAN通道

5. RMAN 备份策略

1）完全备份

在进行完全备份时，RMAN会将数据文件中除空白数据块之外的所有数据块都复制到备份集中。需要注意，在RMAN中可以对数据文件进行完全备份或者增量备份，但是对控制文件和日志文件只能进行完全备份。

2）增量备份

在进行增量备份时，RMAN也会读取整个数据文件，但是只会备份与上一次备份相比发生了变化的数据块。RMAN 可以对单独的数据文件、表空间或者整个数据库进行增量备份。

当数据库打开时，可以使用RMAN BACKUP命令备份归档重做日志、数据文件、数据库、表空间、控制文件、备份集等。

3）RMAN 备份文件命名格式符及其含义

（1）%c：备份片的拷贝数。

（2）%D 表示位于该月中的第几天（DD）；%M 表示位于该年中的第几月（MM）；%Y 表示年份。

（3）%F：一个基于 DBID 唯一的名称，这个格式的形式为 c-IIIIIIIII-YYYYMMDD-QQ。

（4）%d：数据库名称。

（5）%u：一个 8 个字符的名称，代表备份集与创建时间。

（6）%p：该备份集中的备份片号，从 1 开始到创建的文件数。

（7）%U：一个唯一的文件名，代表%u_%p_%c。

（8）%s：备份集的号。

（9）%t：备份集时间戳。

（10）%T：年月日格式（YYYYMMDD）。

6. 使用 RMAN

1）连接 RMAN 备份数据库和表空间

在使用 RMAN 时，首先需要连接到数据库。如果 RMAN 未使用恢复目录，则可以使用以下命令形式之一连接到目标数据库。

```
rman nocatalog
connect target sys/password@网络连接串
```

或

```
rman target sys/password@网络连接串
```

在 RMAN 中对数据库进行备份与恢复时，经常需要启动和关闭目标数据库。因此，RMAN 也提供了一些与 SQL 语句完全相同的命令，利用这些命令可以在 RMAN 中直接启动或关闭数据库。启动和关闭数据库的命令包括：

```
RMAN> shutdown immediate;
RMAN> startup;
RMAN> startup mount;
RMAN> alter database open;
RMAN> startup pfile = 'F:\app\oracle\product\initora11g.ora';
```

使用 RMAN 可以备份数据库，也可以备份表空间，如例 9-4 和例 9-5 所示。

【例 9-4】 使用 RMAN 备份数据库。

在 RMAN 下，执行以下命令可以全备份数据库：

```
backup database format 'c:\oraclebackup\oradb_%Y_%M_%D_%U.bak' maxsetsize 2G;
```

查看数据库备份：

```
list backup  of database
```

注：需提前建好 c：\oraclebackup 目录备用。

【例 9-5】 使用 RMAN 备份表空间。

当数据库打开或关闭时，RMAN 还可以对表空间进行备份。但是，所有打开的数据库备份都是非一致的。

第 1 步：在命令行下连接 RMAN。

```
rman sys/orcl@orcl
```

第 2 步：执行以下命令分配 RMAN 通道并备份表空间 system 和 users。

```
run{
allocate channel ch_1 device type disk
format = 'c:\orachap9\%u_%c.bak';
backup tablespace system,users channel ch_1;
}
```

第 3 步：查看备份。

```
list backup of tablespace system,users;
```

2）RMAN 增量备份

RMAN 的增量备份分为差异增量备份和累积增量备份两种（默认是差异增量备份）。增量备份的级别分为 0、1、2 三个级别。

（1）在差异增量备份下：

0 级=全备份；

1 级=差异增量：上次全备或 LV1 至今的增量：0/1～NOW；

2 级=累积增量：上次任意级别备份至今的增量：0/1/2～NOW。

（2）在累积增量备份下：

0 级=全备份；

1 级=上次全备至今的增量：0～NOW；

2 级=上次 0 或 1 级别备份至今的增量：0/1～NOW。

【例 9-6】 对 system、sysaux 和 users 表空间进行一次 0 级差异增量备份。

```
RMAN> run{
   allocate channel ch_1 device type disk;
   backup incremental level=0
   format 'c:\orachap9\backup\oralv0_%T_%c.bak'
   tablespace system,sysaux,users;
  }
```

【例 9-7】 对 system 表空间进行 1 级增量备份。

```
RMAN> backup incremental level = 1
  format 'c:\orachap9\backup\oarlv1_%Y_%M_%D_%u.bak'
  tablespace system;
```

注：如果仅在 backup 命令中指定 incremental 参数，则默认创建的增量备份为差异增量备份。如果想要建立累积增量备份，还需要在 backup 命令中指定 cumulative 选项。

【例 9-8】 对表空间 users 进行 2 级累积增量备份。

```
RMAN> backup incremental level=2 cumulative tablespace users
2> format 'c:\orachap9\backup\oralv2_%U.bak';
```

3）RMAN 数据恢复

当数据库处于 NOARCHIVELOG 模式时，如果出现介质故障，则在最后一次备份之后对数据库所做的任何操作都将丢失。通过 RMAN 执行恢复时，只需要执行 restore 命令将数据库文件修复到正确的位置，然后就可以打开数据库了。也就是说，对于处于 NOARCHIVELOG 模式下的数据库，管理员不需要执行 RECOVER 命令。

另外，在备份 NOARCHIVELOG 数据库时，数据库必须处于一致的状态，这样才能保证使用备份信息恢复数据后，各个数据文件是一致的。

【例 9-9】 恢复处于 NOARCHIVELOG 模式的数据库。

第 1 步：在 SQL Plus 模式下登录并确认数据库处于 NOARCHIVELOG 模式。

```
connect  sys/orcl as sysdba;
select log_mode from v$database;
```

第 2 步：在 CMD 环境下运行 RMAN。

```
rman target  sys/orcl nocatalog;
```

第 3 步：在 RMAN 环境下关闭数据库，启动 mount 状态。

```
shutdown immediate
startup mount
```

第 4 步：在 RMAN 中执行以下命令，备份整个数据库。

```
run{
allocate channel ch_1 type disk;
backup database
format 'c:\orachap9\backup\orcl_%t_%u.bak';
}
```

备份完成后，打开数据库：

```
alter database open;
```

第 5 步：模拟介质故障：关闭数据库并删除 USERS01.DBF 文件。

```
shutdown immediate;
```

然后手动删除 users01.dbf 文件，并试图使用 startup 命令启动数据库，删除数据文件后启动数据库，因为 Oracle 无法找到数据文件会报错。

第 6 步：RMAN 恢复数据库，设置数据库到 mount 状态，执行 restore 命令进行恢复。

```
startup mount
run{
allocate channel ch_1 type disk;
restore database;
}
```

完全恢复处于 ARCHIVELOG 模式的数据库，与恢复 NOARCHIVELOG 模式的数据库相比而言，基本的区别是恢复处于 ARCHIVELOG 模式的数据库时，管理员还需要将归档重做日志文件的内容应用到数据文件上。在恢复过程中，RMAN 会自动确定恢复数据库所需要的归档重做日志文件。

【例 9-10】 恢复处于 ARCHIVELOG 模式的数据库。

第 1 步：SQL Plus 模式下确认当前在 ARCHIVELOG 模式。

```
select log_mode from v$database;
```

在 CMD 模式下连接 RAMN：

```
rman target sys/orcl@orcl;
```

第 2 步：在 rman 模式下运行以下命令备份 users 表空间。

```
run{
allocate channel ch_1 type disk;
allocate channel ch_2 type disk;
backup tablespace users
format 'c:\orachap9\backup\users_tablespace.bak';
}
```

第 3 步：模拟介质故障。关闭数据库，手动删除 users 表空间对应的数据文件，使用 startup 启动数据库，会报错。

第 4 步：启动数据库到 mount 状态，执行恢复表空间。

mount 模式启动：

```
startup mount;
```

RMAN 恢复：

```
run{
allocate channel ch_1 type disk;
restore tablespace users;
recover tablespace users;
}
```

打开数据库后可正常使用：

```
alter database open;
```

9.3　逻辑备份与恢复

9.3.1　逻辑备份与恢复概述

逻辑备份是数据的备份，不复制物理文件。Oracle 的逻辑备份与恢复涉及数据的导出和导入，主要使用 Oracle 提供的工具如 EXPDP/IMPDP 或 EXP/IMP 来完成，是一种通过导出数据的逻辑结构和逻辑对象来进行备份的方法，如图 9–10 所示。使用逻辑备份，可以导出数据库对象的结构和数据到二进制文件，然后通过导入这些文件来恢复数据。

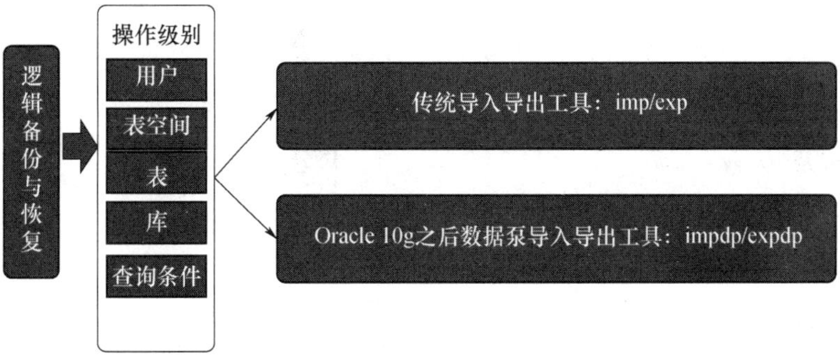

图 9–10　逻辑备份与恢复操作方法

逻辑备份可以作为备份的补充方法，但是不应作为数据库备份的唯一方案。逻辑备份是对物理备份方式的一种补充，由于逻辑备份具有平台无关性，因此是数据迁移及移动的主要手段。

9.3.2 数据泵实现数据导出和导入

Oracle 10g 之后，推荐使用数据泵导出工具 expdp 将数据库对象的元数据（对象结构）或数据导出到转储文件中。

使用数据泵导出或导入数据主要有以下优点。

（1）数据泵导出与导入可以实现逻辑备份和逻辑恢复。通过使用 expdp，可以将数据库对象备份到转储文件中；当表被意外删除或出现其他误操作时，可以使用 impdp 将转储文件中的对象和数据导入到数据库中。

（2）数据泵导出和导入可以在数据库用户之间移动对象。例如，使用 expdp 可以将 SCOTT 方案中的对象导出并存储在转储文件中，然后再使用 impdp 将转储文件中的对象导入到其他数据库方案中。

（3）使用数据泵导入可以在数据库之间移动对象。

（4）数据泵可以实现表空间的转移，即将一个数据库的表空间转移到另一个数据库中。

在 Oracle 11g 中，进行数据导入或导出操作时，既可以使用传统的导出导入工具 exp 和 imp，也可以使用数据泵 expdp 和 impdp。但是，由于工具 expdp 和 impdp 的速度优于 exp 和 imp，所以建议在 oracle 11g 中使用 expdp 执行数据的导出、使用 impdp 执行数据的导入。

1. 使用 expdp 导出

expdp 是服务器端工具，这意味着该工具只能在 Oracle 服务端使用，而不能在 Oracle 客户端使用。通过在命令提示符窗口中输入 expdp help 命令，可以查看 expdp 的帮助信息，如图 9-11 所示。

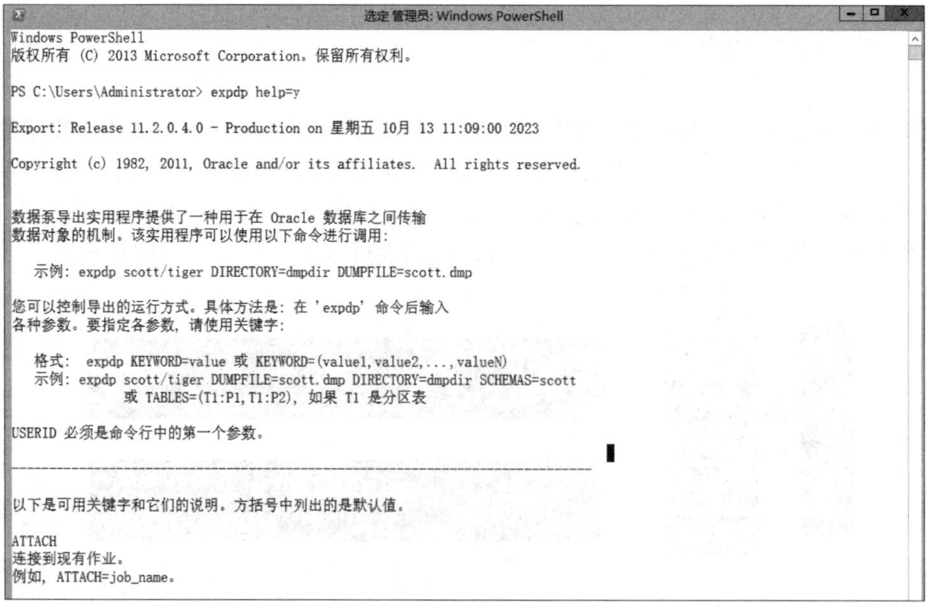

图 9-11 使用 expdp 导出

数据泵导出数据准备工作：

（1）进入 SQL Plus，创建逻辑目录；

```
SQL>create directory dmp_dir as 'c:\orachap9\dmp_dir';
```

（2）给用户赋予在指定目录的操作权限，最好以 system 等管理员用户赋予。

```
SQL>grant read,write on directory dmp_dir to scott;
```

【例 9-11】 用 expdb 导出表。

导出表是指将一个或多个表的结构及其数据存储到转储文件中。普通用户只能导出自身方案中的表，如果要导出其他方案中的表，则要求用户必须具有 EXP_FULL_DATABASE 角色或 DBA 角色。在导出表时，每次只能导出一个方案中的表。

导出 scott 方案中的 dept 和 emp 表。在 CMD 中执行：

```
C:\>expdp scott/tiger@orcl directory=dmp_dir dumpfile=tab.dmp tables=
emp,dept
```

【例 9-12】 导出方案。

导出方案是指将一个或多个方案中的所有对象结构及数据存储到转储文件中。导出方案时，要求用户必须具有 EXP_FULL_DATABASE 角色或 DBA 角色。

导出 scott 和 hr 方案中的所有对象。在 CMD 中执行：

```
C:\>expdp system/orcl@orcl directory = dmp_dir dumpfile=schema.dmp schemas
= scott,hr
```

【例 9-13】 导出表空间。

导出表空间是指将一个或多个表空间中的所有对象及数据存储到转储文件中。导出表空间要求用户必须具有 EXP_FULL_DATABASE 角色或 DBA 角色。

以导出表空间 users 为例：

```
C:\>expdp system/orcl@orcl  directory = dmp_dir dumpfile = tablespace.dmp
tablespaces = users  logfile=tablespace.log
```

【例 9 14】 导出数据库。

导出数据库是指将数据库中的所有对象及数据存储到转储文件中，导出数据库要求用户必须具有 EXP_FULL_DATABASE 角色或 DBA 角色。需要注意，导出数据库时，不会导出 SYS、ORDSYS、ORDPLUGINS、CTXSYS、MDSYS、LBACSYS 及 XDB 等方案中的对象。

以导出整个数据库为例：

```
C::\>expdp system/orcl@orcl  directory=dmp_dir dumpfile=fulldatabase.dmp
full=y
```

2. 使用 impdp 导入

impdp 是服务器端的工具，该工具只能在 Oracle 服务器端使用，不能在 Oracle 客户端使用。与 expdp 相似，数据泵导入时，其转储文件被存储在 DIRECTORY 对象所对应的磁盘目录中，而不能直接指定转储文件所在的磁盘目录。

与 expdp 类似，调用 impdp 时只需要在命令提示符窗口中输入 impdp 命令即可。同样，impdp 也可以进行 4 种类型的导入操作：导入表、导入方案、导入表空间和导入全数据库。

【例 9-15】 导入表。

导入表是指将存放在转储文件中的一个或多个表的结构及数据装载到数据库中，导入表是使用 tables 参数完成的。普通用户只可以将表导入到自己的方案中，但如果以其他用户身份导入表，则要求该用户必须具有 IMP_FULL_DATABASE 角色或 DBA 角色。导入表时，既可以将表导入到源方案中，也可以将表导入到其他方案中。

将表 dept、emp 导入到 system 方案中：

```
C:\>impdp system/orcl@orcl directory=dmp_dir dumpfile=tab.dmp tables=
scott.dept,scott.emp remap_schema=scott:system
```

【例 9-16】 导入方案。

导入方案是指将存放在转储文件中的一个或多个方案的所有对象装载到数据库中，导入方案时需要使用 schemas 参数。普通用户可以将对象导入到其自身方案中，但如果以其他用户身份导入方案时，则要求该用户必须具有 IMP_FULL_DATABASE 角色或 DBA 角色。导入方案时，既可以将方案的所有对象导入到源方案中，也可以将方案的所有对象导入到其他方案中。

将 scott 方案中的所有对象导入到 system 方案中：

```
C:\>impdp system/orcl@orcl directory=dmp_dir dumpfile=schema.dmp schemas=scott
remap_schema=scott:system;
```

【例 9-17】 导入表空间。

导入表空间是指将存放在转储文件中的一个或多个表空间中的所有对象装载到数据库中，导入表空间时需要使用 tablespace 参数。

将 users 表空间中的所有对象都导入到当前数据库中：

```
C:\>impdp system/orcl@orcl directory=dmp_dir dumpfile=tablespace.dmp
tablespaces=users;
```

【例 9-18】 导入全数据库。

导入全数据库是指将存放在转储文件中的所有数据库对象及相关数据装载到数据库中，导入数据库是使用 full 参数设置的。

从 fulldatabase.dmp 文件中导入全数据库：

```
C:\>impdp system/orcl@orcl directory=dmp_dir dumpfile=fulldatabase.dmp
full=y;
```

9.3.3 传统工具实现数据导入与导出

exp/imp 导出/导入实用程序是客户端的工具，用于实施数据库的逻辑备份和恢复。

导出实用程序将数据库中的对象定义和数据备份到一个操作系统二进制文件中；导入实用程序读取二进制导出文件并将对象和数据载入数据库中。

导出和导入实用程序的特点有：

（1）可以按时间保存表结构和数据；

（2）允许导出指定的表，并重新导入到新的数据库中；

（3）可以把数据库迁移到另外一台异构服务器上；

（4）可以在两个不同版本的 Oracle 数据库之间传输数据；

（5）可以在联机状态下进行备份和恢复；

（6）可以重新组织表的存储结构，减少链接及磁盘碎片。

通过 exp 和 imp 命令，可以对数据库、表、用户、表空间进行导出和导入，如图 9-12 所示。

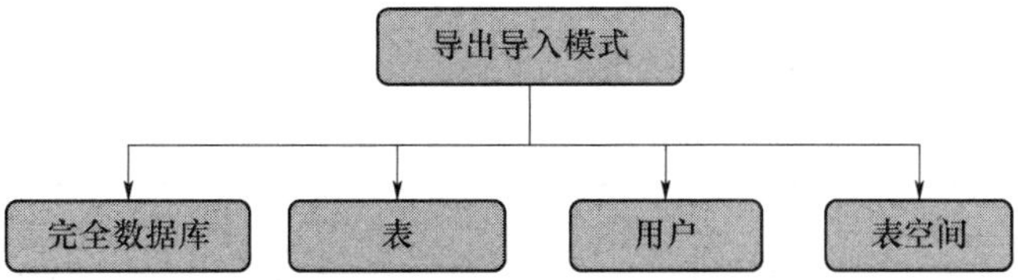

图 9-12　传统导出导入模式

在 Oracle 数据库中，传统导出命令 exp 和数据泵导出命令 expdp 导出的文件后缀都是.dmp，且导出过程中都会生成相应的日志文件，记录导出过程的信息。拿到 dmp 和 log 文件后，可以通过查看 log 日志文件判断是使用 expdp 还是 exp 导出的，从而确定是使用 impdp 还是 imp 来实施导入操作。

传统导出工具 exp 和数据泵 expdp 导出的日志文件的内容，主要区别有：

（1）对于 expdp 命令，日志文件中会包含正在执行的导出命令；对于 exp 命令，日志文件中不会出现执行的导出命令。

（2）expdp 命令生成的日志文件通常会包含更多的详细信息，如表、索引、序列等的导出情况；而 exp 命令的日志文件则相对简洁，主要记录导出操作的完成情况和进度。

（3）expdp 命令导出的日志文件会显示导出的数据库对象的文件大小（以字节为单位）和导出行数；而 exp 命令只显示导出的数据行数。

通过以上特征，可以初步判断使用的是 expdp 还是 exp 命令进行的导出操作。需要注意的是，如果日志文件较大，可以采用日志分析工具来筛选和分析日志内容，以提高查找效率。

总之，通过查看和分析日志文件，可以有效地判断是使用 expdp 还是 exp 导出的数据文件。在实际操作中，建议定期备份和查看日志文件，以便及时发现和解决潜在问题。

导出实用程序 exp 和导入实用程序 imp 都是在操作系统命令行中使用，具体使用格式如下：

```
命令名 exp/imp   参数名 1=参数值  参数名 2=参数值 ....
```

可以通过 help 命令选项来查看导出和导入命令常用参数，在操作系统命令行通过 exp help 命令可以查看到 exp 命令的常用参数，参数说明见表 9-1。

表 9-1　导出实用程序 exp 常用命令参数

参　数	说　明
USERID	确定执行导出实用程序的用户名和口令
BUFFER	确定导出数据时所使用的缓冲区大小，其大小用字节表示
FILE	指定导出的二进制文件名称，默认的扩展名是.dmp
FULL	指定是否以全部数据库方式导出，只有授权用户才可使用此参数
OWNER	要导出的数据库用户列表
HELP	指定是否显示帮助消息和参数说明

续表

参　　数	说　　明
ROWS	确定是否要导出表中的数据
TABLES	按表方式导出时，指定需导出的表和分区的名称
PARFILE	指定传递给导出实用程序的参数文件名
TABLESPACES	按表空间方式导出时，指定要导出的表空间名

在操作系统命令行通过 imp help 命令可以查看到导入实用程序 imp 命令的常用命令参数，参数说明见表 9–2。

表 9–2　导入实用程序 imp 常用命令参数

参　　数	说　　明
USERID	指定执行导入的用户名和密码
BUFFER	指定用来读取数据的缓冲区大小，以字节为单位
COMMIT	指定是否在每个数组（其大小由 BUFFER 参数设置）插入后进行提交
FILE	指定要导入的二进制文件名
FROMUSER	指定要从导出转储文件中导入的用户模式
TOUSER	指定要将对象导入的用户名。FROMUSER 与 TOUSER 可以不同
FULL	指定是否要导入整个导出转储文件
TABLES	指定要导入的表的列表
ROWS	指定是否要导入表中的行
PARFILE	指定传递给导入实用程序的参数文件名，此文件可以包含这里列出的所有参数
IGNORE	导入时是否忽略遇到的错误，默认为 N
TABLESPACES	按表空间方式导入，列出要导入的表空间名

【例 9–19】 exp 命令综合示例。

按用户方式导出数据：

```
exp scott/tiger@orcl file=scott_back owner=scott
```

按表方式导出数据：

```
exp scott/tiger@orcl tables=emp,dept file=scott_back_tab
```

按表空间方式导出数据：

```
exp system/orcl@orcl tablespaces=users  file=tbs_users
```

使用参数文件导出数据：

```
exp system/orcl@orcl parfile='C:\parameters.txt'
```

【例 9–20】 imp 命令综合示例。

将整个文件导入数据库：

```
imp test/test@orcl file=item_back.dmp ignore=y full=y
```

将 scott 用户的表导入到 martin 用户：

```
imp system/orcl@orcl file=scott_back fromuser=scott touser=martin tables=
emp,dept
```

使用参数文件导入数据：

```
imp system/orcl@orcl parfile='C:\parameters.txt'
```

9.3.4　PL/SQL Developer 实现数据导入导出

PL/SQL Developer 工具支持导入导出操作。

打开 PL/SQL Developer 工具，在工具菜单下有导出表、导入表、文本导入器等操作选项可以使用，如图 9-13 所示。

图 9-13　PL/SQL Developer 导出导入工具菜单

单击图 9-13 菜单中的“导入表”选项后，打开如图 9-14 所示的界面，可以看到有 Oracle 导入、SQL 插入和 PL/SQL Developer 三个选项。

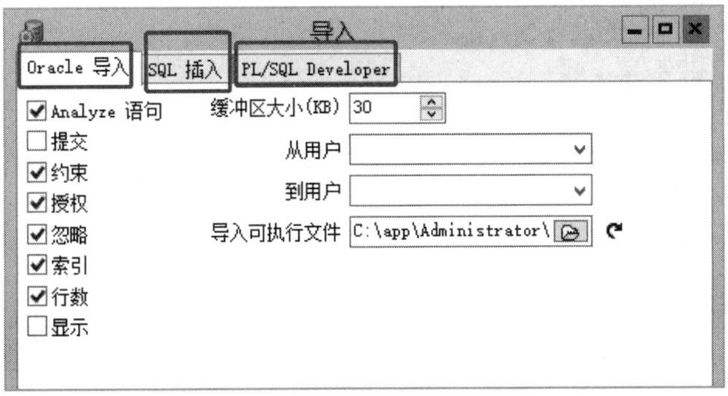

图 9-14　“导入表”选项界面

使用 PL/SQL Developer 工具菜单里的图形化工具，可以选择 3 种文件导出或导入格式：dmp、sql 和 pde 格式。

（1）Oracle 导入，使用 dmp 格式。dmp 文件是 Oracle 原生的导入导出文件，其本身是二进制文件，导入导出速度快，压缩率高，移植性好；可以跨平台使用，但是只限于 Oracle 数据库之间，还可以迁移权限信息，但是高版本不能向低版本导入数据。

（2）SQL 插入，使用 sql 格式。sql 格式的文件就是一个 SQL 的运行脚本文件，通用性好，可以在几乎所有的主流数据库运行，但是遇到数据库特定类型会不兼容，效率上不如 dmp 文件，适合小批量的数据处理。

（3）PL/SQL Developer，这是 PL/SQL Developer 工具特有的格式，只能通过此工具导出数据，也只能通过此工具导入，文件不能通过编辑器查看和编辑。这种方式不受源数据表空间、用户名等约束，支持的数据量更小。

9.4 实务操作

9.4.1 使用传统导入工具恢复医疗数据

1. 数据恢复任务需求

已知有某医院提供的医疗信息化业务数据库备份文件 YLXX1.dmp 和 YLXX1.log，要求基于此文件，完成医疗数据的恢复。

2. 数据恢复任务分析

首先查看 YLXX1.log 日志文件确定使用的导入工具。如图 9–15 所示，YLXX1.log 的内容中，没有正在执行的导出命令，且导出表时只显示了导出行数，据此可以推断出该备份文件是使用 exp 命令导出的，所以本次数据恢复应使用 imp 方式进行导入。

```
连接到: Oracle Database 11g Enterprise Edition Release 11.2.0.4.0 - Production
With the Partitioning, OLAP, Data Mining and Real Application Testing options
已导出 ZHS16GBK 字符集和 AL16UTF16 NCHAR 字符集

即将导出指定的用户...
. 正在导出 pre-schema 过程对象和操作
. 正在导出用户 TEST 的外部函数库名
. 导出 PUBLIC 类型同义词
. 正在导出专用类型同义词
. 正在导出用户 TEST 的对象类型定义
即将导出 TEST 的对象...
. 正在导出数据库链接
. 正在导出序号
. 正在导出簇定义
. 即将导出 TEST 的表通过常规路径...
. . 正在导出表                   病人信息表导出了          6 行
. . 正在导出表                       处方表导出了         13 行
. . 正在导出表                   地区编码表导出了          3 行
. . 正在导出表                   各医院药价导出了         22 行
. . 正在导出表                 药品适应症表导出了         18 行
. . 正在导出表                   药品信息表导出了         11 行
. . 正在导出表                   医生信息表导出了          7 行
. . 正在导出表                       诊断表导出了          7 行
. 正在导出同义词
. 正在导出视图
. 正在导出存储过程
. 正在导出运算符
. 正在导出引用完整性约束条件
. 正在导出触发器
. 正在导出索引类型
. 正在导出位图, 功能性索引和可扩展索引
. 正在导出后期表活动
. 正在导出实体化视图
. 正在导出快照日志
. 正在导出作业队列
. 正在导出刷新组和子组
```

图 9–15　YLXX1.log 内容

3. 数据恢复任务实施

确定采用的导入工具后，可以按照以下步骤完成 imp 导入操作。

（1）创建临时表空间。

```
create temporary tablespace YLXX1_temp
tempfile 'C:\orachap9\oradata\YLXX1_temp.dbf'
size 500m
autoextend on
next 50m
extent management local;
```

（2）创建数据表空间。

```
create tablespace YLXX1
logging
datafile 'C:\orachap9\oradata\YLXX1.dbf'
size 1500m
autoextend on
next 500m
extent management local;
```

（3）创建用户并指定表空间。

```
create user user1 identified by user1
default tablespace YLXX1
temporary tablespace YLXX1_temp;
```

（4）给用户授予权限。

```
grant connect,resource,dba to user1;
```

（5）导入数据。

```
imp user1/user1@orcl file=c:\orachap9\example\YLXX1.dmp log=c:\ orachap9\
example\YLXX1.log full=y;
```

9.4.2 使用数据泵工具恢复医疗数据

1. 数据泵恢复数据需求

已知有某医院医疗信息化业务数据库的备份文件 YLXX2.dmp 和 YLXX2.log，要求基于此文件，完成医疗数据的恢复。

2. 数据泵恢复数据分析

首先需要查看 YLXX2.log 日志文件来确定使用的导入工具。如图 9-16 所示，YLXX2.log 的内容，包含了正在执行的导出命令，且导出表时显示了文件大小，据此可以推断出该备份文件是使用数据泵 expdp 命令导出的，所以本次数据恢复应使用数据泵 impdp 方式进行导入。

```
...
Export: Release 11.2.0.4.0 - Production on 星期二 12月 21 11:21:23 2021

Copyright (c) 1982, 2011, Oracle and/or its affiliates.  All rights reserved.
...
连接到: Oracle Database 11g Enterprise Edition Release 11.2.0.4.0 - Production
With the Partitioning, OLAP, Data Mining and Real Application Testing options
启动 "TEST"."SYS_EXPORT_SCHEMA_01":  test/********@orcl directory=dir_test dumpfile=test2.dmp logfile=test2.log
正在使用 BLOCKS 方法进行估计...
处理对象类型 SCHEMA_EXPORT/TABLE/TABLE_DATA
使用 BLOCKS 方法的总估计: 512 KB
处理对象类型 SCHEMA_EXPORT/USER
处理对象类型 SCHEMA_EXPORT/SYSTEM_GRANT
处理对象类型 SCHEMA_EXPORT/ROLE_GRANT
处理对象类型 SCHEMA_EXPORT/DEFAULT_ROLE
处理对象类型 SCHEMA_EXPORT/PRE_SCHEMA/PROCACT_SCHEMA
处理对象类型 SCHEMA_EXPORT/TABLE/TABLE
处理对象类型 SCHEMA_EXPORT/TABLE/COMMENT
处理对象类型 SCHEMA_EXPORT/TABLE/INDEX/INDEX
处理对象类型 SCHEMA_EXPORT/TABLE/CONSTRAINT/CONSTRAINT
处理对象类型 SCHEMA_EXPORT/TABLE/INDEX/STATISTICS/INDEX_STATISTICS
处理对象类型 SCHEMA_EXPORT/TABLE/CONSTRAINT/REF_CONSTRAINT
处理对象类型 SCHEMA_EXPORT/TABLE/INDEX/BITMAP_INDEX/INDEX
处理对象类型 SCHEMA_EXPORT/TABLE/INDEX/STATISTICS/BITMAP_INDEX/INDEX_STATISTICS
. . 导出了 "TEST"."病人信息表"                    7.734 KB       6 行
. . 导出了 "TEST"."处方表"                      6.125 KB      13 行
. . 导出了 "TEST"."地区编码表"                    5.453 KB       3 行
. . 导出了 "TEST"."各医院药价"                    6.359 KB      22 行
. . 导出了 "TEST"."药品适应症表"                    5.75 KB      18 行
. . 导出了 "TEST"."药品信息表"                    8.914 KB      11 行
. . 导出了 "TEST"."医生信息表"                    6.875 KB       7 行
. . 导出了 "TEST"."诊断表"                      8.437 KB       7 行
已成功加载/卸载了主表 "TEST"."SYS_EXPORT_SCHEMA_01"
******************************************************************************
TEST.SYS_EXPORT_SCHEMA_01 的转储文件集为:
  C:\ORACHAP9\DIR_TEST\TEST2.DMP
作业 "TEST"."SYS_EXPORT_SCHEMA_01" 已于 星期二 12月 21 11:21:51 2021 elapsed 0 00:00:27 成功完成
查看YLXX1.log日志文件确定使用的导入工具。
   通过YLXX1.log中的提示内容，没有包含正在执行的导出命令，导出表显示的是行数，可以推断出是使用exp命令导出的，所以本次实施数据恢复使用imp方式导入。
```

图 9-16　YLXX2.log 内容

3. 数据泵恢复数据步骤

确定采用的导入工具后，可以按照以下操作步骤完成数据的数据泵 impdp 导入操作。

（1）创建数据表空间（此语句为创建大文件表空间，数据文件无 30 GB 限制，可无限扩展）。

```
CREATE BIGFILE TABLESPACE YLXX2   DATAFILE 'c:\orachap9\oradata\YLXX2.DMP'
SIZE 100M  autoextend on next 50M maxsize unlimited;
```

（2）创建临时表空间。

```
create temporary tablespace YLXX2_temp
tempfile 'C:\orachap9\oradata\YLXX2_temp.dbf'
size 500m
autoextend on
next 50m
extent management local;
```

（3）创建用户并授予权限。

```
create user user2
identified by user2
default tablespace YLXX2 temporary tablespace YLXX2_temp  profile DEFAULT;
grant connect to user2;
grant dba to user2;
grant select any table to user2;
grant unlimited tablespace to user2;
```

（4）创建目录并授予权限。

```
create directory ylxx2_dir as 'c:\orachap9\dmp_dir'
---创建目录
grant read,write on directory ylxx2_dir to user2
---给目录授权读写权限
```

（5）数据泵导入。

```
impdp user2/user2@orcl directory=ylxx2_dir dumpfile=YLXX2.dmp
logfile=YLXX2.log parallel=10 exclude=table_statistics
table_exists_action=replace transform=segment_attributes:n
remap_schema=test:user2
```

9.4.1 和 9.4.2 的任务完成后，可以删除相关用户和表空间。

（1）删除用户 user。

```
drop user user1 cascade;
drop user user2 cascade;
```

（2）删除表空间 TABLESPACE。

```
DROP TABLESPACE  YLXX1   INCLUDING CONTENTS AND DATAFILES;
DROP TABLESPACE  YLXX1_temp INCLUDING CONTENTS AND DATAFILES;
DROP TABLESPACE  YLXX2   INCLUDING CONTENTS AND DATAFILES;
DROP TABLESPACE  YLXX2_temp INCLUDING CONTENTS AND DATAFILES;
```

习　题

（一）选择题

1. Oracle 数据库备份与恢复主要包括两大类（　　）。
   A. 物理备份与恢复　　B. 逻辑备份与恢复
   C. RMAN 备份与恢复　　D. 数据导入导出
2. 以下可以实现逻辑数据备份与恢复的是（　　）。
   A. 实用程序 imp/exp　　B. 数据泵
   C. RMAN 工具　　D. PL/SQL Developer 工具
3. 以下可以实现物理备份与恢复的是（　　）。
   A. 实用程序 imp/exp　　B. 数据泵
   C. RMAN 工具　　D. 文件拷贝
4. 逻辑导入导出工具支持以下哪些级别的备份与恢复？（　　）
   A. 表　　B. 表空间　　C. 数据库　　D. 方案
5. 关于数据泵和传统导入导出工具，以下描述正确的有（　　）。
   A. 传统导入导出工具速度更快
   B. 数据泵导入导出工具需要提前创建逻辑目录
   C. 传统导入导出工具和数据泵都只能在客户端使用

D. expdp 导出的数据不能通过 imp 工具导入

（二）操作题

1. 使用传统导出工具 exp 导出 scott 方案的所有数据库对象，导出文件命名为 scott_back_1.dmp，导出日志命名为 scott_back_1.log。

2. 使用数据泵工具导出 scott 方案的所有数据库对象，导出文件命名为 scott_back_2.dmp，导出日志文件命名为 scott_back_2.log。

3. 创建数据表空间 tbsp1 和临时表空间 tbsp_temp，指定数据文件路径，支持自动扩充大小。

4. 创建新用户 user123，密码为 user123，指定此用户的数据表空间为 tbsp1，临时表空间为 tbsp_temp；授予此用户 connect、resource、dba 等角色权限。

5. 使用传统导入工具 imp，基于备份文件 scott_back_1.dmp、scott_back_1.log 实现数据逻辑恢复到 user123 用户下。

6. 删除 user123 下的所有数据库对象。

7. 使用数据泵导入工具，基于备份文件 scott_back_2.dmp、scott_back_2.log 实现数据逻辑恢复到 user123 用户下。

附录 A

SCOTT 模式中各表的结构

DEPT 表

字 段 名	数 据 类 型	约　　束	备　　注
DEPTNO	NUMBER(2)	PRIMARY KEY	部门编号
DNAME	VARCHAR2(14)	NOT NULL	部门名称
LOC	VARCHAR2(13)		地址

EMP 表

字 段 名	数 据 类 型	约　　束	备 注 义
EMPNO	NUMBER(4)	PRIMARY KEY	员工号
ENAME	VARCHAR2(10)	NOT NULL	员工姓名
JOB	VARCHAR2(9)		岗位
MGR	NUMBER(4)		上司工号
HIREDATE	DATE		雇佣日期
SAL	NUMBER(7,2)		工资
COMM	NUMBER(7,2）		佣金
DEPTNO	NUMBER(2)	外键	部门编号

SALGRADE 表

字 段 名	数 据 类 型	约　　束	备　　注
GRADE	NUMBER	PRIMARY KEY	工资等级
LOSAL	NUMBER		最低工资
HISAL	NUMBER		最高工资

附录 B

HOSPITAL 模式中各表的结构

病人信息表：BRXXB

字 段 名	备 注	字 段 类 型	约 束	说 明
BRBH	病人编号	VARCHAR2(16)	PRIMARY KEY	系统中病人的唯一编号。一般用16 位 uid。建议以 B 开头，表示病人的意思
BRXM	病人姓名	VARCHAR2(128)	NOT NULL	比如：张建国，伊力亚库尔班
BRSFZH	身份证号	CHAR(18)		18 位身份证号
BRXB	性别	CHAR(2)		男，女
BRNL	年龄	NUMBER(3)		
SFYB	是否医保	CHAR(2)		是，否

药品信息表：YPXXB

字 段 名	备 注	字段类型和长度	约 束	备 注
YPBH	药品编号	VARCHAR2(16)	RIMARY KEY	系统中药品的唯一编号。一般用16 位 uid。建议以 M 开头，表示药品的意思
YPMC	药品名称	VARCHAR2(100)	NOT NULL	例如：复方碘胺甲恶唑
SCCJ	生产厂家	VARCHAR2(50)		厂家名称即可。比如：哈药六厂
YPCD	产地	VARCHAR2(64)		比如：济南市
SYXB	适应性别	VARCHAR2(10)		限定：男/女
SYNLD	适应年龄段	VARCHAR2(20)		比如：1～3 岁；3～12 岁；18 岁以上；不限等
SYZ	适应症	VARCHAR2(100)		比如：中耳炎；慢性支气管炎；肺炎
JHJG	进货价格	NUMBER(10,2)		比如：28.8
LSJG	零售价格	NUMBER(10,2)		比如：32.8
GJJYBZJ	国家介入标准价	NUMBER(10,2)		比如：33.1
YBBXBL	医保报销比例	NUMBER(3,1)		比如：11。即：11%

医生信息表：YSXXB

字　段　名	备　　注	字段类型和长度	约　　束	备　　注
YSBH	医生编号	VARCHAR2(16)	PRIMARY KEY	系统中医生的唯一编号。一般用 16 位 uuid。建议以 D 开头，表示医生的意思
YSXM	医生姓名	VARCHAR2(100)	NOT NULL	
YSXB	性别	CHAR(2)		限定：男/女
YSNL	年龄	NUMBER(3)		
YSZC	职称	VARCHAR2(20)		限定：高级、副高、中级、初级

诊断表：ZDB

字　段　名	备　　注	字段类型和长度	约　　束	备　　注
ID	ID	VARCHAR2(16)	PRIMARY KEY	ID
ZDRQSJ	诊断日期时间	DATE	NOT NULL	时间。比如：2023/9/20 9:52:00
ZDRQ	诊断日期	NUMBER(8)	NOT NULL	例如：20230920，用于分区和按照天快速统计
ZDSJ	诊断时间	NUMBER(6)	NOT NULL	例如：95200，表示：9:52:00，用于快速按时间统计
YSBH	医生编号	VARCHAR2(20)	NOT NULL	外键：医生表的医生编号
BRBH	病人编号	VARCHAR2(20)	NOT NULL	外键：病人表的病人编号
BRZZ	症状	VARCHAR2(1000)		
CFBH	处方编号	VARCHAR2(16)	UNIQUE	

处方表：CFB

字　段　名	备　　注	字段类型和长度	约　　束	备　　注
CFBH	处方编号	VARCHAR2(16)	PRIMARY KEY	外键：诊断表中的处方编号
YPBH	药品编号	VARCHAR2(16)		外键：药品表中的药品编号
YPSL	药品数量	NUMBER(3)	NOT NULL	

参考文献

［1］明日科技. Oracle 从入门到精通[M]. 3 版. 北京：清华大学出版社，2020.

［2］陆鑫，张凤荔，陈安龙. 数据库系统：原理、设计与编程[M]. 北京：人民邮电出版社，2019.

［3］FEUERSTEIN S, PRIBYL B. Oracle PL/SQL 程序设计：第 6 版[M]. 方鑫，译. 2 版. 北京：人民邮电出版社，2017.

［4］王珊，萨世煊. 数据库系统概论[M]. 5 版. 北京：高等教育出版社，2018.

［5］有教无类，落落. Oracle 查询优化改写技巧与案例 2.0[M]. 北京：电子工业出版社，2018.

［6］何伟娜，常建功. Oracle 数据库管理与维护实战[M]. 北京：人民邮电出版社，2014.

［7］何明. Oracle 数据库管理从入门到精通[M]. 北京：中国水利水电出版社，2018.

［8］MICK. SQL 进阶教程[M]. 吴炎昌，译. 北京：人民邮电出版社，2017.

［9］MICK. SQL 基础教程[M]. 孙淼，罗勇，译. 2 版. 北京：人民邮电出版社，2017.

［10］杨浦，王梁. 网上图书销售管理数据库设计[J]. 电脑知识与技术：学术版，2018，14（26）：13-15.

［11］陆爱东. 计算机数据库备份与恢复技术的应用策略[J]. 信息与电脑（理论版），2019，31（23）：2.

［12］刘西奎，李艳，孔元. Oracle 数据库应用与开发[M]. 北京：清华大学出版社，2020.

［13］莫利纳罗，格拉夫. SQL 经典实例[M]. 袁国忠，译. 2 版. 北京：人民邮电出版社，2021.